U0398294

防火墙技术及应用

叶晓鸣 甘刚 ◎ 编著

清華大学出版社
北京

内容简介

本书是一部系统论述防火墙技术及应用的立体化教程(含纸质图书、教学课件、教学大纲与实验指导视频)。全书共分为11章:第1章网络基本知识,介绍网络基本知识、网络规划、常用网络命令和常见网络安全问题;第2章防火墙技术概述,介绍防火墙的意义、功能和目的、防火墙的网络接入模式、防火墙发展历史和术语;第3章模拟器安装和使用,介绍GNS3模拟器、安装调试、网络拓扑创建和路由器桥接真机实训;第4章防火墙基本配置,介绍防火墙配置原理、配置文件、基本配置命令和防火墙许可证;第5章网络连接和地址转换,介绍网络连接、网络地址转换和防火墙二接口配置实训;第6章访问控制列表,介绍访问控制列表的创建、对象组概念和防火墙三接口配置实训;第7章系统日志,介绍防火墙安全事件、日志信息及配置和防火墙日志配置实训;第8章认证授权审计,介绍认证配置、授权配置、审计配置和防火墙AAA服务配置实训;第9章虚拟防火墙,介绍安全上下文概述、多模式配置与管理和虚拟防火墙配置实训;第10章防火墙容错与故障切换,介绍AA工作模式、AS工作模式和防火墙LAN故障切换实训;第11章防火墙IPSec功能,介绍VPN概念、配置VPN关键步骤和防火墙站点到站点VPN配置实训。本书示例和实训内容都是基于GNS3和思科网络设备镜像完成。

为便于读者高效学习,快速理解防火墙技术及应用,本书作者精心制作了完整的教学课件(对应11章教学内容的PPT)、教学大纲与丰富的配套视频教程(覆盖所有实验)以及在线答疑服务等内容。

本书适合作为广大高校计算机专业防火墙课程教材,也可以作为安全管理员、运维人员和网络工程师了解防火墙技术的自学参考用书。

图书在版编目(CIP)数据

防火墙技术及应用/叶晓鸣,甘刚编著.—北京:清华大学出版社,2022.12(2025.2重印)
(清华科技大讲堂)
ISBN 978-7-302-62180-5

Ⅰ.①防… Ⅱ.①叶… ②甘… Ⅲ.①防火墙技术 Ⅳ.①TP393.082

中国版本图书馆CIP数据核字(2022)第214327号

责任编辑:赵 凯
封面设计:刘 键
责任校对:徐俊伟
责任印制:沈 露

出版发行:清华大学出版社
网 址:https://www.tup.com.cn,https://www.wqxuetang.com
地 址:北京清华大学学研大厦A座 **邮 编**:100084
社 总 机:010-83470000 **邮 购**:010-62786544
投稿与读者服务:010-62776969,c-service@tup.tsinghua.edu.cn
质量反馈:010-62772015,zhiliang@tup.tsinghua.edu.cn
课件下载:https://www.tup.com.cn,010-83470236
印 装 者:三河市人民印务有限公司
经 销:全国新华书店
开 本:185mm×260mm **印 张**:15.25 **字 数**:368千字
版 次:2022年12月第1版 **印 次**:2025年2月第4次印刷
印 数:3301~4300
定 价:59.80元

产品编号:099450-01

前言

本书定位于高校计算机类专业防火墙技术领域的选修教材，面向网络安全类普通读者。本书针对防火墙技术相关理论进行了深入浅出的阐述，并结合具体技术的应用提供了丰富的案例与场景。读者除需要具备基本的计算机网络、网络攻击与防御知识外，无须预修其他课程。本书的受众是计算机科学、网络安全、人工智能、电子信息工程、金融统计等专业领域需要接触、了解防火墙的人员。

本书共分 11 章，内容涵盖了防火墙理论基础、GNS3 模拟器、流量穿越防火墙的部署、防火墙的认证授权审计、虚拟防火墙、防火墙的 VPN 功能和防火墙容错与故障切换的理论与配置方法，以及典型实训任务等。全书以网络安全设备模拟软件为主要实践工具，将理论与应用相结合，帮助读者掌握硬件防火墙的工作原理和作用，认识网络拓扑中防火墙的意义、功能和技术架构，掌握如何规划、设计常用防护策略，部署防火墙安全设备，加深读者对网络安全体系整体方案的系统认识，进而有助于读者掌握防火墙具体的配置策略和技术使用方法，引导读者系统探究防火墙的技术核心，培养读者网络安全防护兴趣和护网责任心。

感谢清华大学出版社编辑老师的大力支持，他们认真细致的工作保证了本书的质量。

由于编者水平有限，书中难免有疏漏和不足之处，恳请读者批评指正！

配套资源

为了方便教学，本书配有微课视频、教学大纲、教学课件、实验资源列表。

（1）获取微课视频方式：读者可以先扫描本书封底的文泉云盘防盗码，再扫描书中相应的视频二维码，即可观看教学视频。

（2）其他资源可先扫描本书封底的文泉云盘防盗码，再扫描下方二维码，即可获取。

教学课件

教学大纲

实验资源

编　者

2022 年 7 月

目录

第1章

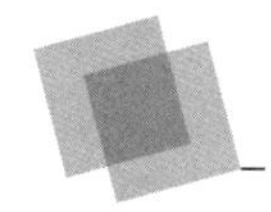

网络基本知识

本章要点

- ◆ 了解网络中常见的设备和使用的命令。掌握规划拓扑，设计子网和 IP 地址空间划分，计算子网数和可用主机数量。
- ◆ 了解网络中 VLAN 的功能、配置 VLAN 和 LAN TRUNK 端口。
- ◆ 了解常用的应用层协议，应用程序的网络交互功能，及其协议栈应用层、会话层和表示层等的协同工作方式。
- ◆ 掌握网络设备中基本安全措施的必要性。使用设备加固功能配置网络设备以缓解安全威胁。掌握安全漏洞识别、网络攻击危害缓解的技术。

1.1 常见应用层协议和服务

传输控制协议/网际协议（Transmission Control Protocol/Internet Protocol，TCP/IP）的每一层都具有各自特定的职能以实现网络通信，其中，应用层的职能是为网络用户提供网络接口，根据网络协议规范提供数据输入，并可以在网络上传输；还可以获取输出数据，并转换为用户可以理解、使用的数据格式。开放式系统互联通信参考模型（Open System Interconnection Reference Model，OSI）模型下的网络通信示意图如图 1.1 所示，OSI 模型和 TCP/IP 模型对应关系如图 1.2 所示。OSI 模型的功能依赖于表示层、会话层、传输层、网络层、数据链路层和物理层，其中，表示层的职能是对应用层数据进行编码和转换；会话层的职能是创建并维护源应用程序和目的应用程序之间的对话，处理信息交换。

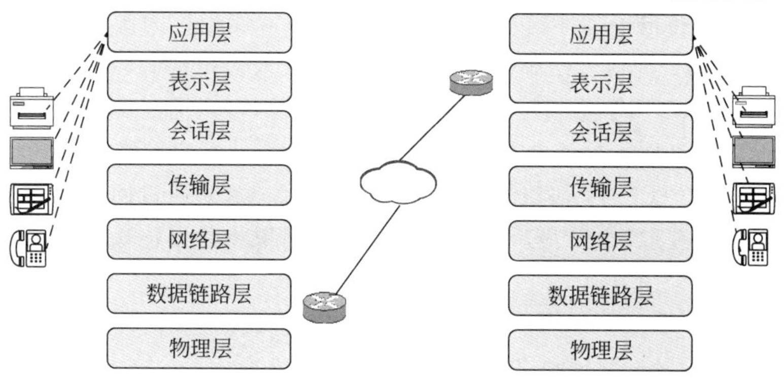

图 1.1　OSI 模型下的网络通信示意图

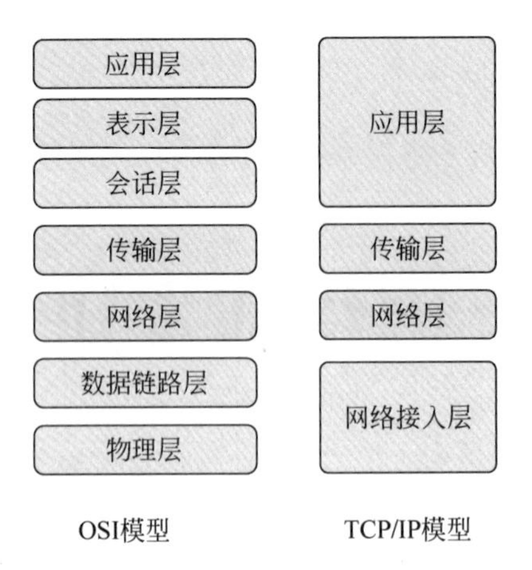

图 1.2 OSI 模型和 TCP/IP 模型对应关系

应用程序是通过用户交互持续运行的计算机程序，可以根据用户的请求实现数据网络传输的进程。服务是后台运行的计算机程序。协议是共同约定的规则、结构和次序，以保障运行于不同网络设备的服务进行网络通信，可以正确发送和接收数据。

下面介绍几种常见的应用层协议，用于工作中的邮件收发、远程访问、文件传输等，以及生活中的浏览网页、看视频、聊天等。

域名解析(Domain Name System，DNS)协议：DNS 协议可以将域名解析为网络设备的 IP 地址。DNS 采用了分布式集群存储、管理 IP 地址和关联域名的相关信息。

Telnet 协议：可以远程访问主机、服务器、网络设备，是一种终端仿真协议。

动态主机配置协议(Dynamic Host Configuration Protocol，DHCP)：可以实现 IP 地址分配、子网掩码、默认网关和 DNS 服务器。

超文本传输协议(Hyper Text Transfer Protocol，HTTP)：可传输万维网网页的文件，向网络设备发送网页，实现用户浏览网页。

文件传输协议(File Transfer Protocol，FTP)：可通过网络实现文件传输，支持用户共享文件，通常在客户端和服务器端会建立两种网络连接，一种是传输命令和应答信息，另一种是传输文件数据。

邮件协议：相关协议有简单邮件传输协议(Simple Mail Transfer Protocol，SMTP)、邮局协议(Post Office Protocol，POP)和因特网消息访问协议(Internet Message Access Protocol，IMAP)，支持电子邮件的发送和接收，用户通常使用称为邮件用户代理的应用程序(电子邮件客户端)。允许发送邮件，将收到的邮件放入客户端邮箱。SMTP 用于支持用户发送电子邮件；POP 用于从邮件服务器接收电子邮件，可以通过配置从远程服务器检索用户电子邮件；IMAP 用于检索电子邮件的协议，电子邮件客户端在一个应用程序内提供两种协议的功能。在 TCP/IP 协议栈两端实现消息的传输，先通过网络传输将数据送达终端设备，再通过网络获取数据，最后可以根据消息的标识将数据传输给另一端正确的应用程序。

网络接入层使用源 MAC 地址和目的 MAC 地址将数据包转换为帧，再将帧转换为电信号，TCP/IP 模型的发送数据和接收数据过程如图 1.3 所示。

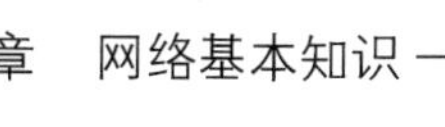

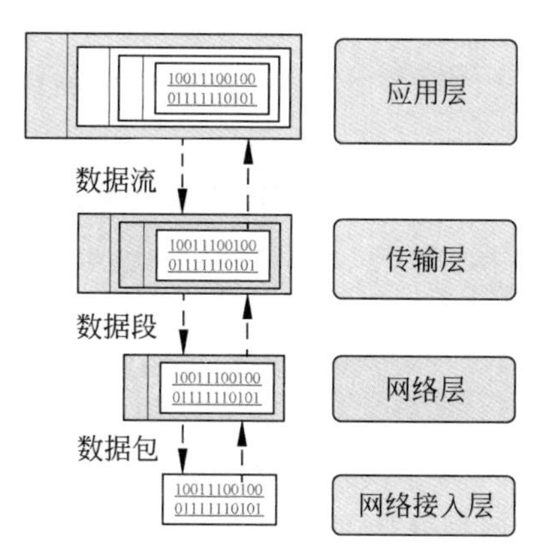

图 1.3 TCP/IP 模型的发送数据和接收数据示意图

1.2 网络拓扑规划和设计

大型网络设备种类繁多、数量大且设备和技术新旧不一，技术架构相较于小型网络和新建网络而言更加复杂。根据网络拓扑结构实施网络规划满足不同用户的网络需求是网络安全解决方案设计和实施的第一步。网络拓扑的规划和部署根据不同使用目标进行网络地址分配，有两种常见方式。

用户主机：通常采用 DHCP 进行 IP 地址的动态分配。

网络设备：通常分配固定的 IP 地址，并能够被管理员访问和管理。主要用于提供网络服务和控制访问、网络安全和性能监控等设备，例如服务器、外围设备、中间设备、网络安全设备等。

在网络拓扑规划过程中，不仅需要对 IP 地址空间进行合理规划和设计，还要选择适合的网络设备，从产品性价比、可扩展性、智能化、可管理和需求匹配度等方面对比考虑，以满足用户预算、功能、性能和安全等方面的网络使用需求。

网络使用初始根据网络设备规划进行 IP 编址，随着网络的长期运行，网络设备会出现更新升级、报废、维修和变换等情况，同时还需要记录和维护网络环境使用的终端、路由器、交换机、服务器、防火墙、主机和其他外围网络设备的 IP 地址等网络信息。最新网络拓扑方案的记录存档可以帮助管理员跟踪、了解、解释现有网络设备信息、排除网络故障、监管网络资源访问等管理工作。掌握网络资源情报同样是提高网络安全的一种手段。在网络拓扑规划中，通常会使用如表 1.1 所示专用网络地址空间模拟网络拓扑结构。

表 1.1 网络拓扑规划的 IP 编址

范　围	前　缀	主机数(单位：个)
10.0.0.0～10.255.255.255	10/8	16 777 214
172.16.0.0～172.31.255.255	172.16/12	1 048 574
192.168.0.0～192.168.255.255	192.168/16	65 534

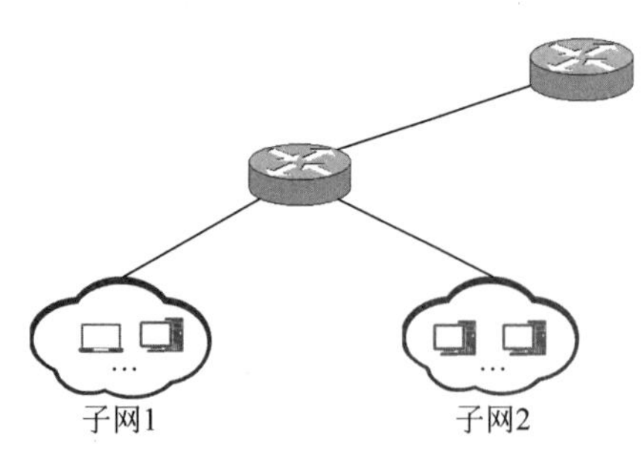

图 1.4 子网划分示意图

1.2.1 划分 IP 子网

IP 子网划分是将大型网络划分为多个较小的子网络(或称子网)的过程,按照企事业单位的逻辑空间映射为不同的 IP 网络分段。子网、不同子网设备通信使用交换机、路由器设备。不同子网之间通信需要使用路由器。路由器每个接口都要配置所连接子网的 IPv4 地址,子网划分如图 1.4 所示。

将网络划分为子网,IP 子网划分是网络规划的基础。如图 1.5 所示,在网络拓扑规划和设计时,根据实际网络环境需要,收集和分析网络需求,规划整体网络的子网个数、每个子网的规模即主机数,进而根据现有 IP 地址情况对 IP 地址进行分配。在网络拓扑规划和设计过程中,通常将大型网络划分为多个小型网络,创建覆盖网络设备、服务较小的子网。对于一个优质的网络拓扑设计方案,将整体网络流量分组、分区、分流,可使网络管理工作化整为零、化繁为简,更加易于监控管理,还可以提高网络通信质量和网络性能。

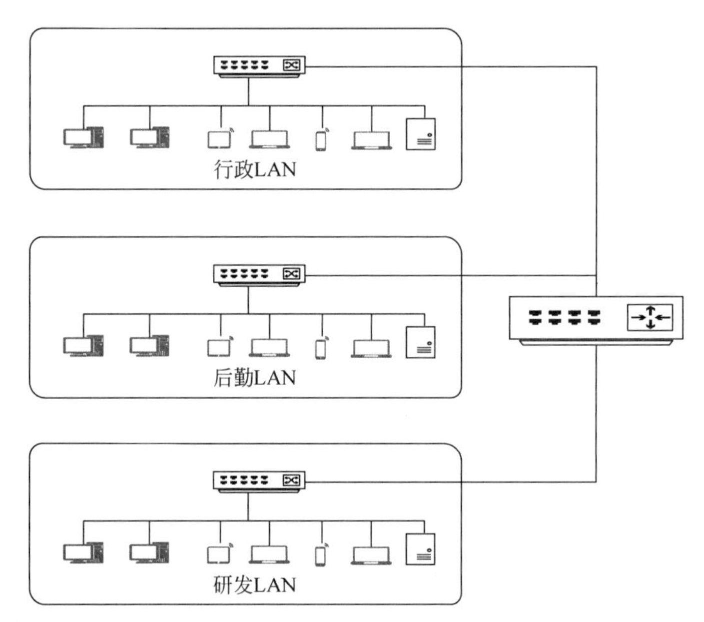

图 1.5 网络示意图

规划要求基于子网的个数、每个子网的主机数和主机地址的分配方式进行设计。规划一个 C 类地址创建子网,其 192.168.1.0/24 的网络占位和主机占位的二进制表示如表 1.2 所示。

表 1.2 192.168.1.0/24 地址分配的示例

名 称	网络占位(24bit)	主机占位(8bit)
地址	192.168.1.	0000 0000
掩码	255.255.255.	0000 0000

规划子网时的两个因素为：子网数量、主机地址规模。计算每个子网的主机个数时，须去除 2 个不使用的子网 ID 和广播地址。

$$子网数量 = 2^n \tag{1.1}$$

$$有效主机数量 = 2^m - 2 \tag{1.2}$$

其中，n 表示网络占位数，m 表示主机占位数。

网络地址借用主机占位 1bit，共计 25 位，子网占 1 位，划分的子网个数是 21，主机占位是 7 位，以 192.168.1.0/25 为例，网络占位从 24bit 增加到 25bit，子网的占位值为 0 时的地址信息示例如表 1.3 所示。

表 1.3 子网的占位值为 0 时的地址信息

名　　称	IP 地址	网络占位(25bit)		主机占位(7bit)
		网络占位(24bit)	子网占位(1bit)	
网络地址	192.168.1.0	192.168.1.	**0**	000 0000
第 1 个主机地址	192.168.1.1	192.168.1.	**0**	000 0001
第 2 个主机地址	192.168.1.2	192.168.1.	**0**	000 0010
第 3 个主机地址	192.168.1.3	192.168.1.	**0**	000 0011
最后一个主机地址	192.168.1.126	192.168.1.	**0**	111 1110
广播地址	192.168.1.127	192.168.1.	**0**	111 1111

网络地址借用主机占位 1bit，共计 25 位，子网占 1 位，划分的子网个数是 21，主机占位是 7 位，以 192.168.1.0/25 为例，网络占位从 24bit 增加到 25bit，子网的占位值为 1 时的地址信息示例如表 1.4 所示。

表 1.4 子网占的位值为 1 时的地址信息

名　　称	IP 地址	网络占位(25bit)		主机占位(7bit)
		网络占位(24bit)	子网占位(1bit)	
网络地址	192.168.1.128	192.168.1.	**1**	000 0000
第 1 个主机地址	192.168.1.129	192.168.1.	**1**	000 0001
第 2 个主机地址	192.168.1.130	192.168.1.	**1**	000 0010
第 3 个主机地址	192.168.1.131	192.168.1.	**1**	000 0011
最后一个主机地址	192.168.1.254	192.168.1.	**1**	111 1110
广播地址	192.168.1.255	192.168.1.	**1**	111 1111

IP 划分子网的关键是平衡用户需求的子网数和子网主机数的最大规模，从而根据 IP 地址资源进行网络规划和设计，满足每个子网及其最大主机数量需求的 IP 地址空间划分方案，并能够考虑到每个子网今后的扩展性。

示例 1.1：192.168.1.0/26 划分了 4 个子网，根据子网拓扑，如图 1.6 所示，配置路由器。网络地址借用主机占位 2bit 划分子网，主机可用地址是 62 个，网络 3 的掩码是 192.168.1.192，第一个可用 IP 地址是 192.168.1.193，最后一个可用 IP 地址是 192.168.1.254，广播地址是 192.168.1.255。192.168.1.0/26 的 4 个子网划分信息如表 1.5 所示。

表 1.5　192.168.1.0/26 子网的示例

名　　称	子　　网	网络占位(26bit)		主机占位(6bit)
网络 1	192.168.1.0	192.168.1.	00	00 0000-11 1111
网络 2	192.168.1.64	192.168.1.	01	00 0000-11 1111
网络 3	192.168.1.128	192.168.1.	10	00 0000-11 1111
网络 4	192.168.1.192	192.168.1.	11	00 0000-11 1111

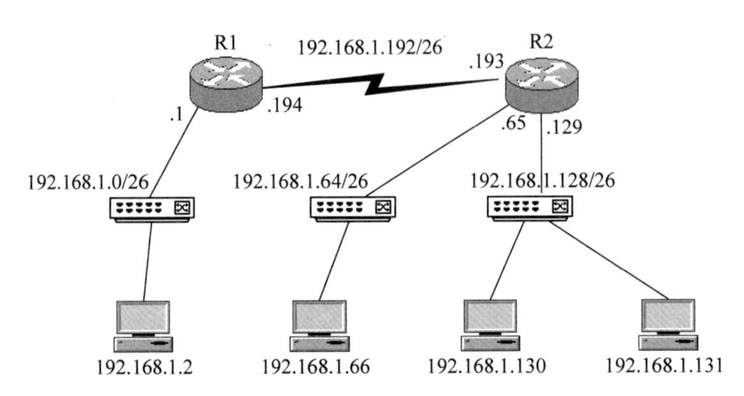

图 1.6　192.168.1.0/26 子网示意图

如图 1.6 所示，使用 192.168.1.0/26 构建子网，并配置路由器接口。路由器 R1 接口 f0/0 的 IP 地址是 192.168.1.1 连接网络 1；路由器 R1 接口 f0/1 的 IP 地址是 192.168.1.194 连接网络 4。路由器 R2 接口 f0/0 的 IP 地址是 192.168.1.65 连接网络 2；路由器 R2 接口 f0/1 的 IP 地址是 192.168.1.129 连接网络 3，路由器 R2 接口 f0/2 的 IP 地址是 192.168.1.193 连接网络 4。

路由器 R1 的接口配置命令如下所示：

```
R1 (config)# interface f0/0
R1(config-if)# ip address 192.168.1.1 255.255.255.192
R1(config-if)# exit
R1 (config)# interface f0/1
R1(config-if)# ip address 192.168.1.194 255.255.255.192
R1(config-if)# exit
```

路由器 R2 的接口配置命令如下所示：

```
R2(config)# interface f0/0
R2(config-if)# ip address 192.168.1.65 255.255.255.192
R2(config-if)# exit
R2(config)# interface f0/1
R2(config-if)# ip address 192.168.1.129 255.255.255.192
R2(config-if)# exit
R2(config)# interface f0/2
R2(config-if)# ip address 192.168.1.193 255.255.255.192
R2(config-if)# exit
```

1.2.2　VLAN 技术

虚拟局域网(Virtual Local Area Network,VLAN)是网络层的逻辑分区。通过 VLAN 技术划分企事业单位的网络,创建虚拟局域网的 VLAN 网段,使物理空间不同的主机规划到同一 VLAN,使这些主机之间实现通信;反之,物理空间相同的主机规划到不同 VLAN,则这些主机之间无法直接通信。

示例 1.2:如图 1.7 所示,使用了 4 个交换机,将不同部门接入到网络,并设计接口的地址分配,设置接口模式 switchport mode access 为接入模式;通过命令 switchport mode trunk 设置 f0/1,3,5 接口端口为中继模式。可以将研发、行政、后勤和访客划分到不同的 VLAN,根据网络拓扑的设计方案,为每个 VLAN 分配地址段。例如,研发分配 192.168.10.0/24,行政分配 192.168.20.0/24,后勤分配 192.168.30.0/24,访客分配 192.168.40.0/24。下面介绍思科交换机配置 VLAN。

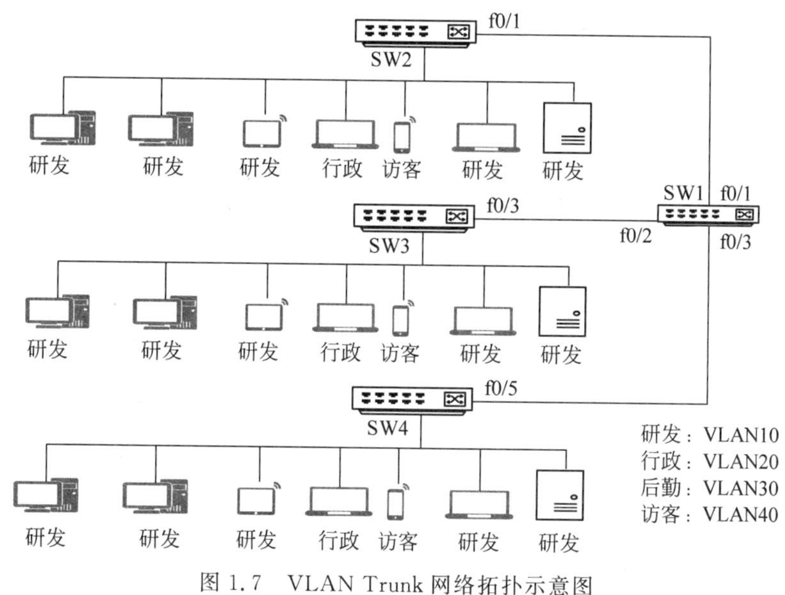

图 1.7　VLAN Trunk 网络拓扑示意图

通常在交换机上配置 VLAN,通过给以太网帧打上 VLAN 标签,实现打了相同 VLAN 标签的以太网帧可以在同一个广播域中传送。VLAN 技术的应用提高了网络管理效力,还从一定程度上增强了网络安全性。在企事业单位的网络环境中,可创建多个 VLAN。VLAN 之间具有隔离性,数据包通过路由器在不同 VLAN 传输,每个 VLAN 都是一个广播域和 IP 网络,VLAN 对其网络中的主机而言是透明的。采用 VLNA 划分网络的优点是提高安全性、降低成本、优化性能、缩小广播域,使网络管理更加清晰、明确和容易。

虚拟局域网中继技术(VLAN Trunk)实现了接入不同交换机而属于同一 VLAN 的网络设备可以通信。网络环境中通常会使用多个交换机,多交换机连接多个 VLAN 环境,VLAN Trunk 可以实现多个 VLAN 之间的通信,而 VLAN Trunk 本身并不与任何 VLAN 相关联。因此,一个交换机包括两个类型的链路:接入链路是仅属于一个 VLAN 的交换机端口;中继链路承载了多个不同 VLAN 的接口。

VLAN Trunk 目前有两种标准，即 ISL 和 802.1q。ISL 是思科的专有技术，802.1q 是 IEEE 的国际标准。思科设备支持两个标准，大多数厂商只支持 802.1q 标准。

1. 创建 VLAN

示例 1.3：交换机进入全局配置模式，使用有效的 ID 号创建 VLAN，指定标识 VLAN 服务的唯一名称，配置命令如下所示：

```
S1 # configure terminal
S1(config) # vlan vlan - id
S1(config - vlan) # name vlan - name
S1(config - vlan) end
```

2. 为 VLAN 分配端口

在思科交换机上为 VLAN 进行端口分配。先进入全局配置模式，再转换到接口配置模式，设置此端口为接入模式，并为此端口分配待处理流量 VLAN 号，配置完成后退回到特权模式。

示例 1.4：如图 1.8 所示，配置办公室工位研发 3，接入 f0/4 接口，划入 VLAN10，配置为接入模式。

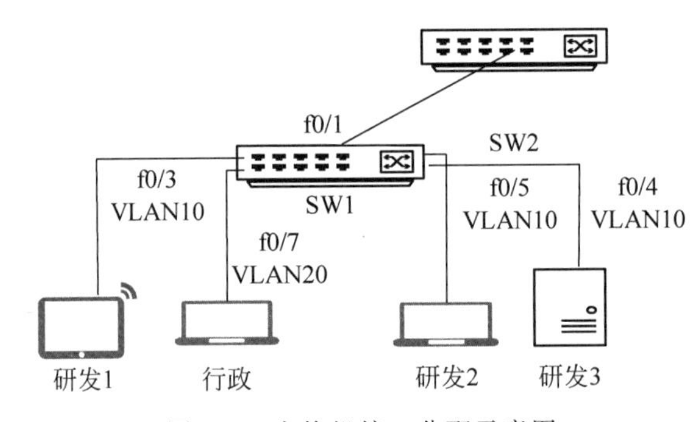

图 1.8　交换机接口分配示意图

配置命令如下所示：

```
S1 # configure terminal
S1(config) # interface f0/4
S1(config - if) # awitchport mode access
S1(config - if) # awitchport access vlan 10
S1(config - if) # end
```

3. 更改 VLAN 信息

交换机接口的 VLAN 信息的修改、清除、删除和检验的配置命令如下所示。

示例 1.5：清除 VLAN 的配置命令如下所示：

```
S1(config) # interface f0/0
S1(config - if) # no awitchport access vlan
S1(config - if) # end
```

示例 1.6：修改 VLAN 的配置命令如下所示：

```
S1# configure terminal
Sl(config)# interface f0/0
S1(config-if)# awitchport mode access
Sl(config-if)# awitchport access vlan 111
S1 (config-if)# end
```

示例 1.7：删除 VLAN 的配置命令如下所示：

```
S1# configure terminal
Sl(config)# no vlan 111
Sl(config)# end
```

示例 1.8：使用 show 命令查验 VLAN 的配置命令如下所示：

```
S1# show vlan brief
S1# show interface vlan 100
S1# show vlan name nameinfo
```

4. VLAN Trunk 配置

思科交换机 IOS 命令进入全局配置模式。进入接口配置模式。强制链路变为 Trunk 链路。指定无标记 802.1Q Trunk 的本征 VLAN。指定在 Trunk 链路上允许的 VLAN 列表。返回特权 EXEC 模式。

示例 1.9：使用交换机 f0/1 为 Trunk 接口，并允许 VLAN100，111，113 通过，配置命令如下所示：

```
SW1# configure terminal
SWl (config)# interface f0/1
SW1(config-if)# switchport mode trunk
SW1(config-if)# switchport trunk native vlan 33
SW1(config-if)# switchport trunk allowed vlan 100,111,113
SW1(config-if)# end
```

使用 no 命令，变更、清除交换机上当前的 VLAN Trunk 配置。执行后，交换机的运行模式是 Trunk，需要执行命令 awitchport mode access 才能够将交换机的接口转换为接入模式。

示例 1.10：变更、清除交换机上当前的 VLAN Trunk 配置命令如下所示：

```
SWl (config)# interface f0/1
SW1(config-if)# no switchport trunk native vlan
SW1(config-if)# no switchport trunk allowed vlan
SW1(config-if)# end
```

示例 1.11：检验 VLAN 接口配置，查看交换机接口的详细信息，例如链路模式，配置命令如下所示：

```
SW1# show interface f0/1 switchport
```

1.3 常用网络命令

1.3.1 ipconfig 命令

该命令可查看计算机的 IP 地址、默认网关、子网掩码、DNS 等信息，Windows 操作系统可以通过帮助命令 ipconfig /? 查看命令的可选参数描述和使用方法。表 1.6 展示了常用的几种 ipconfig 命令参数的功能，ipconfig /all 命令如图 1.9 所示。

表 1.6 ipconfig 命令参数

命令和参数	功 能 说 明
ipconfig	显示 IP 地址、子网掩码和默认网关
ipconfig /all	显示本机全部的详细信息，包括 MAC 地址
ipconfig /displaydns	显示所有 DNS 缓存条目
ipconfig /flushdns	清除本机 DNS 缓存
ipconfig /displaydns	显示当前 DNS 缓存、hosts 文件的域名对应关系

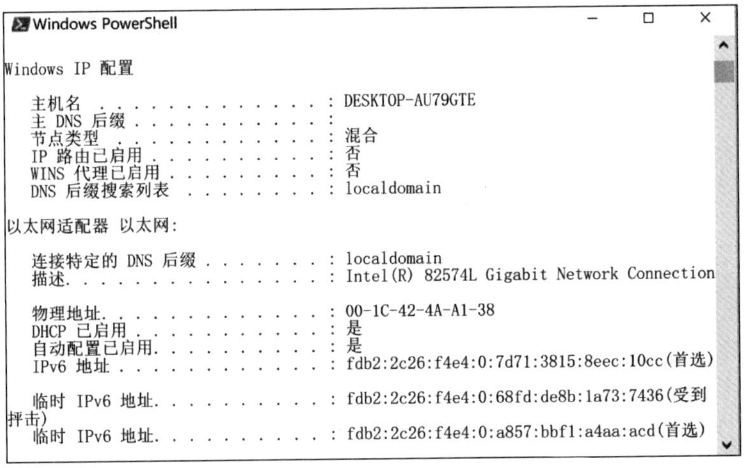

```
Windows PowerShell

Windows IP 配置

   主机名  . . . . . . . . . . . . . : DESKTOP-AU79GTE
   主 DNS 后缀 . . . . . . . . . . . :
   节点类型  . . . . . . . . . . . . : 混合
   IP 路由已启用 . . . . . . . . . . : 否
   WINS 代理已启用 . . . . . . . . . : 否
   DNS 后缀搜索列表  . . . . . . . . : localdomain

以太网适配器 以太网:

   连接特定的 DNS 后缀 . . . . . . . : localdomain
   描述. . . . . . . . . . . . . . . : Intel(R) 82574L Gigabit Network Connection

   物理地址. . . . . . . . . . . . . : 00-1C-42-4A-A1-38
   DHCP 已启用 . . . . . . . . . . . : 是
   自动配置已启用. . . . . . . . . . : 是
   IPv6 地址 . . . . . . . . . . . . : fdb2:2c26:f4e4:0:7d71:3815:8eec:10cc(首选)

   临时 IPv6 地址. . . . . . . . . . : fdb2:2c26:f4e4:0:68fd:de8b:1a73:7436(受到
抨击)
   临时 IPv6 地址. . . . . . . . . . : fdb2:2c26:f4e4:0:a857:bbf1:a4aa:acd(首选)
```

图 1.9 ipconfig /all 命令示意图

1.3.2 arp -a 命令

使用 IP 地址实现网络通信，数据的发送和接收实际上是根据 IP 地址映射检索网络设备的 MAC 地址。因此，需要将 IP 地址和 MAC 地址的关联信息进行保存和管理，通常会动态维护一张 ARP 表。ARP 表用来维护 IP 地址与 MAC 地址的映射信息，MAC 地址是网络设备的物理地址，是一个网络节点的唯一标识。

命令 arp -a 可以显示本计算机系统缓存的 ARP 表记录，arp -a 命令如图 1.10 所示。

```
Windows PowerShell

接口: 10.211.55.5 --- 0x7
  Internet 地址         物理地址              类型
  10.211.55.1           00-1c-42-00-00-18     动态
  10.211.55.255         ff-ff-ff-ff-ff-ff     静态
  224.0.0.22            01-00-5e-00-00-16     静态
  224.0.0.251           01-00-5e-00-00-fb     静态
  224.0.0.252           01-00-5e-00-00-fc     静态
  239.11.20.1           01-00-5e-0b-14-01     静态
  239.255.255.250       01-00-5e-7f-ff-fa     静态
  255.255.255.255       ff-ff-ff-ff-ff-ff     静态

接口: 192.168.150.1 --- 0x9
  Internet 地址         物理地址              类型
  192.168.150.254       00-50-56-e0-34-ca     动态
  192.168.150.255       ff-ff-ff-ff-ff-ff     静态
  224.0.0.22            01-00-5e-00-00-16     静态
  224.0.0.251           01-00-5e-00-00-fb     静态
  224.0.0.252           01-00-5e-00-00-fc     静态
  239.11.20.1           01-00-5e-0b-14-01     静态
  239.255.255.250       01-00-5e-7f-ff-fa     静态
  255.255.255.255       ff-ff-ff-ff-ff-ff     静态
```

图 1.10　arp -a 命令示意图

1.3.3　route add 命令

若要创建 Windows 主机的静态路由，执行命令 route add 10.1.1.0 mask 255.255.255.0 33.33.33.1，指定主机的数据包到 10.1.1.0/24 网段的下一跳地址是 33.33.33.1。若要删除静态路由，使用命令 route delete 10.1.1.0 mask 255.255.255.0 33.33.33.1。若要查看主机静态路由的信息，使用命令 route print，显示的信息如图 1.11 所示。

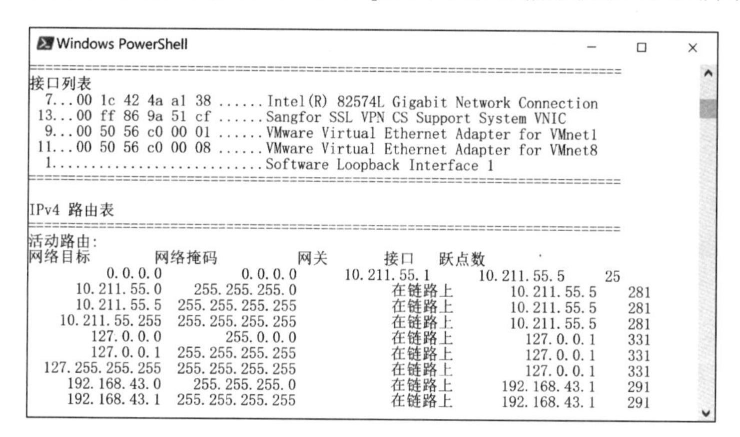

```
Windows PowerShell
===========================================================================
接口列表
  7...00 1c 42 4a a1 38 ......Intel(R) 82574L Gigabit Network Connection
 13...00 ff 86 9a 51 cf ......Sangfor SSL VPN CS Support System VNIC
  9...00 50 56 c0 00 01 ......VMware Virtual Ethernet Adapter for VMnet1
 11...00 50 56 c0 00 08 ......VMware Virtual Ethernet Adapter for VMnet8
  1...........................Software Loopback Interface 1
===========================================================================

IPv4 路由表
===========================================================================
活动路由:
网络目标        网络掩码          网关       接口   跃点数
          0.0.0.0          0.0.0.0      10.211.55.1      10.211.55.5     25
      10.211.55.0    255.255.255.0            在链路上       10.211.55.5    281
      10.211.55.5  255.255.255.255            在链路上       10.211.55.5    281
    10.211.55.255  255.255.255.255            在链路上       10.211.55.5    281
        127.0.0.0        255.0.0.0            在链路上         127.0.0.1    331
        127.0.0.1  255.255.255.255            在链路上         127.0.0.1    331
  127.255.255.255  255.255.255.255            在链路上         127.0.0.1    331
     192.168.43.0    255.255.255.0            在链路上      192.168.43.1    291
     192.168.43.1  255.255.255.255            在链路上      192.168.43.1    291
```

图 1.11　主机静态路由的信息

1.4　常见网络安全问题

1.4.1　网络安全威胁

保护网络安全首先要了解有哪些网络安全威胁，造成的危害是短期还是长期，是隐蔽还是显现，是间接还是直接，是目标还是调班。当前的网络安全威胁主要表现为数据盗窃、数据篡改、身份盗窃、服务中断等。以下从物理威胁、安全漏洞和网络攻击几个层面对网络安全威胁进行分析。

1. 物理威胁

物理威胁分为自然安全威胁和人为安全威胁。自然安全威胁通常是指自然灾害导致的安全威胁，例如地震、火灾、洪水、鼠害和雷电。人为安全威胁通常是指人为恶意行为导致的安全威胁，例如盗窃、毁坏和硬件攻击，下面主要介绍人为安全威胁。

1）硬件木马

通常是对网络设备、芯片、元器件的破坏及植入后门。包括：对服务器、防火墙、路由器、交换机、工作站的物理破坏，设备电气组件的功能缺陷，无备用组件、布线混乱和标识不明等；在集成电路芯片中被植入的恶意电路，一旦被激活则会改变芯片原有的功能和规格，导致信息泄露或失去控制；硬件协同的恶意代码，可以使非特权的软件访问特权的内存区域，例如 Cloaker 是硬件支持的 Rootkit（根工具包）。

2）硬件漏洞

利用侧信道方式获取指令预取、预执行对 cache 的影响信息，用过 cache 与内存的关系，进而获取特定代码、数据在内存中的位置信息，从而利用其他漏洞对该内存进行读取或篡改，实现攻击目的。例如“熔断（Meltdown）”和“幽灵（Spectre）”的 CPU 漏洞。

3）软件漏洞

利用软件漏洞攻击硬件实体：使用控制系统的软件漏洞修改物理实体的配置参数，使得物理实体处于非正常运行状态，从而导致物理实体受到破坏，例如“震网”病毒。

4）环境

利用环境攻击计算机实体：利用计算机系统所依赖的外部环境的缺陷，恶意破坏计算机系统的外部环境，对网络设备造成干扰，造成电压尖峰、电源电压不足、电源噪声大、断电等；或者造成硬件环境的温度过热、过冷，空气湿度过干、潮湿等。通过改变电磁波，磁场，温度，空气湿度等环境因素，致使物理设备损坏，或者根据电磁信息窃取数据。

2. 安全漏洞

网络安全漏洞有多重因素，其中较常见的是技术缺陷、配置缺陷和安全策略漏洞等。这些安全漏洞发现后如果及时安装补丁和修复，则处于相对安全状态，一旦未发现的漏洞被利用时，则会造成极大的危害，例如零日漏洞。各种漏洞处于一直被发现，一直在修复的过程。漏洞威胁情报收集也是当前国内外安全公司关注的热点，能够提前、及时掌握高危漏洞情报，并及时部署针对性的安全防御策略，就是最大程度地保护了网络资源。

硬件、软件都是人研发的产品，技术框架、软件设计、开发、策略设计和管理制度，都是人类智慧成果，同样无法避免出现技术缺陷、配置缺陷和安全策略缺陷等问题。没有百分百的网络安全，只能通过相对全面和完善的安全体系规避、减少网络安全威胁带来的损失和危害。

1.4.2 技术缺陷威胁

1. 协议缺陷

网络协议缺陷是技术发展所造成的，现在的云计算和大数据技术发展初期，都是以功能

完备性、可靠性研发为主,随着使用人数增加,技术承载的资源价值越高,其安全性需求越迫切,随之而来的就是对协议安全缺陷的加固和完善。例如,HTTP、FTP和互联网控制消息协议(Internet Control Message Protocol, ICMP)本性是不安全的。简单网络管理协议(Simple Network Management Protocol, SNMP)和SMTP与TCP/IP协议设计的内在不安全结构有关。

2. 软件缺陷

计算机软件包括系统软件和应用程序,由于计算机软件都是为实现特定功能而编写的程序,那么难免出现缺陷,这也导致每个操作系统、应用软件都有安全漏洞。

3. 网络设备缺陷

网络设备包括硬件和软件,例如路由器、防火墙和交换机都有安全漏洞。这就需要对网络设备进行安全加固,增加身份识别、密码保护,加强路由协议等。

4. 配置缺陷

1）用户账号

用户账号信息未安全存储和传输,例如在网络上使用不安全的方式传输,可能导致用户名和密码被他人窃取。

2）安全密码

用户密码选择和更替简单,例如使用弱密码、重复同一个密码或者以公开信息作为密码等都容易被猜想破解。

3）软件默认设置

系统和应用软件的默认设置未考虑安全性,这会带来安全问题。

4）硬件配置错误

网络设备本身配置错误会带来严重的安全隐患。例如,错误配置的访问列表、路由协议等。

5）默认配置

应用软件、安全防御软件,都只是简单地安装,采用软件的缺省设置,并没有根据使用诉求进行合理的配置,给入侵者有可乘之机。

1.4.3　安全策略缺陷

1. 文档规范的安全策略

对于网络环境部署的安全策略方案,新增、修订和删除的变更前后过程,需要以规范文档形式记录存档,保持安全策略信息最新,才可以供安全管理员准确了解和及时掌握网络中执行的安全策略方案。

2. 身份验证

对于用户身份认证过程,提醒用户定期变更密码、使用强密码、取消默认密码、弱化提示信息,限制用户密码输入次数,密码加密存储,开启身份验证超时不可用的功能。

3. 监控和审计

导致攻击、未授权使用、没有实行逻辑访问控制不断发生，浪费公司资源。使得这些不安全情况持续发生的IT技术人员、管理人员、甚至公司领导层都可能因此而卷入法律诉讼或被解雇。

4. 未知软硬件的接入和安装

当网络环境中未经授权接入网络设备，更改网络拓扑，安装未经检测、授权的软件会造成安全漏洞。

5. 故障容错和灾备

故障容错和灾备是指在设备发生故障、自然灾害后，启用相应的容错措施、灾难恢复计划，使设备在合理时间内恢复正常运行。

1.4.4 网络攻击

1. 恶意软件

恶意软件会破坏个人、组织、社会和国家的系统和设备、服务和运营。病毒、蠕虫和特洛伊木马统称为恶意软件，当前流行的恶意软件大都兼具了病毒、特洛伊木马和蠕虫的特性，使检测和防御的难度更大。

1）病毒

病毒旨在对正常计算机、设备、数据等进行破坏，是具有传染性、潜伏性、破坏性的恶意程序。

2）特洛伊木马

特洛伊木马是一种计算机病毒，旨在伪装成一个无害的应用程序，以隐蔽的方式收集机密信息、破坏文件，并可以被远程控制的攻击工具。

3）蠕虫

蠕虫利用漏洞实现入侵、传播、攻击，是具有传播性、隐蔽性、伪装性和技术先进性的计算机病毒。

2. 侦察攻击

侦察攻击发生在网络入侵、攻击之前，利用数据包嗅探、端口扫描、漏洞扫描、主机扫描等探测工具，对网络信息进行情报获取和收集。

对侦察攻击时获取的数据进行分析，查找活跃的IP地址，推断网络设备类型、系统版本和开放端口等信息；通过查找开放端口信息可以推断目标主机中运行的应用程序、服务、版本和操作系统等信息；漏洞扫描是用来寻找可以利用的安全漏洞，从而入侵内网、提权账号，进行非法的网络行为。

3. 访问攻击

1）接入攻击

利用认证服务漏洞，例如FTP服务、Web服务的网络漏洞接入系统、数据库、设备或其他系统获取机密信息。

2）密码攻击

通过猜测系统密码，例如暴力攻击、字典攻击、特洛伊木马和数据包嗅探等方法获取系统密码。

3）端口重定向

将端口重新定向到另一个地址，例如使用入侵主机传递感兴趣的网络流量。

4）DoS/DDoS 攻击

DoS/DDoS 攻击用于破坏网络服务的可用性，通过大量对服务、主机、网络设备的恶意访问，致使系统资源耗尽，旨在阻止合法用户对服务的正常访问。

1.4.5　减轻网络危害

1. 升级、更新、补丁和备份

系统软件、应用软件和防病毒软件要定期更新安全补丁和病毒库。服务器等资源要安装和配置防病毒软件，用于检测访问的文件、邮件和浏览网页是否植入病毒、特洛伊木马，以防止网络传播；重要的数据、程序软件、服务器定期备份。

2. 身份验证、授权、记账和审计

身份验证：使用用户名和密码组合，或者其他方法证明有效身份。

授权：用户身份核实后，需要分配用户权限，即允许访问哪些资源、允许执行哪些操作。通过身份验证的用户可以没有任何权限，但是有权限的用户一定通过了身份验证。

记账和审计：记账是记录用户的行为，如访问的网络资源、时长和执行的操作；审计是跟踪网络资源何时何地被谁使用。

3. 防火墙

在网络交界处，入侵者试图寻找绕过防火墙的方法，或者试图以合法身份进行未授权访问。将防火墙设备部署于边界，处于两个、多个网络区域之间，旨在通过安全策略检测控制网络流量的行为，执行过滤转发操作，放行合法授权流量、阻止非法未授权的访问。

4. 设备安全

常见设备包括笔记本、台式机、服务器、手机和平板等。企事业单位的网络用户应遵守制定的网络设备使用安全规范，安全解决方案中要有防病毒软件和主机、网络入侵检测和防御工具。例如：删除默认用户，定期更改密码，限制服务器系统资源的访问，授权细化到用户访问、读写、执行功能。定期检测排查系统软件、应用程序，及时关闭、卸载不必要的服务和应用程序。

★本章小结★

本章介绍了常用应用层协议和服务，及其协同工作方式。针对防火墙部署，介绍了网络规划、子网设计和 IP 地址空间划分方法，为后续章节内容和实训任务奠定了基础。

后续章节多次使用 VLAN 技术，介绍了 VLAN 的概念、原理和配置方法，以及常用网络命令。针对常见的网络安全问题，简要描述了网络安全威胁和关注设备基本安全措施的必要性，以及配置安全加固功能缓解安全威胁的方法。还介绍了多种网络攻击方式，以及识别安全漏洞和减轻网络攻击危害的方法。

复习题

1. 网络规划需要考虑哪些因素？
2. 如何理解应用层协议和服务？
3. 什么是网络安全威胁，请举例说明？
4. 如何理解无法避免网络攻击，但可以减轻网络攻击的危害？

第2章

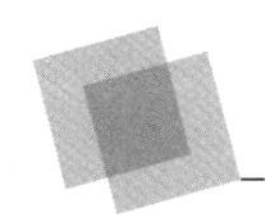

防火墙技术概述

本章要点

◆ 培养对实际安全问题的针对性思考和分析的能力，能够正确解读企事业单位的实际场景，根据实际安全需求，结合相关网络安全理论知识，模拟应用场景，规划、实施防火墙的安全策略。

◆ 掌握防火墙理论的安全知识和配置原理，以及典型安全设备的性能、特点及适应场合。

◆ 掌握并使用不同厂商的图形化网络拓扑的逻辑模拟工具，对安全设备的常用功能进行配置，掌握相关安全功能的配置命令，并能够完成安全设备的配置实验。

2.1 防火墙的意义

下面从防火墙的安全需求、市场需求和发展趋势三个方面分析防火墙的意义和价值，了解防火墙技术的研究价值和市场潜力。

2.1.1 安全需求

网络空间已成为继陆、海、空、天之外的第五主权空间，维护网络安全成为事关国家安全、国家主权和人民群众合法权益的重大问题。互联网用户越来越多，网络承载的利益和价值越来越大。当前，病毒爆炸式增长，恶意软件大量传播，其趋利日益突出，破坏性和反查杀能力增强；漏洞数量增长快，系统、软件中的严重级别漏洞增多，却未引起足够重视；公共通信网络中，攻击者非法窃听、截取、篡改、毁坏数据，导致损失巨大；银行、政府、军事的公共通信网络数据传输的安全性需求增加。网络应用技术快速普及和发展，但并没有匹配到足够且强大的安全防护技术，导致计算机软硬件漏洞成为了网络安全的软肋，恶意软件成为攻击的恶意工具。势必引发破坏、攻击、不期望的网络安全事件剧增，以金钱、政治为目的的人为攻击事件呈上升趋势。

常见网络环境，基本都包括内部办公主机、内部服务器、对外服务器和其他网络设备。基本的安全需求包括：内部用户访问互联网资源，手机、平板等移动终端使用互联网，面临互联网安全风险；内部服务器部署核心业务软件、存储敏感数据，面临网络入侵的安全威胁；可对外访问的服务器部署了面向互联网的公共服务，面临侦察攻击、DoS/DDoS 攻击、

Web 攻击和恶意软件等安全威胁。

越来越多的用户意识到网络安全的重要性，开始购买、部署网络安全设备，国内外研究机构也不断加强网络安全技术研发工作的资金投入力度。其中，防火墙产品受到了市场的认可并快速发展，这也是网络边界上第一道安全防御关卡。常见防火墙产品大都具有NAT、攻击检测、应用层控制、防病毒、日志告警、身份认证授权审计、双机热备份、VPN、流量管理、IPv6 等较为全面的功能。通过对用户安全需求的分析和合理进行产品搭配，可以满足中小型网络和大型网络的大部分安全诉求。

2.1.2 市场需求

根据 IDC 分析报告显示，自 2012 年以来国内硬件需求规模同比增长 13.9%，几乎所有的行业产业都离不开网络，信息安全市场一直处于持续增长趋势，增长速度保持在 10%以上。IDC 数据显示，2021 年中国网络安全相关支出有望达到 102.6 亿美元。预计到 2025 年，中国网络安全支出规模将达 214.6 亿美元。值得关注的是，未来五年，网络安全硬件仍将是网络安全市场中规模占比最高的一级子市场，占比规模均超过 40.0%。如图 2.1 所示，在 2021—2025 的五年预测期内，网络安全硬件市场复合增长率将达到 18.4%，市场前景可观。防火墙设备作为多网络之间的连接是网络安全的第一道防线，是所有网络安全设备中部署的首选产品。网络处于防火墙的保护之下，尽可能确保了内部资源免受外部网络威胁，随着攻防博弈双方技术竞相提高，不仅防火墙市场规模持续增长，而且防火墙产品的升级、换代的市场空间也不容小觑。

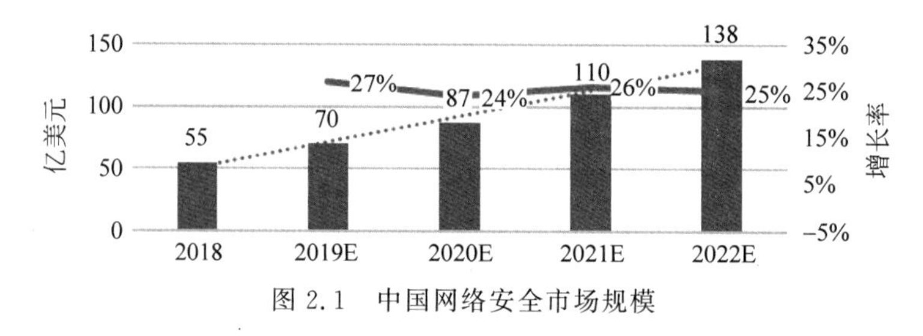

图 2.1 中国网络安全市场规模

2.1.3 发展趋势

新型网络应用层出不穷，例如在线视频、游戏、视频通信和直播等；P2P 应用无处不在，它们占用网络环境更大的带宽，例如迅雷、直播和视频等。这些流行娱乐、学习软件的流量数据包更小、流量更大，导致利用 80 开放端口的安全威胁手段越来越多样化，新型应用层攻击不断涌现。黑客、商业间谍和恶意网站试图穿越防火墙，实施投放网络病毒、入侵内网、非法访问数据、DDoS 攻击等恶意网络行为。防火墙集成了访问控制管理、数据安全加密、地址隐藏、DDoS 攻击防御等功能，防火墙的边界职能如图 2.2 所示。互联网发展呈现的新特性、新现象、新模式，使网络的安全问题日益严重。互联网的覆盖面越来越广，利益越来越大，非法活动就会出现，因此网络安全风险加大，除了提高网民的安全用网意识，也还要加强防火墙的功能与应用。

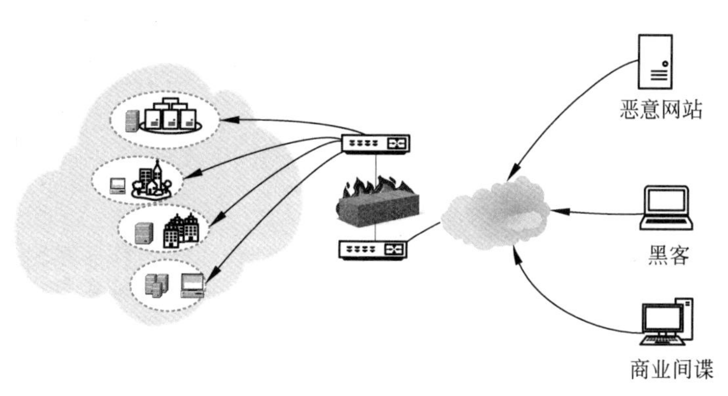

图 2.2 防火墙的边界职能

《中华人民共和国计算机信息系统安全保护条例》(国务院令第 147 号)明确规定我国“计算机信息系统实行安全等级保护”。依据国务院 147 号令要求制订发布的强制性国家标准《计算机信息系统安全保护等级划分准则》(GB 17859—1999)为计算机信息系统安全保护等级的划分奠定了技术基础。根据《信息系统等级保护安全设计技术要求》定级的系统安全保护环境,由安全计算环境、安全区域边界、安全通信网络、安全管理中心构成。可见,防火墙作为网络区域边界安全防护设备,承担着护网过程中极其重要的角色。制定合理的技术标准和法律法规顺应了时代的需求。

多数产品都采用了新一代防火墙技术,技术研发投入的资金和人力物力持续增长,硬件技术发展带来的多核芯片、机架插板等满足高性能的技术,已经应用到了防火墙产品中。随着智能算法飞跃发展,新型的安全检测技术、高性能算法模块化集成到防火墙,已经进入高性能、多应用安全防护时代。推动了防火墙产业的蓬勃发展,出现了适用于不同用户需求的产品,例如天融信防火墙、网御星云防火墙、启明星辰防火墙、网神,中科网威、华为和思科等防火墙产品。

2.2 防火墙的功能和目的

防火墙的物理位置可以简化为部署于两个网络边界上,用于隔离内部网络与外部网络因特网(Internet),隔离不同安全区域的两个网络,遵循 IP 数据包转发时的默认规则,未被允许的禁止放行,并丢弃 IP 数据包。防火墙隔离内网和外网如图 2.3 所示。

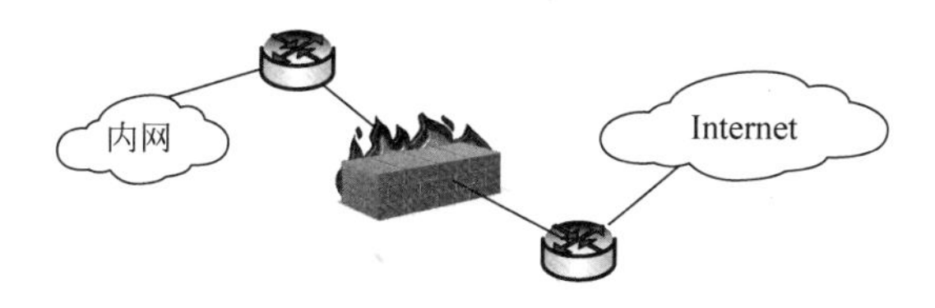

图 2.3 防火墙隔离内网和外网

防火墙使用的主要目的是实现按照规则和约束对网络进行有序访问,允许内部用户使用外部网络资源,防火墙保障网络访问行为不会危及内部网络数据和网络设备;允许外部用户通过认证和授权后访问内部网络，将外部未认证和未授权的用户屏蔽在防火墙外。防火墙旨在解决内部网络与外部网络通信所带来的安全威胁问题。防火墙使用的主要原因为：

（1）网络协议和软件存在安全缺陷：例如，TCP/IP 协议族等，技术设计初期只考虑了效率，未考虑安全因素，存在大量漏洞。

（2）计算机病毒传播：例如，蠕虫、特洛伊木马等，这些恶意软件会破坏计算机正常工作、存储的数据，伪装成正常软件寄生在其他程序之中，同时具有隐蔽性、潜伏性、传染性和破坏性等软件特征。在计算机病毒传播、发起攻击时，会出现网速变慢、文件丢失、硬件损坏、系统瘫痪、数据窃取和篡改等不同程度的危害。

（3）身份信息窃取：例如，社会工程学攻击，就是结合了渗透攻击，利用了人性弱点和系统漏洞实施入侵。攻击者先通过发送看似合理的常规邮件，诱导用户单击邮件链接访问网站、下载附件，植入恶意软件后，获取用户的敏感信息，窃取个人财物，甚至窃取个人身份信息后，利用其合法身份访问内网的其他网络资源，这种攻击历时长、攻击目标明确，一旦攻击成功则造成的损失巨大。

（4）Web 攻击：例如，SQL 注入、篡改网页、会话劫持等。其一，攻击者将恶意代码传入 Web 应用；其二，设计陷阱，诱使用户访问陷阱代码，致使信息泄露、权限滥用。

（5）资源耗尽攻击：例如，分布式拒绝服务攻击，随着云计算、大数据、僵尸网络技术的发展，可以通过付费和免费来获取大量受控资源，利用资源同时攻击一个攻击目标，使这个攻击目标停止工作，合法用户无法使用，必然也会造成巨大的损失。

2.3 防火墙技术

2.3.1 包过滤技术

每一个通过防火墙的 IP 数据包都要经历各个协议层的拆包、比对、封装、转发或丢弃的操作。防火墙的包过滤技术是对 IP 数据包的源 IP 地址、目的 IP 地址和 TCP 协议、UDP 协议的端口信息，执行解析、检测和管控。防火墙包过滤技术如图 2.4 所示，IP 数据包的过滤过程主要包括两步，第一步是检测包头，判断是否符合安全规则，符合则放行，不符合则丢弃；第二步是检查路由信息，转发 IP 数据包。包过滤技术的检测处于 TCP/IP 协议栈的网络层，只关注 IP 数据包的前 20 个字节，这个检测过程不会对 IP 数据包的其他信息进行检测，例如对 IP 数据包载荷内容、会话流的位置和状态等信息不会进行分析。

包过滤技术并不支持用户的应用层协议，无法跟踪 TCP 通信的状态信息，如图 2.5 所示。例如：当防火墙放行了从内部网络访问外部网络的 TCP 通信，而攻击者就会以外部网络 TCP 应答数据对内部网络进行攻击从而可以直接穿透防火墙，这就是利用 TCP 协议有状态通信的漏洞，同理还有 DNS 欺骗攻击。

此外，若要限制用户观看视频，允许用户收发邮件则无法实现，包过滤技术的控制粒度较粗，不可以检测应用层，无法对会话内容进行监测。也正因为如此，包过滤技术性能上具有很大的优势，表现为数据吞吐率较高，由于只能检测 IP 数据包的网络层，安全策略的配置也较为容易。

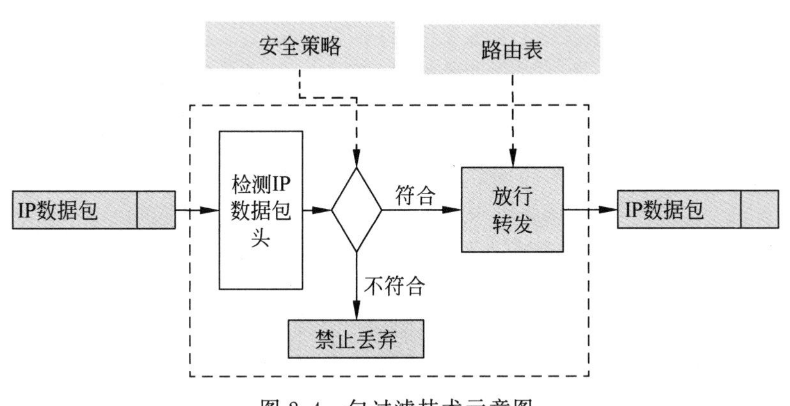

图 2.4 包过滤技术示意图

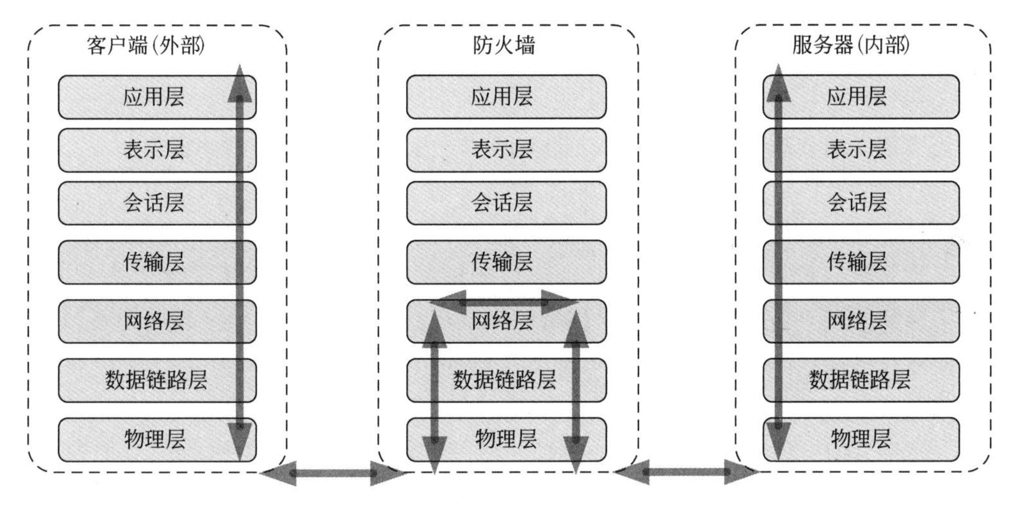

图 2.5 包过滤技术协议栈示意图

面对用户诉求较为复杂的网络安全方案时，设计和配置 IP 数据包的检测规则将极为复杂，使用过程中的维护代价很高，通常不会单独采用包过滤技术解决，而代理技术的出现提供了一种解决方案。

2.3.2 应用代理技术

防火墙的应用代理技术，可作用于应用层、传输层和网络层协议，具有较强的检测能力，应用代理技术如图 2.6 所示。通过防火墙的所有网络流量必须通过应用层代理软件进行转发，内部网络和外部网络是无法直接通信的。这项技术实现了彻底隔断内部和外部之间直接的网络连接，即内网(外网)用户对外网(内网)的访问实际上是经由防火墙来实现的，IP 数据包也是防火墙转发给用户的，网络通信的应用层协议都必须符合防火墙所配置的安全策略。

应用代理技术支持对用户应用层协议的数据进行处理，对数据包的检测能力较强。IP 数据包进入防火墙，通信双向都要通过应用代理，代理技术需要对每一种应用的网络服务都配置服务代理。防火墙应用代理技术在功能上可以对应用服务 HTTP、FTP、SMTP 和

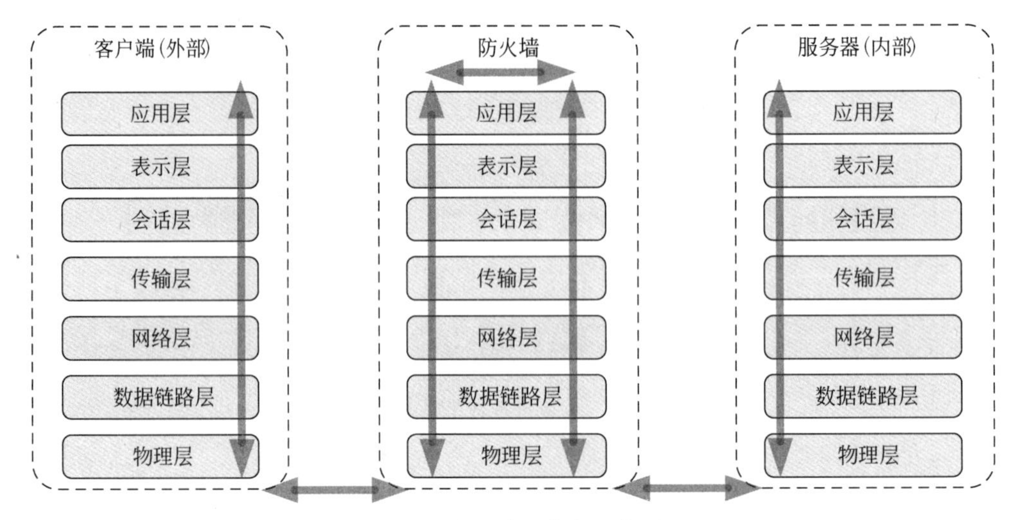

图 2.6 应用代理技术示意图

Telnet 等实现应用代理,数据检测可以细化到用户、内容层面的安全规则控制。

在正常网络通信过程中,防火墙对内部网络访问外网的请求,建立网络服务代理的处理请求,随着用户和应用数量的不断叠加,使处理延迟大,甚至会导致网络访问无法及时响应。一旦网络连接突然断开,由防火墙重新建立应用的网络服务相关连接实际上是不可行的。网络应用发展如雨后春笋,流量中不断出现新型应用,防火墙需要为每一种应用的网络服务都进行配置,以保障检测工作运行,而实际上总是无法满足现实环境,无法保障覆盖所有新型网络服务。可见,彻底隔离内部网络和外部网络的直接连接,会使网络通信受到很大影响。由于用户应用的数量较多,IP 数据包除了拆包解析之外,还要对进入防火墙的流量先进行应用协议的识别,才会进入 IP 数据包检测环节,应用代理技术的工作量随着应用数量增加而不断递增致使处理速度变慢。

防火墙应用代理技术的缺点主要体现为配置难和处理慢。需要为每个用户应用配置特定的应用代理,在此之前先要对每个用户应用协议有充分理解和认识,才可以达到正确、合理的应用代理配置,否则不仅不会增强内部网络的安全性,还会影响网络的正常通信。

2.3.3 状态检测技术

防火墙的状态检测技术是基于连接状态的检测机制,认为 IP 数据包之间并不是相互独立地存在的,这些 IP 数据包出现的前后必然存在一定的状态联系,这个状态联系与用户的网络行为相关,基于 IP 数据包的状态变化,出现了状态检测技术。防火墙的状态检测技术关注于 IP 数据包的包头和网络连接状态。

当网络行为发起后,就会产生一系列的 IP 数据包以实现网络的请求和响应。请求报文是网络交互行为发起的第一访问报文,当防火墙安全规则允许,则建立这次交互行为的会话信息,记录 IP 地址、端口号、时间等信息。响应报文是收到访问请求报文后,发出的回应报文,防火墙会将报文信息与已经记录的会话信息进行匹配,符合报文协议规范的会话视为后续报文则放行。状态检测防火墙实施检测前,必须先对出入防火墙的 IP 数据包进行会话重组，才可以正确跟踪会话状态，执行后续的安全策略控制。状态检测技术会建立状态连接表，记录属于同一个会话连接进出网络的IP数据包，跟踪会话连接的状态。对IP数据包进行检测时，关注于防火墙设置的安全规则的符合和会话状态的契合，如图2.7所示。防火墙技术中一个挑战就是是否能够及时处理网络流量，状态检测技术不仅提高了网络安全防护能力，还提高了数据处理速度。

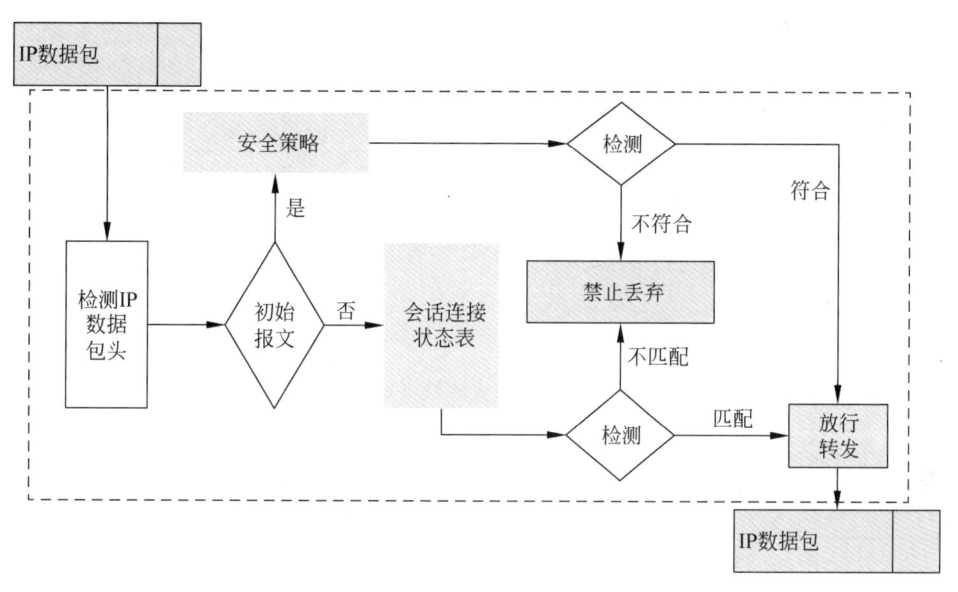

图2.7　状态检测包过滤示意图

将出入防火墙的IP数据包看作是孤立存在的，那么进行检测时，只需要根据IP数据包的源地址、目的地址和端口号等信息判断丢弃还是放行。而事实上，网络通信是交互行为，IP数据包的出入都是由网络行为所驱动的，网页浏览、邮件收发、文件上传和下载等用户网络行为，在通信过程中会创建会话连接，IP数据包是有前赴后继联系的。状态检测技术就会跟踪IP数据包的信息、状态，例如网络连接，数据接入、传出的请求等会话连接状态信息。

在状态检测防火墙出现之前，包过滤防火墙只根据设定好的静态规则来判断报文的放行、丢弃，将报文看作是无状态的孤立报文，不关注报文产生的前情后续，为了安全规则的完备性，必须对两个方向的报文分别配置对应的安全规则，因此，对IP数据包的检测效率低下且容易带来新的安全风险。状态检测技术的出现正好弥补了包过滤技术的这个缺陷。状态检测防火墙使用基于连接状态的检测机制，将通信双方之间交互行为产生的所有IP数据包视为一个整体来对待，防火墙检测过程如图2.8所示。在状态检测技术中，网络交互行为的同一个会话中不存在孤立报文，而是具有内在关联。

因此，当网络交互的第一个报文建立了会话，该交互行为的后续报文就会直接匹配会话转发，不需要再进行规则的检查，从而提高了防火墙的检测效率。防火墙收到传输控制协议(Transmission Control Protocol，TCP)、用户数据报协议(User Datagram Protocol，UDP)和Internet控制报文协议(Internet Control Message Protocol，ICMP)的数据包时，对于不同报文的处理方式也不同，具体信息如表2.1所示。例如防火墙收到TCP协议的SYN报文时，会创建会话并转发，而同时收到SYN报文和ACK报文时，或者收到ACK报文时，防

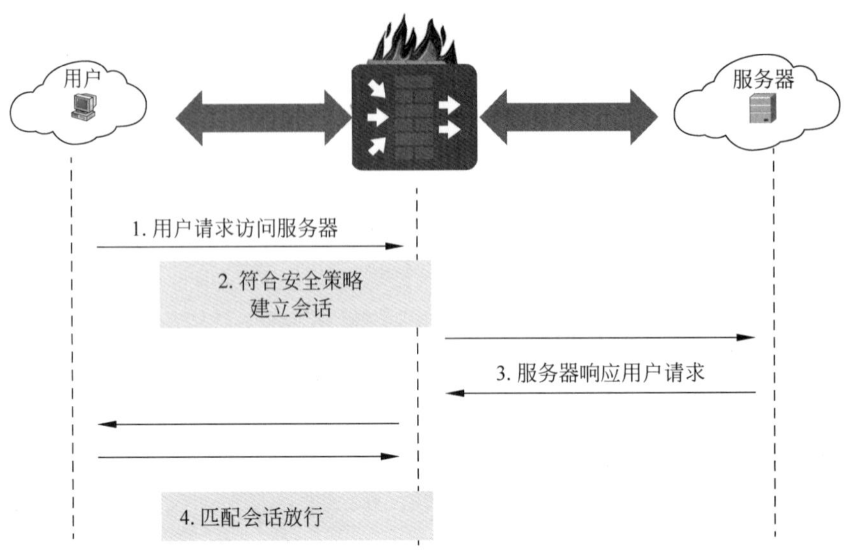

图 2.8 防火墙检测过程

火墙都不会创建会话，将直接丢弃。

表 2.1 防火墙处理报文示例

报文类型	TCP	UDP	ICMP
SYN 报文	创建会话，转发		
SYN 报文和 ACK 报文	不创建会话，丢弃		
ACK 报文	不创建会话，丢弃		
		创建会话，转发	
Ping 请求报文			创建会话，转发
Ping 应答报文			不创建会话，丢弃

2.3.4 复合型及其他技术

企事业单位硬件软件资源的漏洞犹如闪闪发光的金子，引发各种动机的网络入侵访问，由于没有保障百分百安全的网络安全设备，做需要构建全面的安全解决方案，才能有效地保护网络，并在网络被入侵后最大程度地减少损失。复合型防火墙同时采用了状态检测包过滤技术、应用代理等技术，并融合了大数据、高性能芯片和人工智能等技术，多种技术融合应用于防火墙正成为一种发展趋势，如图 2.9 所示。

现在厂商推出的防火墙产品大都提供了网络边界需要的基本网络功能，例如内容检查、NAT、VPN、加密、安全审计、身份认证、负载均衡等。防火墙和 VPN 技术相结合的方式是远程办公的安全方案之一，启用防火墙的 VPN 功能，可以对防火墙出入的 VPN 流量实施策略控制，相较于只采用 VPN 设备更安全，同时满足了用户远程办公对数据机密性、完整性的诉求。

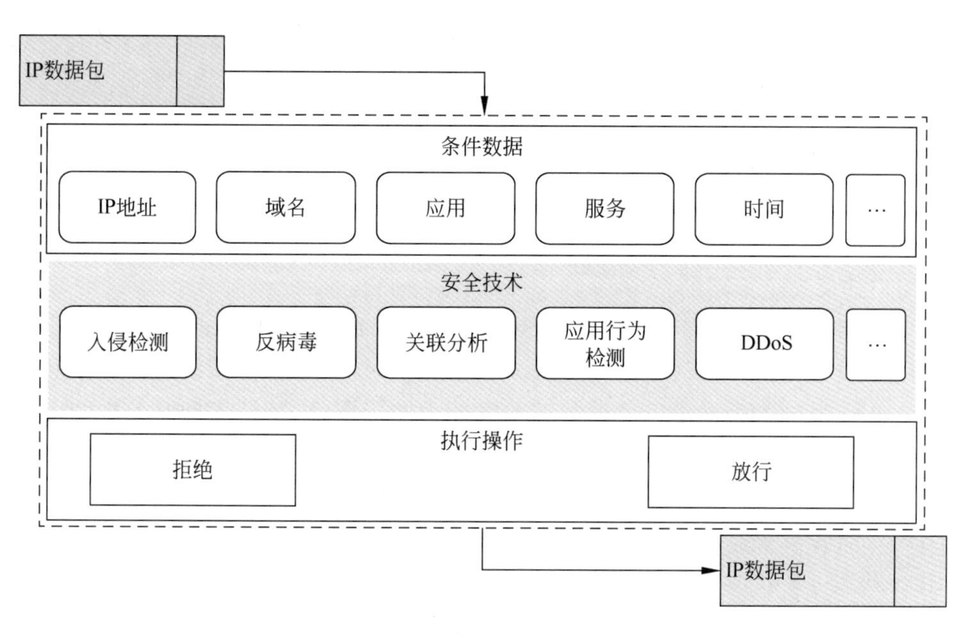

图 2.9　复合型防火墙示意图

2.4　防火墙安全

全球 80%以上的入侵来自于内部网络，只有加强对网络入侵和攻击的检测，强化全民的安全防范意识，完善相关法律法规，才可以有效保障计算机系统、网络系统，以及整个信息基础设施的安全，这已经成为国内外产业界和学术界刻不容缓的重要研究课题。

网络安全解决方案向着体系化和精准化趋势发展，网络安全设备除了防火墙技术以外，还有入侵检测系统（Intrusion Detection System，IDS）、入侵防御系统（Intrusion Prevention System，IPS）、异常检测系统（Anomaly Detection System，ADS）等技术广为使用。企事业单位配置防火墙之后，根据安全诉求还需要配备漏洞扫描、IDS、IPS 等产品，构建适合网络环境的网络安全保障体系是最终目标。部署防火墙并不等于百分之百的网络安全，还需要与其他的网络安全设备共同协同完成护网，但是，不安装防火墙这第一道安全门也是不明智的。

（1）联动性：可以通过部署 IDS 发现入侵行为，通过 IPS 实现网络防御，与防火墙功能联动，实现一个检测、发现、防御和响应多步连续的护网动作。

（2）时效性：网络环境千变万化，防火墙技术实现护网主要是通过设计和配置有效的安全策略，面对变化，如果检测控制过细会增加工作难度、影响检测效率，经常调整安全策略，还会给网络环境带来不良影响。

（3）集成性：通过多种网络安全设备的集成，与防火墙配合，并能够进行无缝结合，充分利用不同类别产品的各自优点，这样的安全解决方案才可以最大限度地保障网络环境的安全。

2.4.1 IDS

IDS 主要通过监视网络流量、分析用户行为和计算机系统活动发现攻击者入侵。IDS 可以通过经验、知识识别已知的网络进攻活动并发出报警信息。系统通过对网络行为进行统计分析来发现异常行为模式，评估网络设备的系统、数据文件的完整性，审计、识别操作系统进程、用户违反安全策略的行为。

IDS 有两种类型，包括基于主机的 IDS(Host-based Intrusion Detection System，HIDS)和基于网络的 IDS(Network Intrusion Detection System，NIDS)。系统检测主机和网络通信后，将输出异常告警信息，由于系统算法检测能力的局限性、特征库的时效性和上下文相关性，会存在误报信息，要真正转化为安全管理员可用的有价值信息，还需要对输出信息进一步筛选和甄别，这一步是难点也是至关重要的。

HIDS 部署在需要监控的设备中，可提供详细异常信息和误报率低是 HIDS 很大的优势。HIDS 发现可疑攻击的效能同样依赖于监控的主机设备的日志系统和处理能力，如果要达到全部部署保护设备，由于网络环境的复杂性和数量大，必然导致安全管理员管理、维护的工作量剧增。

NIDS 部署于需要监控的网络中，而非主机设备中，所以不用逐台安装、配置、管理和维护，也不会由于 NIDS 发生故障而影响其他网络设备的正常运行。NIDS 无法监控加密流量，处理能力会受到硬件资源限制。相较于 HIDS，NIDS 易于配置、管理，选择概率高、发展趋势好。

IDS 对于防火墙技术是一种检测方法技术的补充和完善，可以进一步增强安全体系的安全管理能力，提高信息安全基础结构的完整性，可深入到系统的应用层，并结合特征、知识库，解析、统计、分析流量，输出详细的攻击信息。

2.4.2 攻击防火墙

防火墙无法保障网络无坚不摧，其自身也是网络设备，也是有可能被入侵和攻击的，只是防火墙相对而言具有较强的抗攻击性和隐蔽性。防火墙设备同样是由硬件和软件构成，同样面临由硬件和软件设计、技术、协议、代码等引发的缺陷、漏洞。攻击防火墙的主要目的就是破坏防火墙的正常运行，伺机入侵网络，常见攻击有流量攻击、应用层攻击、扫描攻击、特殊控制报文攻击。

利用 FireWalking、Hping 等技术，攻击者探测到防火墙，就可以进行两类攻击：绕过防火墙、攻击漏洞。第一步是至关重要的，因此应选择适合的防火墙接入模式，使用合理的防火墙设备自身配置，尽可能将防火墙隐身于网络环境中。防火墙的攻击探测试图获取目标网络上部署的防火墙详细信息，例如产品、版本、允许通过流量、猜测安全策略参数等。攻击者根据收集的信息，利用防火墙漏洞进行直接攻击，导致宕机，造成的危害大、难度高。攻击漏洞常见于利用防火墙的安全策略缺陷，以欺骗、伪造、伪装的方式，绕开防火墙的安全机制，非法通过防火墙，实施跨网络边界攻击，例如地址欺骗和 TCP 序号协同攻击、网际互连协议(Internet Protocol，IP)分片攻击、TCP/IP 会话劫持、协议隧道攻击、干扰攻击或 FTP

被动模式绕过防火墙认证的攻击。

2.5　防火墙的网络接入模式

2.5.1　负载均衡

负载均衡是一种流量分发技术，根据算法自动将负载均衡分配到多个操作单元执行，可以扩展带宽、增加吞吐量、加强数据处理能力，通常用来解决数据流量大、网络负荷重等问题，如图2.10所示。例如，可以通过负载均衡技术，利用多台服务器提供更多的网络服务，并使每个服务器处于最佳的运行状态，即使一台服务器出现故障也不影响用户访问，从而提高服务能力，响应大量用户访问。防火墙产品通常支持这一功能，可以通过动态负载均衡算法，例如轮询法、最小连接数和随机法等，采用NAT负载均衡、地址转换等技术，对提供的服务进行均衡，将访问均摊给内部服务器。

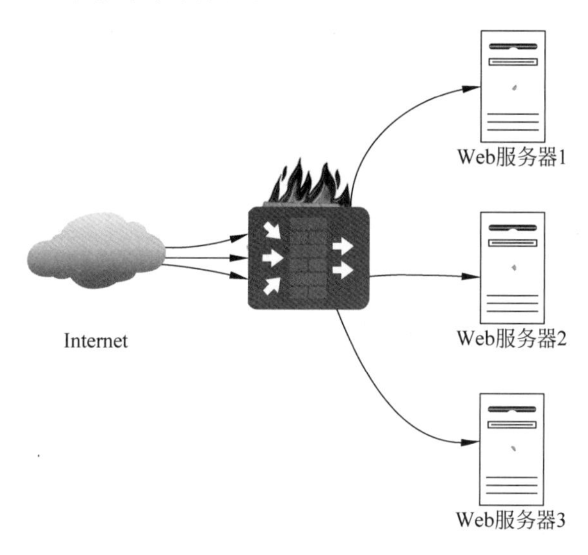

图2.10　负载均衡示意图

最小连接数是较为常见的负载均衡算法。负载均衡支撑的后端网络设备配置有相同也有不同，数据处理有快有慢，最小连接数算法是根据设备、服务器的当前活跃连接数情况，将数据分配给当前连接数最少的网络设备，尽可能合理均衡数据到每一台网络设备，提高后端设备的利用效率。

在网络通信中，基于TCP连接的服务一般有已建立连接和等待连接两种情况。已建立连接的情况，这些连接数据已经转发给后端网络设备。等待连接的情况，这些连接保存在待处理队列，等待转发。等待转发的原因是当前后端设备的所有连接数都超过了最小连接数的阈值，故不再转发请求给后端设备，无法新增服务连接，只有等待。

当多台后端设备的数据处理能力相当时，最小连接数算法是适用的，否则会不尽合理。例如，后端有服务器1、服务器2和服务器3。服务器2的最小连接数阈值是10^4，当前有9900个连接。服务器1和服务器3的最小连接数阈值是10^7，当前活跃连接数为9990和

9999。使用最小连接数算法选择后端服务器，服务器3的已建连接数较小，则会将访问请求转发给服务器2，而不是服务器1或服务器3。为了匹配后端设备不同的数据处理能力，那么基于权重的最小连接数算法的分配就会更合理，为解决负载均衡面临的后端设备差异性问题，那么基于权重的最小连接数负载均衡算法应运而生，每个设备都有自身的最小连接数。

2.5.2 NAT

网络地址转换（Network Address Translation，NAT）旨在隐藏企事业单位的内部网络拓扑结构和IP地址，还可以达到节约IP地址空间的目的。网络地址转换通常划分为静态地址转换和动态地址转换两种方式，其中，动态网络地址又可进一步分为NAT和端口地址转换（Port Address Translation，PAT）两种方式。

1. NAT方式

这种方式是将内部的网络地址与外部网络地址，建立一对一的地址映射关系；NAT方式只需要转换IP报文的源IP地址，而不需要对端口进行转换，实现简单；NAT方式无法使内部网络的多个设备共用同一个外部网络地址，适用于需要对所有IP报文进行转换的场景，这种方式不能节约地址空间，不适用于地址空间缺少的场景。

2. PAT方式

PAT方式使用TCP/UDP协议端口号来进行地址转换，以不同的端口号来区分内部网络的不同网络设备，需要同时转换IP数据包中的源地址和端口信息；采用地址和端口信息进行映射，可以使内部网络的多个设备共享同一个IP地址；内部网络地址和外部网络地址之间建立多对一的地址映射关系，适用于地址空间缺少的场景，实际应用中采用这种方式较多，但只适用于TCP/UDP报文的转换。

2.5.3 透明接入模式

透明接入模式是对用户透明的（即用户意识不到防火墙的存在），防火墙透明接入模式是没有IP地址的工作情况，不对防火墙设置IP地址，用户不知道防火墙的IP地址。服务器必须是真实互联网地址，保护同一子网不同区域的网络设备。

透明接入模式方便用户使用，同时减少了很多防火墙接口设置，降低了防火墙使用安全风险、出错概率；防火墙的服务端口无法探测，就无法对防火墙进行直接攻击，一定程度上提高了防火墙的安全性、抗攻击性。透明模式可以直接采用原有网络拓扑而不做任何调整，如图2.11所示。

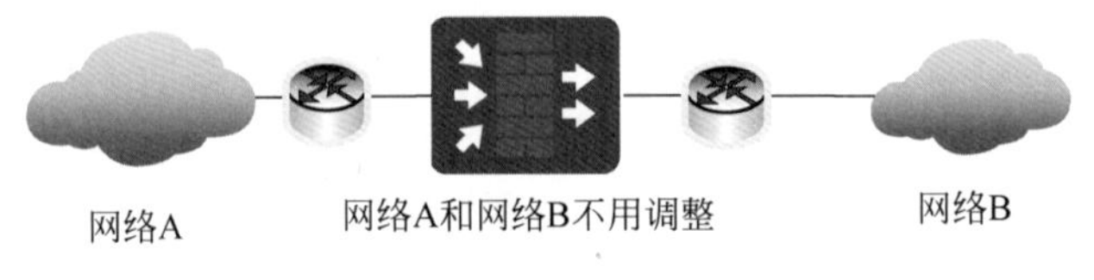

图2.11 透明接入模式示意图

2.5.4　路由模式

路由接入模式需要对原网络拓扑进行重新规划，对防火墙的接口设置，配置直连的各个接口 IP 地址、安全区域、路由等信息，如图 2.12 所示。例如防火墙位于内部网络和外部网络边界，防火墙与内部网络、外部网络区域相连的接口需要配置不同的接口 IP 地址，对原网络拓扑进行重新规划，并同时具有路由器的数据包转发功能。

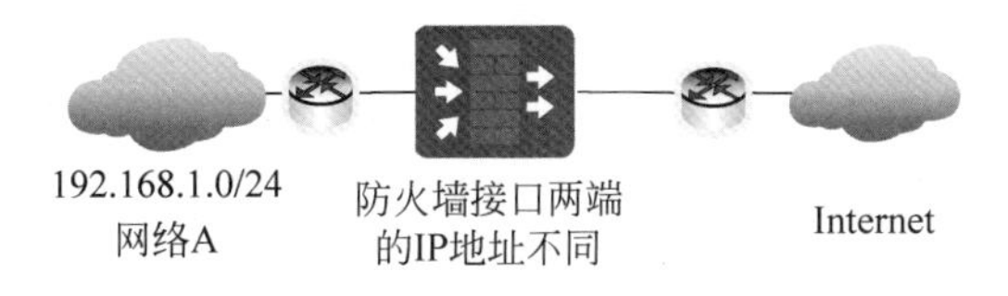

图 2.12　路由接入模式示意图

2.5.5　混合接入模式

当防火墙同时处于两种工作模式下，既有接口工作在路由模式下，又有接口工作在透明模式下时，则防火墙运行处于混合接入模式，如图 2.13 所示。

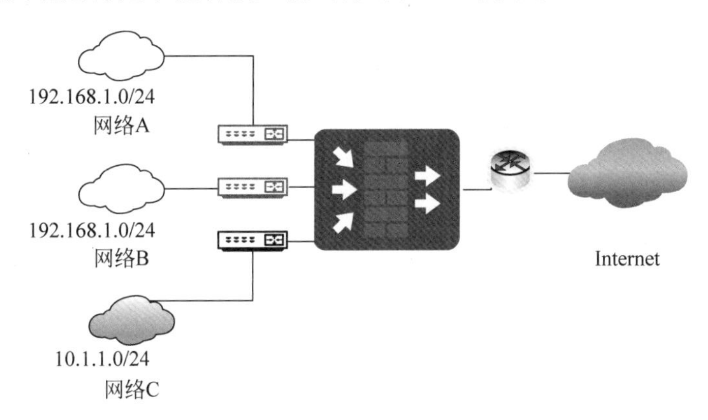

图 2.13　混合接入模式示意图

除此之外，为了增强防火墙的可靠性，支持双主机热备份。防火墙设备一旦出现故障，能够快速平滑切换，启用备用防火墙。防火墙这个部分的功能将在后面章节详细介绍。

2.6　防火墙发展历史

交换机、路由器等数据通信技术耳熟能详，而防火墙技术原理鲜为人知。人们对防火墙设计思想、控制原理的接触甚少，各大产品厂商的公开资料相对匮乏，核心内容晦涩难懂。因此，通过了解和学习网络安全设备防火墙的网络控制思想，掌握防火墙配置的命令和原理，对于深入理解网络安全领域的相关知识、增强防御和提高安全意识都具有指导性的实践意义。防火墙旨在实现通过网络控制增强内部网络的安全性，采用的技术措施也是攻击者所利用、绕过的保护点，那么也是防御加强的落脚点，各个厂商的防火墙命令大都以易于理解和记忆的词汇构成，为了使安全管理员快速上手，虽然内部实现机理各有差异，但是执行命令大都相似，以华为、思科为代表的实验，利于对防火墙相关知识的理解和体验。

TCP/IP 协议诞生时多考虑其功能性而未考虑安全性。防火墙部署的位置位于网络边界、不同网络安全区域边界、子网隔离区（企业网络出口、数据中心边界）、分支机构等，防火墙对进出网络的访问行为进行控制，安全防护是其核心特性。防火墙是一个网络安全设备，通常位于多个网络之间，使网络隔离，并对网络之间的通信进行控制和管理。防火墙与其他网络设备的本质区别为：1）转发：路由器连接不同的网络，通过路由协议保证互连互通，确保报文转发到目的地址。交换机用来组建局域网，作为局域网通信的重要枢纽，通过 2、3 层交换快速转发报文。2）控制：防火墙部署于网络边界，对进出网络的访问行为进行控制，安全防护是核心特性。

防火墙是网络边界上实施网络安全防护的第一道防线、内部网络数字资产的守护者，它保护一个网络免受来自另一个网络的攻击和入侵行为。防火墙的发展最早始于 20 世纪 80 年代末，仅仅有几十年的历史。主要历经了包过滤、应用代理、状态检测、统一威胁管理（Unified Threat Management，UTM）、下一代防火墙（Next Generation Firewall，NG Firewall）几个阶段，现在市场上使用的大都是下一代防火墙产品，如图 2.14 所示。

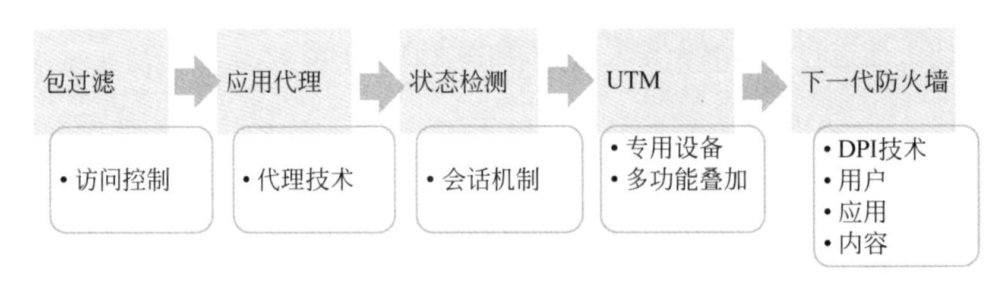

图 2.14　防火墙技术发展历史

（1）包过滤：包过滤是第一代防火墙，对网络边界通信实施简单的访问控制。

（2）应用代理：应用代理是第二代防火墙，应用层代理内部网络和外部网络之间的通信。网络访问控制的安全性高，数据处理速度慢，但难于为每种应用配置一个独立应用代理，只能支持少量应用。

（3）状态检测：状态检测是第三代防火墙，基于状态检测技术的防火墙，通过动态分析 IP 报文状态来决定 IP 报文丢弃、转发的控制，数据处理速度快，网络访问控制的安全性高。

（4）UTM：UTM 防火墙技术旨在将防火墙、入侵检测、防病毒、统一资源定位系统（Uniform Resource Locator，URL）过滤、应用程序控制、邮件过滤等功能模块都融合到防火墙产品中，期望实现对网络访问的全面安全防护。由于这个设计思想，使其功能繁多而导致 UTM 设备性能严重下降，数据处理速度慢。因此，出现了基于用户、应用和内容相关的管控专用网络安全设备，例如 Web 应用防火墙（Web Application Firewall，WAF）设备。

（5）下一代防火墙：随着深度包检测（Deep Packet Inspection，DPI）技术广泛应用，下一代防火墙于 2004 年后兴起，防火墙定义为在线安全控制措施，可实时地在各受信级网络间执行网络安全策略。出现大量以访问控制和虚拟专用网络（Virtual Private Network，VPN）技术为解决方案的网络安全策略，2009 年 Gartner 定义了下一代防火墙。

当前市场上的防火墙产品都是下一代防火墙，如图 2.15 所示是思科、深信服和华为等知名厂商的下一代防火墙设备的特性。

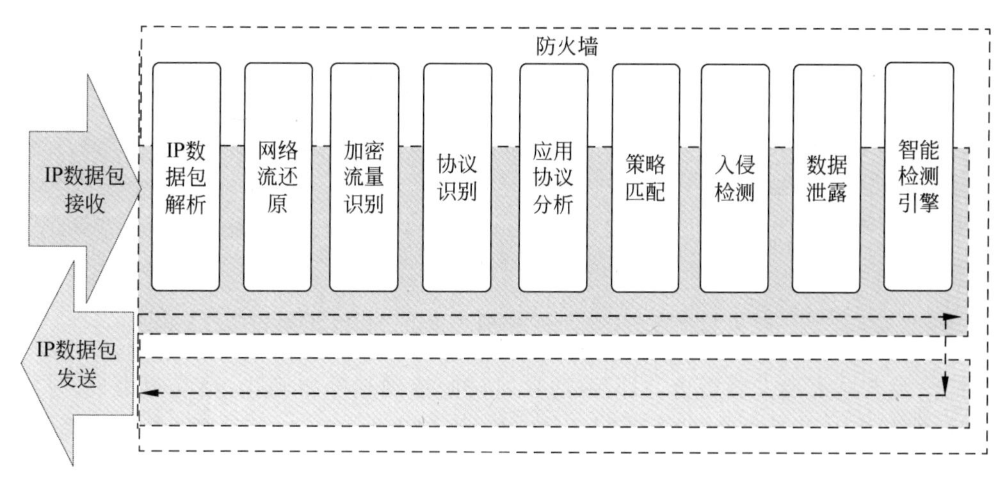

图 2.15　下一代防火墙数据包处理原理

思科端到端的安全解决方案中，防火墙是关键的部分。思科防火墙专用的硬件、软件，可以提高网络设备的安全性等级，对网络性能的负面影响更小，融合了包过滤、代理过滤、状态型过滤等技术，是一个复杂的技术系统。思科防火墙产品介绍如图 2.16 所示。

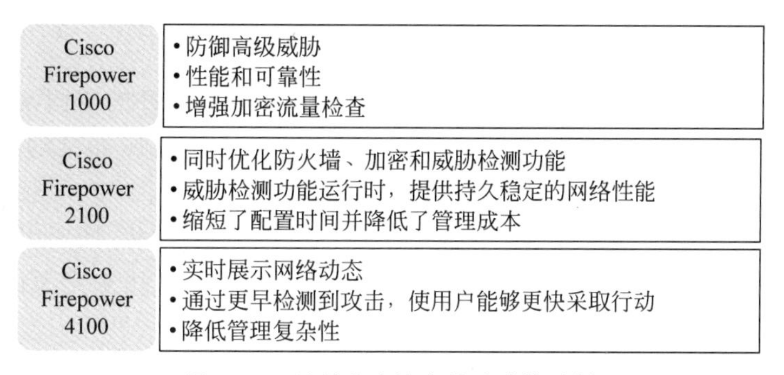

图 2.16　思科防火墙产品及功能示例

深信服下一代防火墙技术如图 2.17 所示，华为防火墙设备如图 2.18 所示。

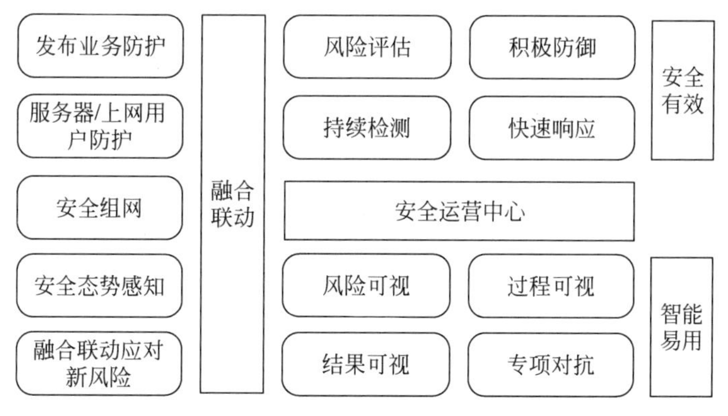

图 2.17　深信服下一代防火墙技术

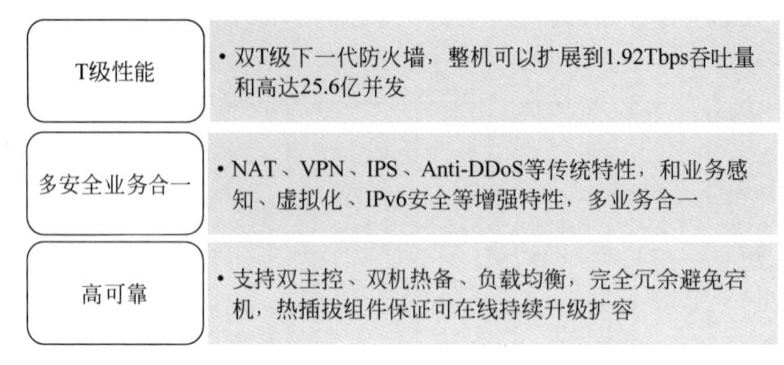

图 2.18 华为 USG9500 系列 T 级下一代防火墙特性

综上，纵观防火墙发展历史，对网络边界的访问控制趋于精确化，精确到用户、应用、内容；防护控制能力不断增强，涉及范围日益广泛，涵盖病毒、URL、邮件等；数据处理性能飞跃提升，高性能芯片、大数据技术等，使硬件和软件架构技术日益完美融合。防火墙技术发展趋于智能化、管理自动化和数据处理高速化。

2.7 防火墙术语

2.7.1 防火墙的三个区域

防火墙部署于网络之间，起到网络通信隔离的作用，被隔离开的不同网络，对防火墙而言属于不同的安全区域，安全策略配置与网络区域之间的通信与 IP 报文的方向有关。网络区域和应用示意图，如图 2.19 和图 2.20 所示。

(1) 可信任网络区域：该区域内网络的受信任程度高，通常用来定义内部用户所在的网络。

(2) 军事管制区域：该区域内网络的受信任程度中等，通常用来定义内部服务器所在的网络。

(3) 不可信任网络区域：该区域代表的是不受信任的网络，通常用来定义因特网(Internet)等不安全的网络。

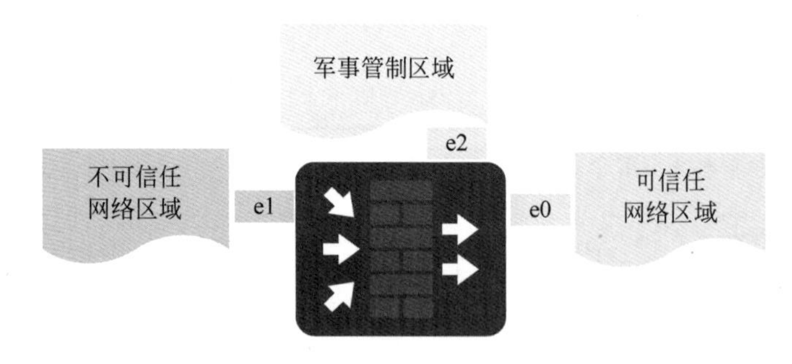

图 2.19 防火墙三接口安全区域

内部网络是指位于防火墙安全级别高的区域，或简称内网、内部。外部网络是指位于防火墙安全级别低的区域，或简称外网、外部。DMZ(Demilitarized Zone)是一个军事术语，是介于严格的军事管制区和松散的公共区域之间的管制区域。防火墙引用了这一术语，指代

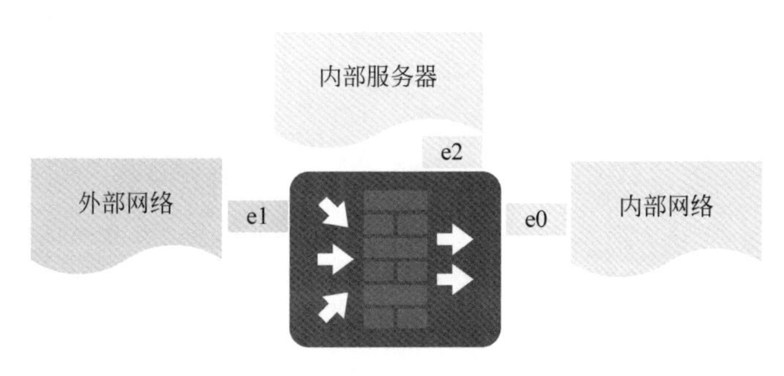

图 2.20　防火墙三接口应用场景

一个受信任程度处于内部网络和外部网络之间的安全区域。

2.7.2　防火墙数据包方向

防火墙内流动着不同网络区域的 IP 报文，每个网络区域都要配置安全级别，标识所连接网络区域的可信度，采用数字 1～100 来表示，每个网络区域的安全级别是唯一的，这个值越大代表这个网络区域越可信。与防火墙接口直连的网络安全区域的安全级别确定后，可进一步对网络区域之间的 IP 报文流动进行网络控制和管理。三个网络区域入站和出站示意图如图 2.21 所示。

(1) 入站方向：网络流量入站(inbound)方向是 IP 报文从低安全级别的网络区域流向高安全级别的网络区域。

(2) 出站方向：网络流量出站(outbound)方向是 IP 报文从高安全级别的网络区域流向低安全级别的网络区域。

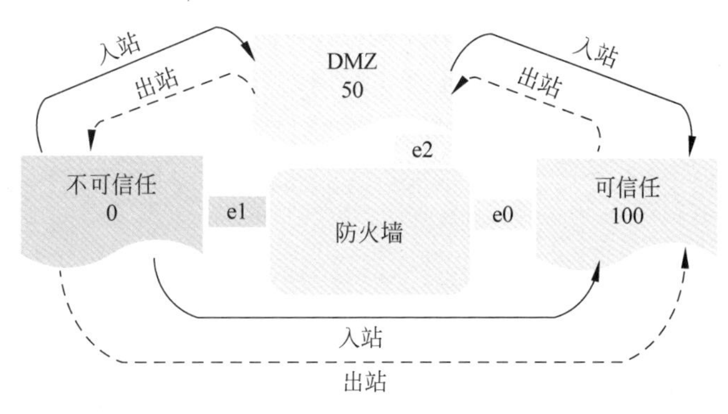

图 2.21　三个网络区域入站和出站示意图

IP 报文在不同的安全区域流动，根据方向性也可以区分为源安全区域和目的安全区域，如图 2.22 所示。

(1) 源安全区域：防火墙接收报文的接口，直连的网络安全区域称为源安全区域，这样可以通过反查路由表，确定原始报文来源安全区域。

(2) 目的安全区域：防火墙发送报文的接口，直连的网络安全区域称为目的安全区域，查找路由表、MAC 地址转发表，确定报文从哪个接口发送出去，VPN 报文要解封装，根据原始报文查找路由表确定目的安全区域。

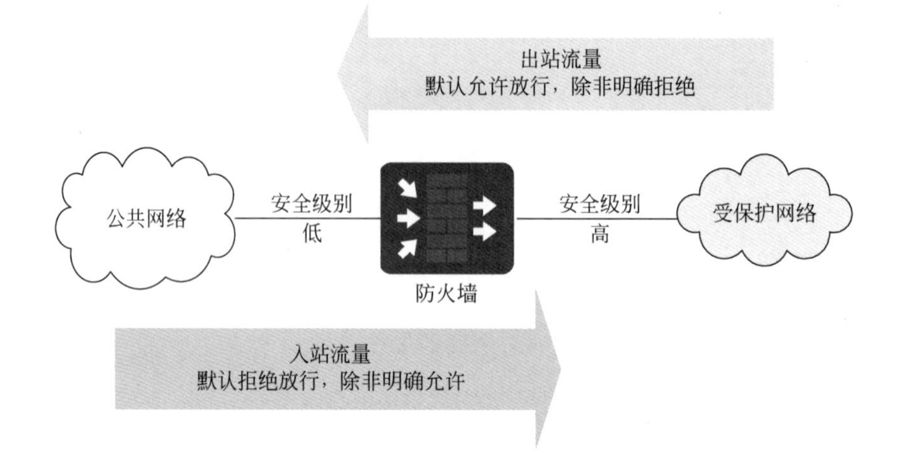

图 2.22 网络流量穿越防火墙示意图

★本章小结★

本章先从安全需求、市场需求和发展趋势几个方面，介绍了防火墙产品的意义和价值，阐述了防火墙作为网络设备的功能和安全目的。

针对防火墙技术，介绍了技术发展历史和优缺点，并分别描述了防火墙设备的接入模式。

为了理解 IP 数据包穿越防火墙的过程，介绍了安全区域和入站出站等使用术语。

通过了解防火墙安全知识和原理，引导读者针对防火墙部署问题进行思考和分析，培养读者解读企事业单位的实际安全需求，根据实际网络环境，结合相关网络安全理论知识，模拟应用场景，规划、实施防火墙的安全策略。

复习题

1. 如何看待防火墙网络的防御功能和目的？
2. 常见的防火墙技术有哪些？
3. 防火墙部署的模式及其特点是什么？
4. 简述防火墙入站和出站的含义。

第3章

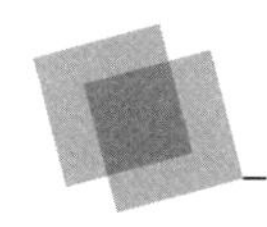

模拟器安装和使用

本章要点

- ◆ 了解 GNS3 软件安装必备的硬件环境和软件环境。
- ◆ 掌握模拟器 GNS3 上基本网络拓扑构建过程。

3.1 GNS3 模拟器简介

GNS3 模拟器是用来验证网络设计方案的。这款开源软件是一个图形化的网络模拟器,用于仿真模拟多种网络设备,如交换机、路由器、防火墙和入侵检测等。支持 Windows、Linux 和 Mac 的跨平台使用,开源性和跨平台使其被广泛使用,相较于软件 Cisco Packet Tracer,可以应对更加复杂的网络设计,并且支持网络安全设备的仿真实验。

GNS3 支持 Cisco 和非 Cisco 创建网络设计方案,可在项目中添加网络对象,模拟硬件设备的组合方案,保存项目后可以随时访问设计方案,具备跨多台计算机资源的分享能力,为网络方案设计提供了较好的灵活性。GNS3 为了适应不同用户的需求,集成了多种功能组件,如 Dynamips、Qemu 和 Wireshark 等程序,如表 3.1 所示。Dynamips 应用程序由法国人 Christophe Fillot 于 2005 年创建,GNS3 在 Dynamips 基础上,提供了友好的图形化操作界面,这是一个基于虚拟化技术的模拟器,用于模拟路由器和交换机等硬件设备。Dynamips 模拟器程序可以仿真 Cisco3600、3700 和 7200 等系列路由器硬件。通过 Dynamips 模拟器程序,使用 GNS3 模拟了网络插槽和广域网接口卡,实现了硬件设备的快速配置,如添加多个以太网接口卡、交换机模块、串口到设备中,为基本设备添加、删除内存等。Qemu 组件使 GNS3 软件可以支持网络安全设备模拟,如模拟防火墙、入侵检测系统和 Juniper 等。Wireshark 组件使 GNS3 软件可以支持对模拟器上网络设备之间的 IP 数据包进行捕获,从而可以对底层数据进行分析。因此,需要单独安装 WinPCAP、Npcap 和 Wireshark 等软件,否则该功能无法启用。

表 3.1 GNS3 组件说明

组　　件	描　　述
WinPCAP	将 GNS3 连接到外部,允许网络通信
Npcap	可替代 WinPCAP,解决 WinPCAP 的 Win10 问题,相对 WinPCAP 的测试少,可共存

续表

组　件	描　述
Wireshark	捕获、查看网络节点之间发送的网络流量
Dynamips	在本地 GNS3 运行 Cisco 路由器。如果只使用 GNS3 VM，则不需要勾选
QEMU 3.1.0 /0.11.0	一个计算机模拟器，如 Linux 系统，Qemu 0.11.0 安装时为了支持旧版 ASA 设备，推荐使用 GNS3 VM
VPCS	轻量级 PC 模拟器，支持 ping 和 traceroute 等命令
Cpulimit	避免 QEMU 百分百使用 CPU，如旧版本 ASA 设备
GNS3	必选项，GNS3 软件核心
TightVNC Viewer	图形化 VNC 客户端
Solar-Putty	新的默认控制台应用程序
Virt-viewer	推荐项，预装了 qemu-spice 的 Qemu VMs 的备用显示
Intel Hardware Acceleration Manager (HAXM)	仅适用于未使用 Hyper-V 的 Intel CPUs (启用 VT-X)的系统，用于 Android 模拟器硬件加速和 QEMU

3.2 GNS3 安装调试

3.2.1 GNS3 下载和配置要求

从 GNS3 官网或开源网站 GitHub 下载 GNS3 的所需版本，如图 3.1 所示，选择操作系统版本后执行下一步操作。本书实验采用 GNS3v0.8.6 版本的 GNS3 软件包，资源占用相对较少。新版本 GNS3 安装相对复杂，硬件要求高，资源消耗大，对软件包的依赖多，尤其是 Linux 系统。官网给出了最小硬件要求、推荐和最优硬件配置，操作系统要求 Windows 7 或者更高的版本，GNS3 软件安装的硬件基本需求是内存至少 4GB，推荐内存使用 16GB 至 32GB，CPU 使用 Core i7 或 i9，学生实验推荐使用实验版本。下面以 MacOS 版本 GNS3-2.2.25 为例，介绍安装过程、所需的组件和系统配置等操作。

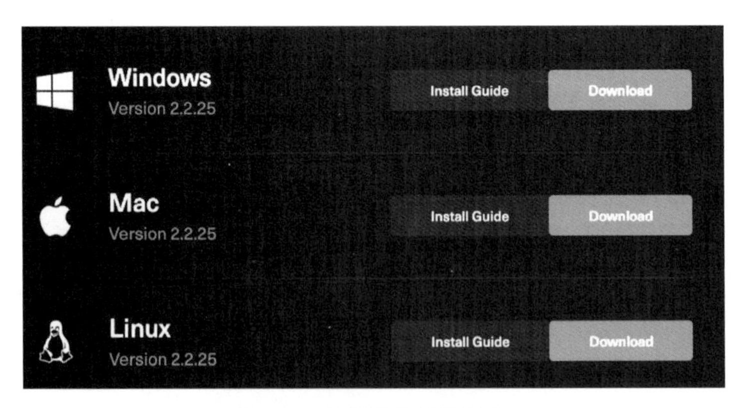

图 3.1　选择操作系统版本

3.2.2　安装 GNS3 及其组件

1. 安装 GNS3

GNS3 是款图形化界面工具，双击 GNS3 安装文件进行安装，Mac 版本的安装步骤简洁，如图 3.2 和图 3.3 所示拖动 APP 图标后，等待拷贝完成，如发现权限受限，则通过系统设置的安全和隐私功能，允许下载文件进行安装，并在安装完成后允许启动 GNS3 软件。

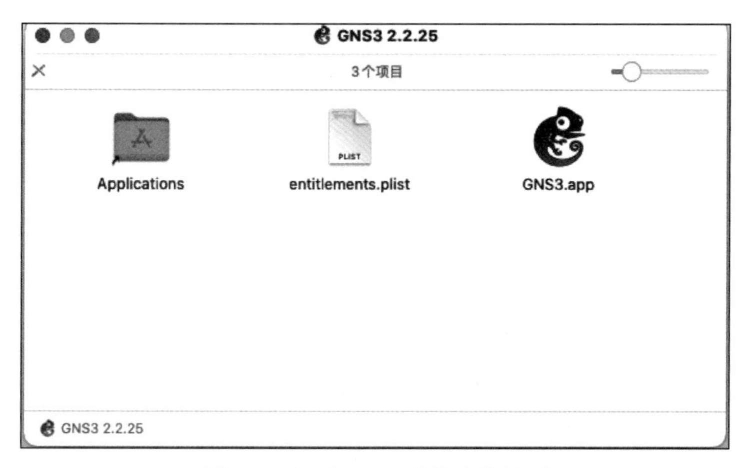

图 3.2　打开 GNS3 软件安装界面

图 3.3　Mac 版本的安装界面

接着，进入安装软件初始页的界面、查看安装许可、选择安装路径，可按照如图 3.4、图 3.5 和图 3.6 所示的步骤进行操作。

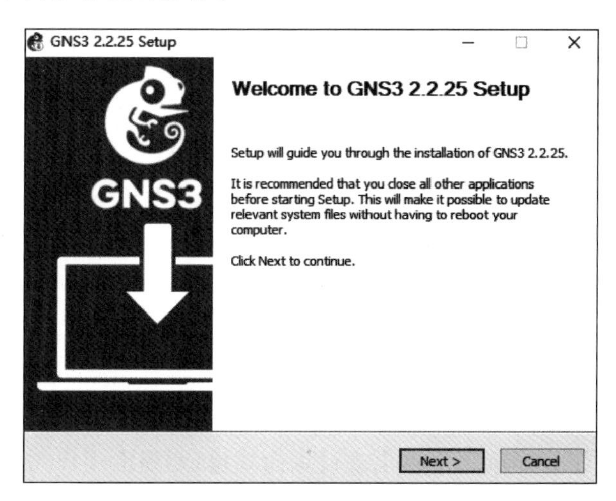

图 3.4　安装向导初始页

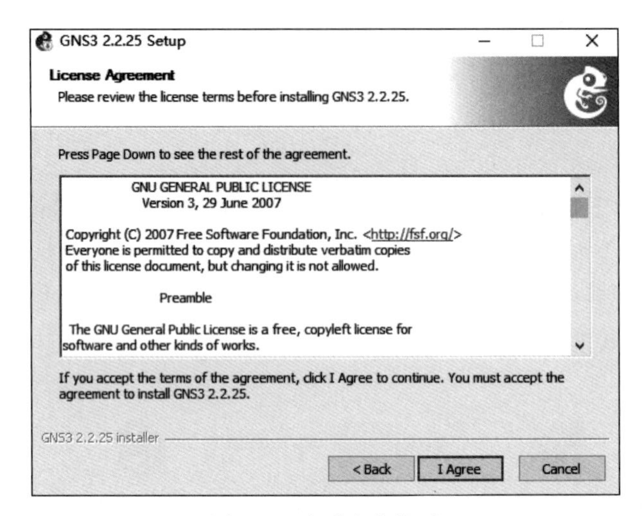

图 3.5　查看安装许可

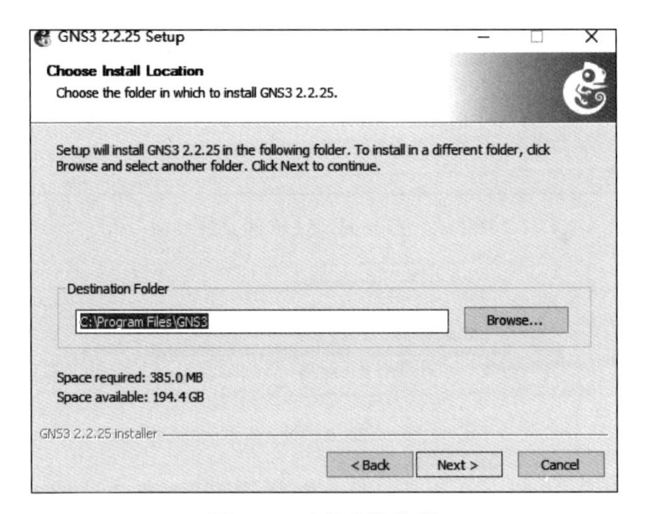

图 3.6　选择安装路径

2. 安装 GNS3 组件

GNS3 安装向导打开后，单击“Next”按钮，阅读许可协议信息并单击同意，继续单击“Next”按钮。提示安装 WinPCAP、Wireshark 等组件程序时，推荐不勾选，因为联网下载组件速度较慢，建议单独下载后安装速度更快。这样会提示 WinPACP 已经安装过了，取消安装组件，只安装 GNS3。

WinPCAP 是 Win32 平台抓包和网络分析的一个架构，软件与 Npcap 功能类似。Dynamips 用来创建使用思科路由器和交换机等组件，选择组件后单击“Next”按钮，如图 3.7 所示。

3. 添加 IOS 映像

安装完成后启动 GNS3，屏幕上会出现设置向导提示，提示用户需要三步设置便能够正常使用。这三步包括：(1)设置 IOS 映像文件路径；(2)检查 Dynamips 工作是否正常；

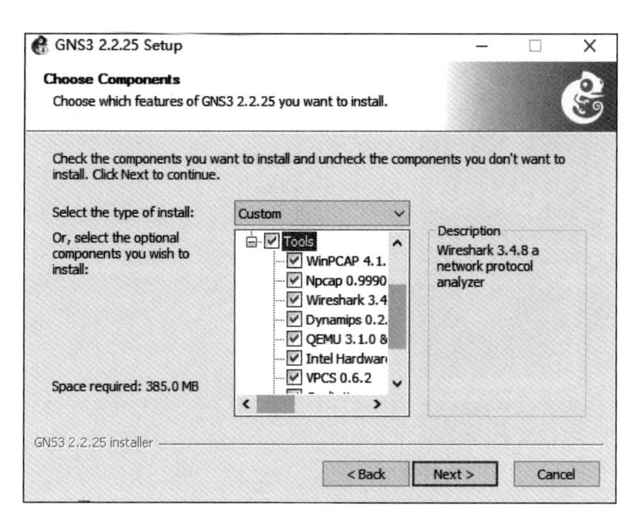

图 3.7　选择组件界面

(3)设定 IOS 对应的 Idle-PC 值(后续实训内容再详细介绍)。

4. 选择 GNS3 VM

默认安装其他 GNS3 插件,重复的可以勾掉。如图 3.8 所示,从 VMware Workstation、VMware ESXi、VirtualBox 和 Hyper-V 中任选一项。

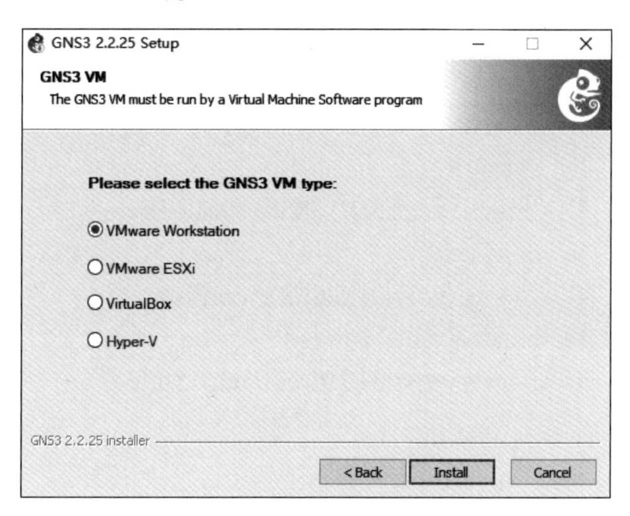

图 3.8　GNS3 VM 选择界面

选择不同的安装软件版本,GNS3 的安装步骤基本相同,最后单击"Finish"按钮,就可以进入 GNS3 操作的主界面了,如图 3.9 所示,所有勾选组件安装完成。

3.2.3　配置 GNS3 环境

GNS3 通用配置界面如图 3.10 所示,第一个为工程目录,此目录用来存放工程的拓扑文件和配置信息;第二个为 OS 镜像目录,此目录用来存放各种系统镜像文件。这两个目

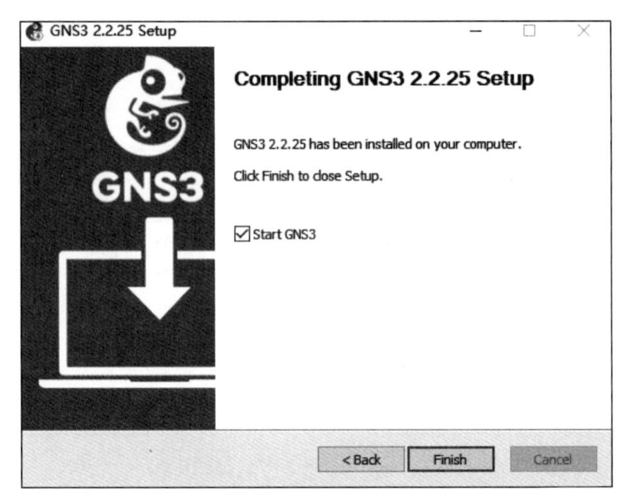

图 3.9　GNS3 安装完毕

录都可以自己设定,也可以选用系统默认的,这里使用系统默认的目录。

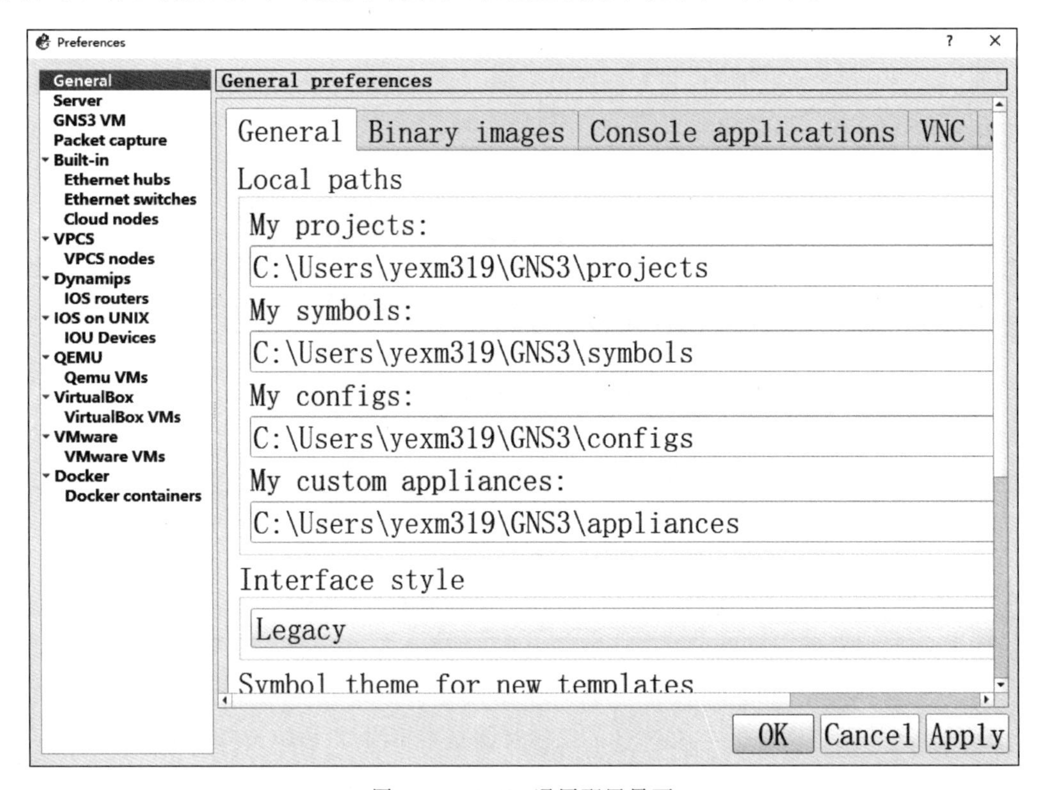

图 3.10　GNS3 通用配置界面

配置 IOS 文件路径,GNS3 需要使用 Cisco IOS 镜像文件来模拟路由器和交换机。支持的 IOS 平台包括 Cisco7200、3600 系列和 3700 系列 IOS。单击 GNS3 主界面的编辑菜单,选择菜单 IOS image and hypervisors。系统会弹出对话框,如图 3.11 所示,单击 IOS image 选项框的浏览选项,默认打开的目录是上面设置的 image 路径,也可以跳转到用户保存镜像的路径，选定IOS文件打开。

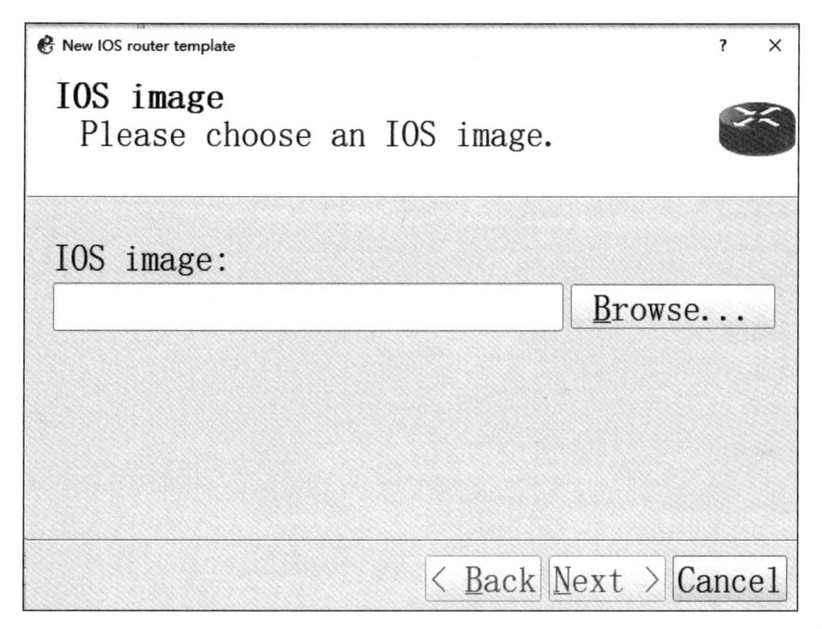

图 3.11 添加IOS镜像文件界面

该IOS文件就会出现在上面的镜像文件信息框中，也可以修改默认的镜像文件目录，要求目录是全英文路径。查看已经添加的模板信息，如图3.12和图3.13所示。

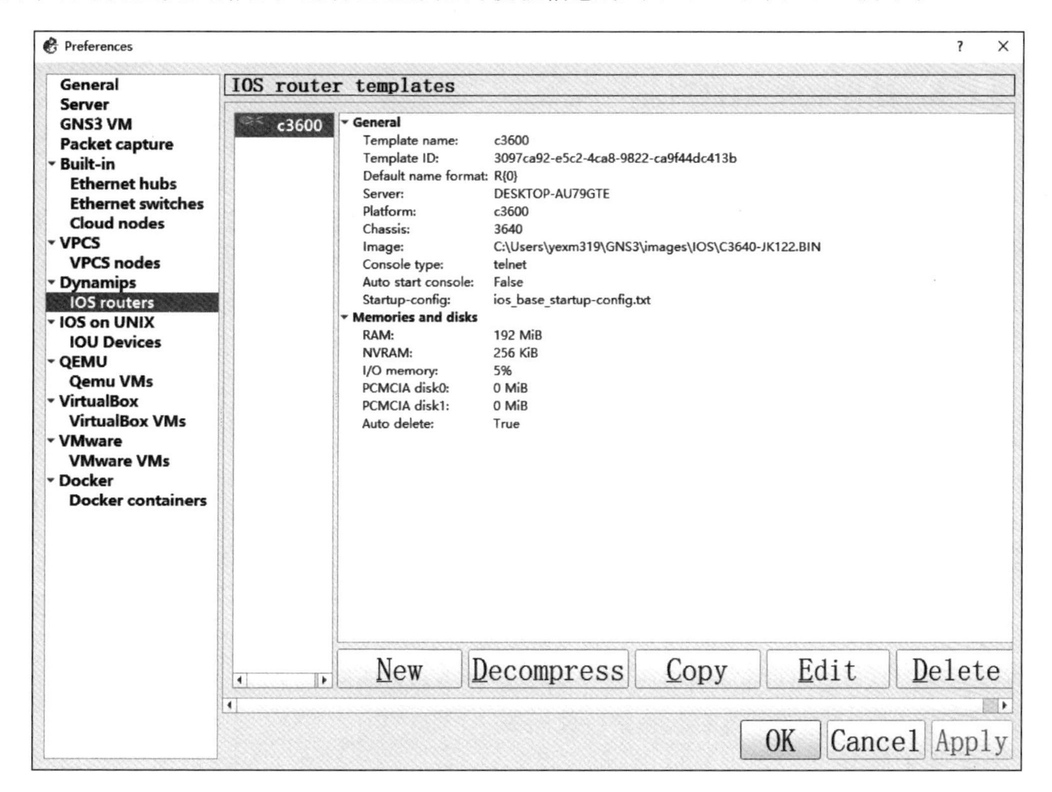

图 3.12 C3600模板信息界面

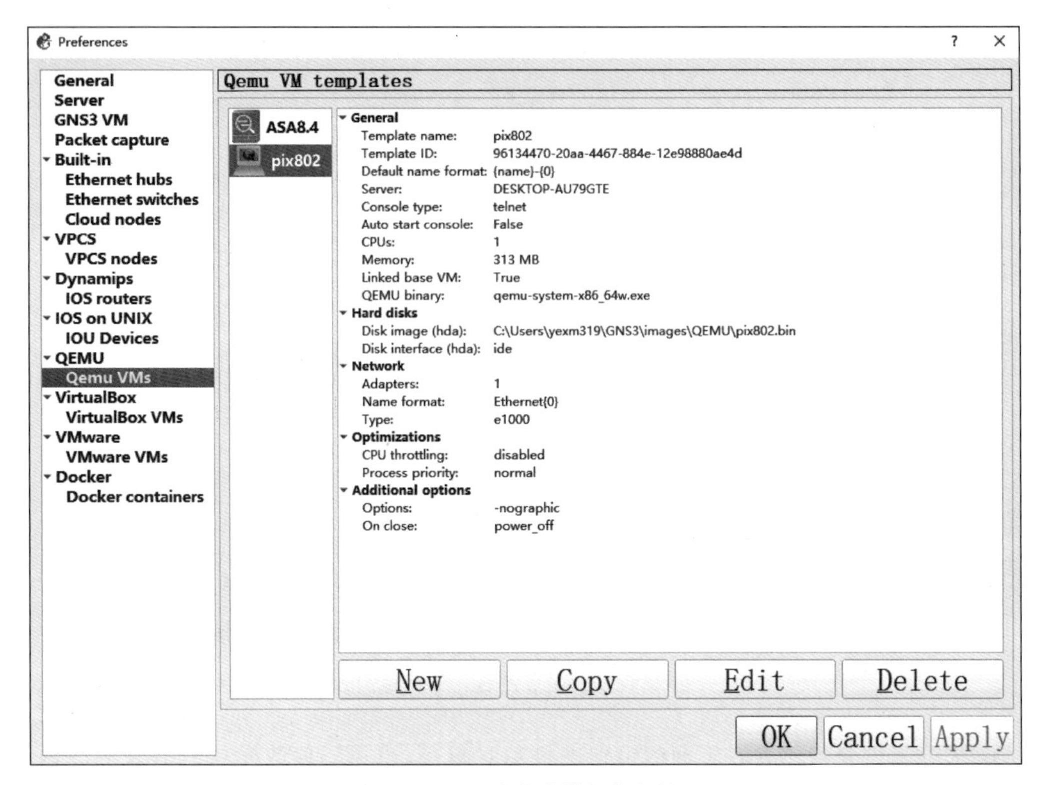

图 3.13 PIX 防火墙模板信息界面

3.2.4 配置 IOS 文件路径

配置 GNS3 基本参数，测试成功后，就能进行模拟 IOS 的实验。初始配置完成了，现在可以添加 IOS，以及进行 IDLE 计算，如图 3.14 和图 3.15 所示。GNS3 会自动识别此 IOS 文件的平台和型号，当模拟器开始运行时，通常要消耗主机较高的 CPU 使用率，有时甚至达到 100%，所以可通过参数优化来降低 GNS3 的硬件资源消耗，从而提高 GNS3 的运行效率，这里主要是设置 Idle-PC 值。GNS3 的一个优点是，系统可以判断出较优的 IDLE 值。Idle-PC 值是 GNS3 用于计算系统消耗的参数，这个参数会直接影响 GNS3 对主机 CPU 资源的占用率，较优的 Idle-PC 值可以将 CPU 占用率降低到 10%以下，IDLE 值配置完毕以后，就可以直接进行实验了，如图 3.16 所示。

IDLE 值只需要计算一次，之后进行实验不用再进行 IDLE 值计算。单击“Idle-PC”按钮后，GNS3 会自动开始计算 IDLE 值，此过程可能会导致系统卡顿，直到出现下一个图，单击“Apply”或 OK 按钮来保存当前设置，关闭窗口后返回到 GNS3 的主界面。关于 IDLE 值的获取，很多路由器镜像文件同时提供了使用的最佳 IDLE 值以及相关配置参数，实验时可以直接使用。也可能出现部分主机无法计算出最佳 IDLE 值的情况，此时，通过配置路由器 IP 地址等命令后，再计算 IDLE 值来解决此问题。

为了便于使用，可以进入 Edit 菜单，选择 Preferences 菜单，将 GNS3 的 Language 配置为中文，然后需要重启 GNS3 生效，之后使用软件时就是中文界面。

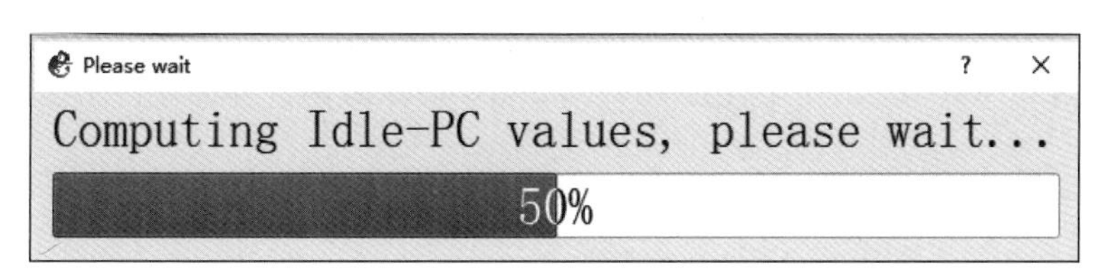

图 3.14 计算 Idle-PC 值

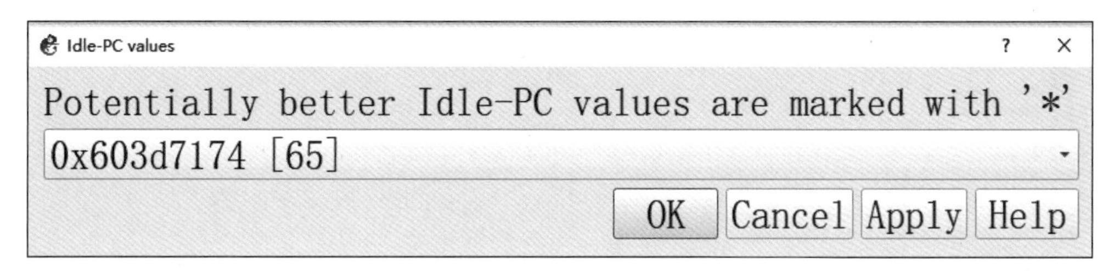

图 3.15 获得 Idle-PC 值

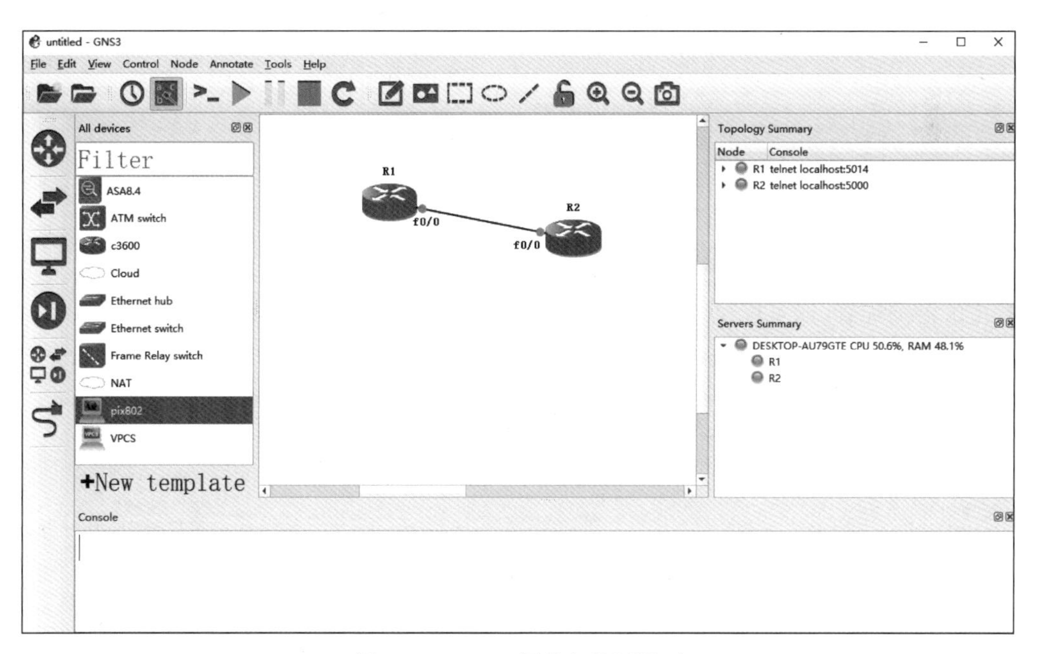

图 3.16 GNS3 网络拓扑图界面

3.3 GNS3 网络拓扑创建

在 GNS3 界面窗口有 3 个区域 4 个面板，包括左侧面板、右侧面板和中间区域，如图 3.17 所示。

(1) 左侧面板：列出了可用的节点类型(node)、各种设备如路由器、防火墙、以太网交换机等的图标，搭建拓扑时，从这里拖曳出设备。

(2) 右侧面板：提供抓包(Captures)信息和拓扑(Topology)汇总概要信息。

(3) 中间区域：包括两个面板，上面的面板是主要工作区，用于图形化显示拓扑结构；下面的面板是 Console 面板，用于连接到 Dynamips 程序的调试界面。

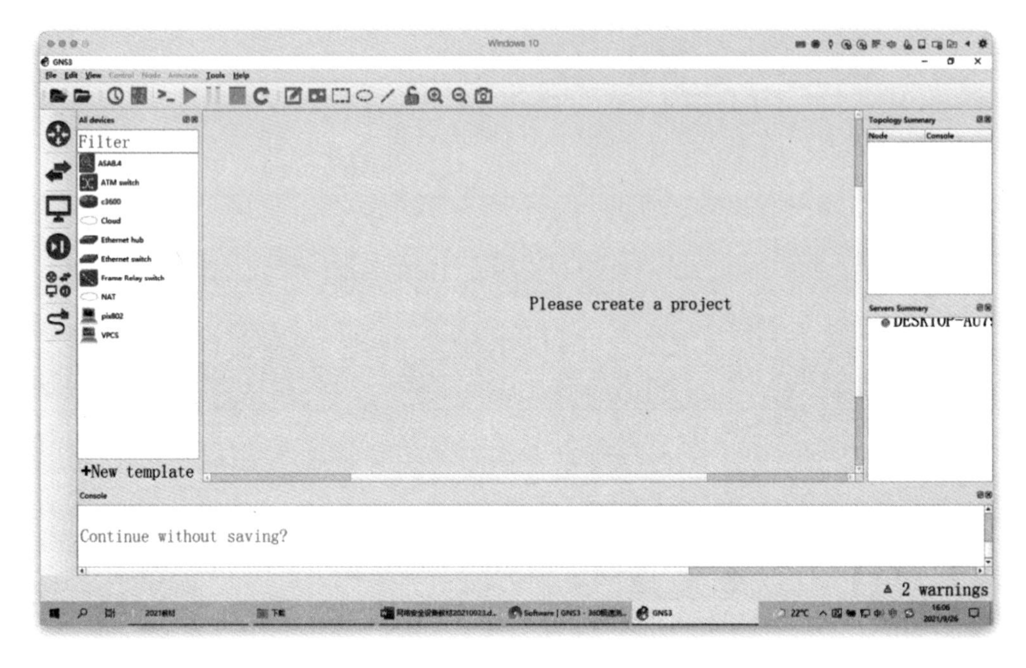

图 3.17 GNS3 软件主界面

配置一个路由器：从左侧面板拖动对应的路由器图标到中间的工作区，单击右键可以查看路由器的配置，还可以执行启动、停止、暂停和重启设备等操作，如图 3.18 所示。

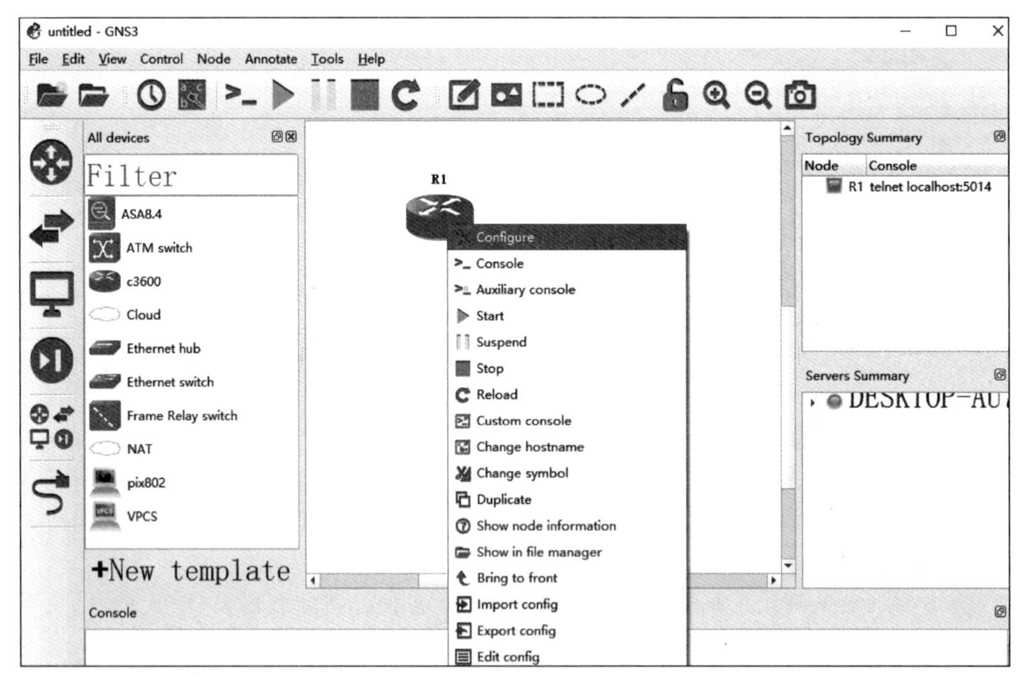

图 3.18 配置路由器

连接两台路由器：按照前面描述的操作方法，再从左侧面板拖出一台路由器，配置同样的接口模块。单击“连接线”来连接两台路由设备，再单击路由器 R1，会弹出已经配置的接口，选择路由器 R1 的接口 f0/0，再连接到路由器 R2 的接口 f0/0，如图 3.19 所示。

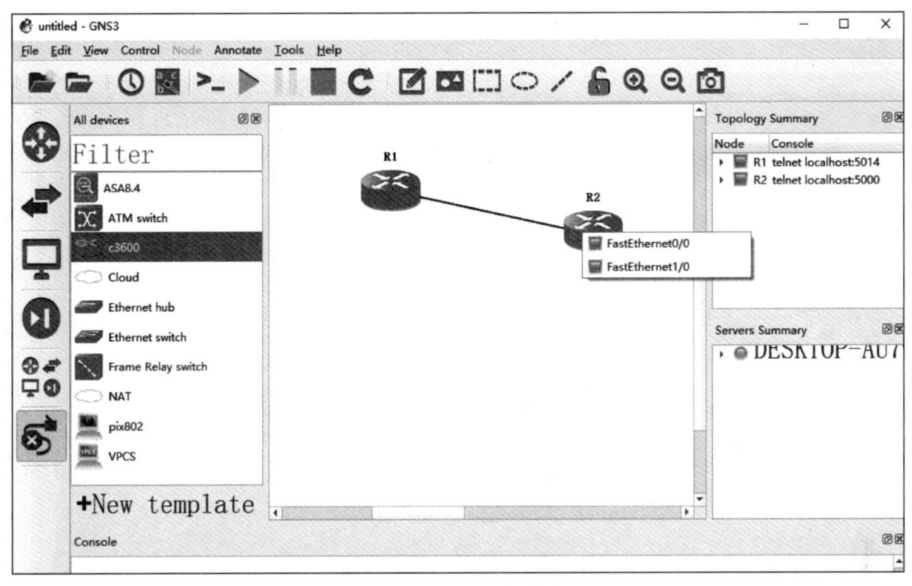

图 3.19　连接两台路由器

连接两台路由器之后，可以通过选择查看菜单的显示/隐藏接口标签（Show/Hide interface labels）菜单，这样就打开了显示接口名称的功能。尤其是当设备接口使用较多、配置较为复杂时，标签信息有助于规划、辨识模拟环境的接口连接关系，如图 3.20 所示。

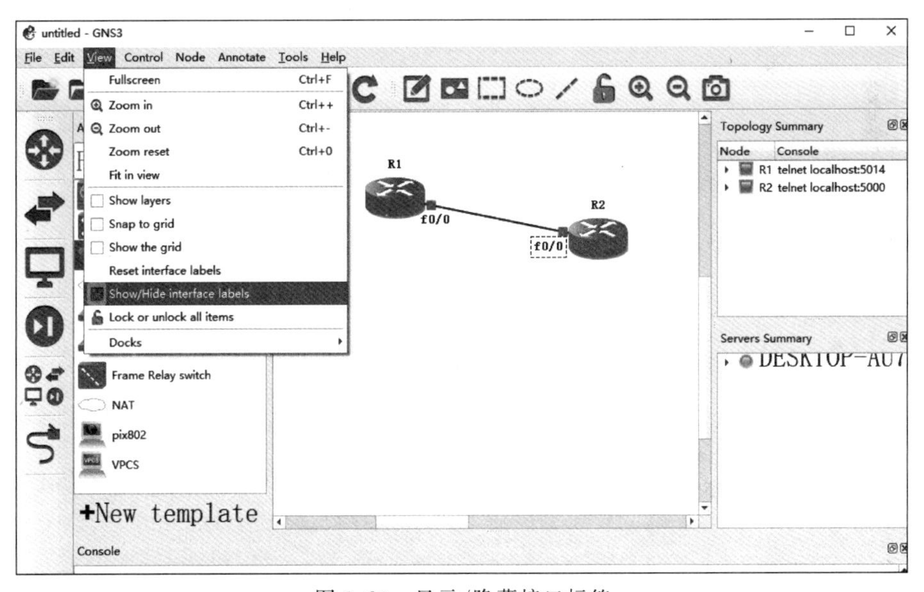

图 3.20　显示/隐藏接口标签

启动设备：启动 GNS3 中的路由器，并通过 SecureCRT 登录路由器。默认 GNS3 中连接线两端都是红色表示。将鼠标放在路由器上，并右键单击开启路由器，启动后所有的连接线两端都变为绿色,如图 3.21 所示。

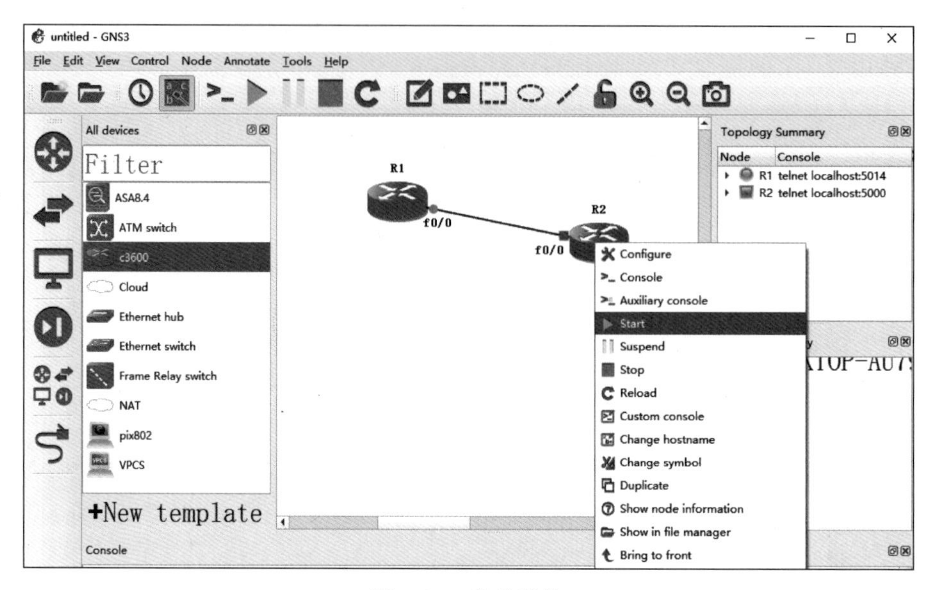

图 3.21 启动设备

通过 SecureCRT 管理设备:SecureCRT 软件连接设备,选择 Telnet 协议,本地主机的名称是 localhost 或者填写 127.0.0.1,端口号可查看右上角拓扑概要窗口,该窗口显示节点名称和 Console 信息。GNS3 的路由器 R1 的设备端口号为 5014,路由器 R2 的设备端口号为 5000,如图 3.22 所示。

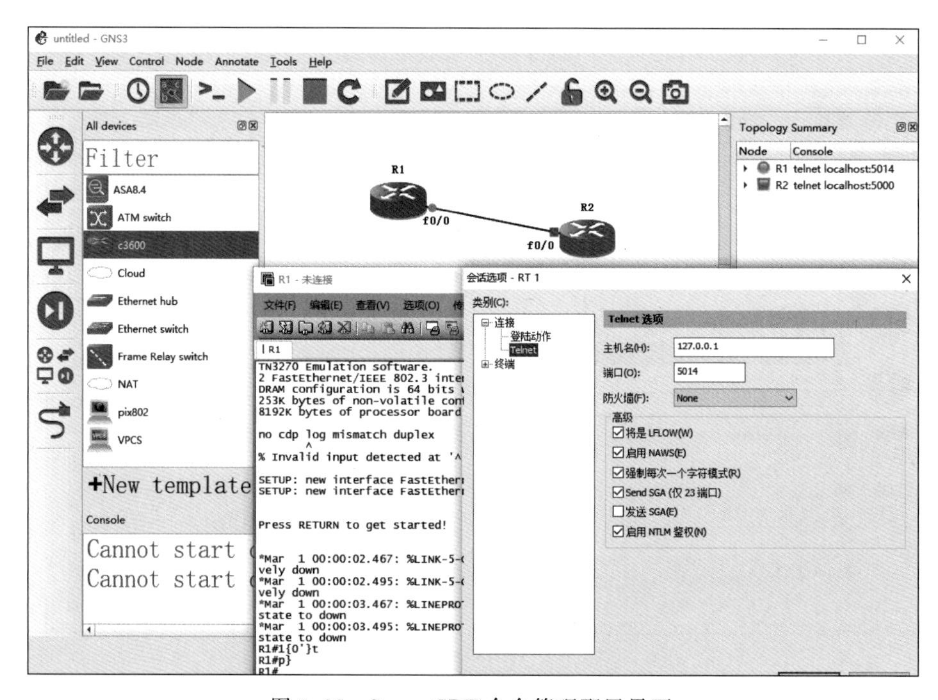

图 3.22 SecureCRT 命令管理配置界面

命令管理设备：GNS3 模拟器设备可以通过多种方式管理，使用 SecureCRT 进行命令调试是推荐方式，需要勾选、安装 SecureCRT 软件，并且配置正确的设备管理 Telnet 端口号，如图 3.23 所示。另一种方式如图 3.24 所示，可直接选中设备，右击，在弹出的快捷菜单中选择 Console 选项，直接进入控制台命令的管理界面，这种方式不需要配置主机名和通信端口的信息。

图 3.23　SecureCRT 控制台程序

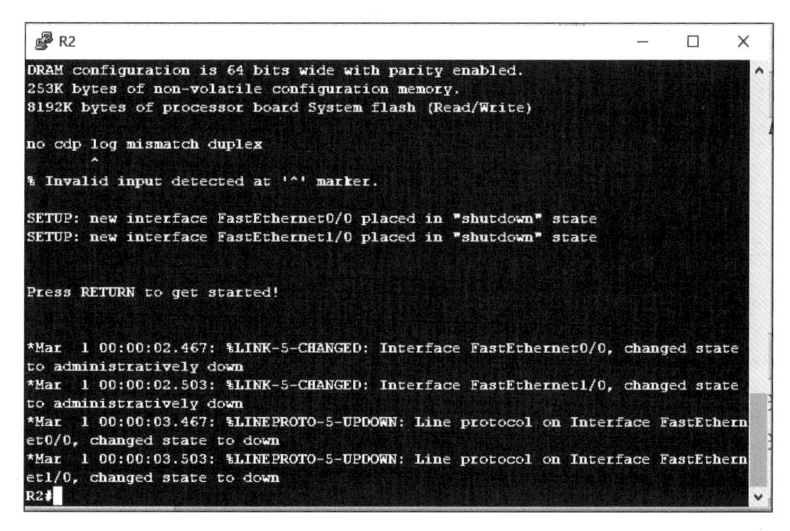

图 3.24　默认控制台程序

3.4 路由器桥接真机实训

3.4.1 实验目的与任务

1. 实验目的

本实验为基础实验，主要目的是熟悉GNS3模拟器，配置路由器桥接真机或虚拟机，掌握路由器的配置命令和方法。本实验是后续综合实验防火墙日志配置和防火墙AAA配置的实验基础。本实验所需设备为路由器2台，网络连接线若干，PC机或虚拟机1台。

2. 实验任务

本实验主要任务如下：

（1）观察路由器接口硬件结构，掌握硬连线方法；

（2）掌握模拟器下路由器的配置，理解和配置路由器的基本命令，实现主机、虚拟机与路由器桥接；

（3）掌握查看路由器、真机网络配置信息的命令。

3.4.2 实验拓扑图和设备接口

根据实验任务规划设计实验的网络拓扑图，防火墙桥接真机实验拓扑图如图3.25所示。通过网络设备、路由器执行ping命令或telnet命令，发起位于防火墙不同安全区域网络设备的通信，验证防火墙功能是否配置正确。

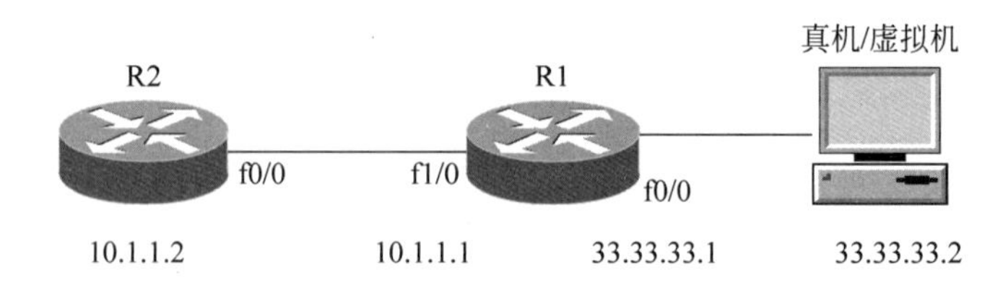

图3.25 防火墙桥接真机实验拓扑图

根据实验任务，使用环回网卡来桥接真机，需要配置路由器和真机，配置网络参数后，使用命令ping测试，路由器R2和真机可以互通。根据实验任务和实验拓扑图，为每个网络设备及其接口规划相关配置，路由器R1的配置信息如表3.2所示。

表3.2 路由器R1的配置信息

序　　号	interface	IP Address
1	f0/0	33.33.33.1
2	f1/0	10.1.1.1

左端路由器R2的配置信息如表3.3所示。

表3.3 路由器R2的配置信息

序　　号	interface	IP Address
1	f0/0	10.1.1.2

真机的配置信息如表 3.4 所示。

表 3.4　真机的配置信息

序　号	interface	IP Address
1	环回网卡	33.33.33.2

3.4.3　实验步骤和命令

根据如图 3.25 所示实验拓扑设计,实现时需重点注意：桥接真机,先要系统安装环回网卡。配置路由器和真机、路由器和虚拟机的网络地址,设置 IP 地址属于同一子网,测试路由器 R2 和本计算机可以 ping 通,表示路由器和真机可以进行网络通信,桥接配置成功。

从控制面板进入高级网络配置界面,选择更改适配器选项,在网络连接的列表信息中,显示环回网卡已经安装成功,如图 3.26 所示。还要配置其 IPv4 地址等网络连接信息,如图 3.27 所示。

图 3.26　环回网卡安装成功

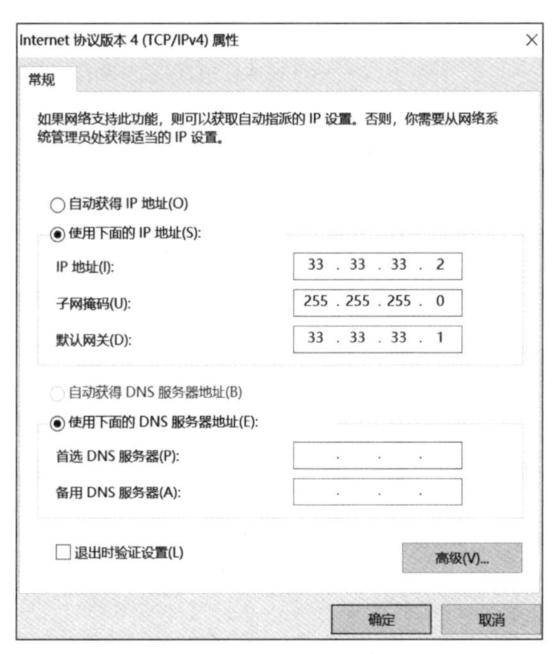

图 3.27　环回网卡的信息

本机还要创建静态路由,如图 3.28 所示,使用命令 route add 10.1.1.0 mask 255.255.255.0 33.33.33.1 设置主机静态路由,该命令指定主机到网段 10.1.1.0 的下一跳 IP 地址是 33.33.33.1。反之,删除该路由可使用命令 route delete 10.1.1.0 mask 255.255.255.0 33.33.33.1,还可以使用命令 route print 查验路由配置信息,具体操作如图 3.29 所示。

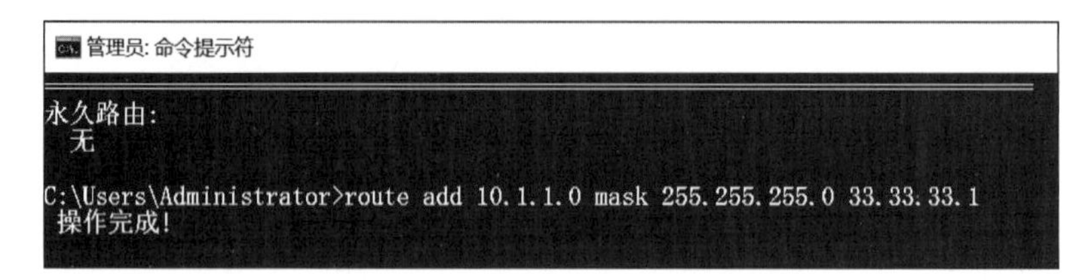

图 3.28 添加真机静态路由

```
管理员: 命令提示符

C:\Users\Administrator> route print
===========================================================================
接口列表
 11...d8 c4 97 86 15 01 ......Realtek PCIe GBE Family Controller
 12...02 00 4c 4f 4f 50 ......Microsoft KM-TEST 环回适配器
 20...52 5b c2 fd b3 79 ......Microsoft Wi-Fi Direct Virtual Adapter
 16...62 5b c2 fd b3 79 ......Microsoft Wi-Fi Direct Virtual Adapter #2
 15...50 5b c2 fd b3 79 ......Qualcomm Atheros QCA9377 Wireless Network Adapter
  5...50 5b c2 fd b3 7a ......Bluetooth Device (Personal Area Network)
  1...........................Software Loopback Interface 1
===========================================================================

IPv4 路由表
===========================================================================
活动路由:
网络目标        网络掩码          网关       接口   跃点数
          0.0.0.0          0.0.0.0       33.33.33.1      33.33.33.2    281
          0.0.0.0          0.0.0.0      192.168.3.1   192.168.3.165     55
         10.1.1.0    255.255.255.0       33.33.33.1      33.33.33.2     26
       33.33.33.0    255.255.255.0            在链路上        33.33.33.2    281
       33.33.33.2  255.255.255.255            在链路上        33.33.33.2    281
     33.33.33.255  255.255.255.255            在链路上        33.33.33.2    281
        127.0.0.0        255.0.0.0            在链路上         127.0.0.1    331
        127.0.0.1  255.255.255.255            在链路上         127.0.0.1    331
  127.255.255.255  255.255.255.255            在链路上         127.0.0.1    331
      192.168.3.0    255.255.255.0            在链路上     192.168.3.165    311
    192.168.3.165  255.255.255.255            在链路上     192.168.3.165    311
    192.168.3.255  255.255.255.255            在链路上     192.168.3.165    311
        224.0.0.0        240.0.0.0            在链路上         127.0.0.1    331
```

图 3.29 route print 显示真机路由

在 GNS3 模拟器中,按照实验网络拓扑图,以及本实训任务的接口规划,拖动对应网络设备图标并连接,再分别标注设备接口和 IP 地址等信息。完成上述工作后,启动网络设备执行配置命令,通过 show 命令查验设备配置是否正确,最后执行 ping 命令或 telnet 命令,验证设备之间的网络通信是否满足实验要求。

1. 路由器 R1 的配置

路由器 R1 的配置信息包括接口、路由配置,用于验证网络通信是否符合预期,命令如下所示:

```
R1#EN
R1#conf t
Enter configuration commands, one per line.  End with CNTL/Z.
R1(config)#int f0/0
R1(config-if)#ip add 33.33.33.1 255.255.255.0
```

```
R1(config-if)#no sh
R1(config-if)#end
R1#show ip int br
Interface              IP-Address      OK? Method Status                Protocol
FastEthernet0/0          33.33.33.1      YES manual up                    up
FastEthernet1/0          unassigned      YES unset  administratively down down
R1#conf t
Enter configuration commands, one per line.  End with CNTL/Z.
R1(config)#int f1/0
R1(config-if)#ip add 10.1.1.1 255.255.255.0
R1(config-if)#no sh
R1(config-if)#end
R1#show ip int br
Interface              IP-Address      OK? Method Status                Protocol
FastEthernet0/0          33.33.33.1      YES manual up                    up
FastEthernet1/0          10.1.1.1        YES manual up                    up
R1#wr
Warning: Attempting to overwrite an NVRAM configuration previously written
by a different version of the system image.
Overwrite the previous NVRAM configuration?[confirm]
Building configuration...
[OK]
```

2. 路由器 R2 的配置

路由器 R2 的配置信息包括接口、路由配置，用于验证网络通信是否符合预期，命令如下所示：

```
R2#EN
R2#conf t
Enter configuration commands, one per line.  End with CNTL/Z.
R2(config)#int f0/0
R2(config-if)#ip add 10.1.1.2 255.255.255.0
R2(config-if)#no sh
R2(config-if)#end
R2#show ip int br
Interface              IP-Address      OK? Method Status                Protocol
FastEthernet0/0          10.1.1.2        YES manual up                    up
R2(config)#ip route 33.33.33.0 255.255.255.0 10.1.1.1
R2(config)#end
R2# wr
Warning: Attempting to overwrite an NVRAM configuration previously written
by a different version of the system image.
Overwrite the previous NVRAM configuration?[confirm]
00:03:20: %SYS-5-CONFIG_I: Configured from console by console
[confirm]
Building configuration...
[OK]
R2#show ip route
```

```
Codes: C - connected, S - static, I - IGRP, R - RIP, M - mobile, B - BGP
       D - EIGRP, EX - EIGRP external, O - OSPF, IA - OSPF inter area
       N1 - OSPF NSSA external type 1, N2 - OSPF NSSA external type 2
       E1 - OSPF external type 1, E2 - OSPF external type 2, E - EGP
       i - IS-IS, su - IS-IS summary, L1 - IS-IS level-1, L2 - IS-IS level-2
       ia - IS-IS inter area, * - candidate default, U - per-user static route
       o - ODR, P - periodic downloaded static route
Gateway of last resort is not set
     33.0.0.0/24 is subnetted, 1 subnets
S       33.33.33.0 [1/0] via 10.1.1.1
     10.0.0.0/24 is subnetted, 1 subnets
C       10.1.1.0 is directly connected, FastEthernet0/0
```

★本章小结★

本章介绍了防火墙技术的实训环境安装和配置要点。实验使用了 GNS3 软件,并通过防火墙实训任务,进一步巩固和验证了防火墙技术和功能。并且比较了三个不同平台的安装过程,其中,安装配置到 Linux 最复杂,Windows 最易掌握,Mac 居中。

鉴于后续各个章节涉及的实验内容多,可能会出现看似命令配置正确却报错连连的情况,甚至安装相同实训配置步骤,却实验测试失败的情况。防火墙配置过程的常见错误总结为:配置命令前后顺序错误、遗漏命令、镜像版本错误等。

为了解决这些实训时遇到的问题,首先要理解每个实训任务,及其所对应的防火墙技术和原理,以及启用相应功能的步骤,最后才是决定实现上述防火墙的功能该使用哪些命令。每个实训任务都可以帮助读者更好地理解防火墙技术和验证防火墙镜像具备的功能。从简单的网络拓扑部署防火墙,引发读者思考复杂网络环境下,如何部署、发挥防火墙的功能。还可以通过 New project 重新配置解决。

因此,后续章节内容的学习,不仅仅是掌握命令的语法和使用场景,而是以防火墙常见的技术和功能为依托,实践实训任务。配置命令较少的基础实训任务,利于读者理解防火墙功能配置前后的流量穿越差异性。配置步骤和命令较多的复杂实训任务,利于帮助读者通过防火墙配置加深技术的理解。实训内容使用的命令越多,出错率越高,也正是通过配置、失败、排错的迭代过程,训练读者调试、排错和解决问题的能力,引发读者更多关于安全方案设计的思考和理解。

复习题

1. 对于 GNS3 的运行需要最小的内存配置是什么?
2. 如何修改镜像使用的内存大小?
3. 如何保存和加载工程的配置文件?

第4章

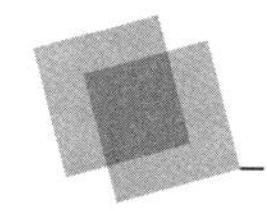

防火墙基本配置

本章要点

- ◆ 了解配置文件的使用和修改。
- ◆ 掌握防火墙配置模式。
- ◆ 掌握防火墙配置的基本命令和许可证的使用。

4.1 防火墙配置

防火墙处于多个网络边界之间，使其具有网络安全防护功能之前，需要先配置这些子网与防火墙直连的各个接口、安全域、防火墙的静态路由等信息，使防火墙与邻接子网的网络设备可以互相通信，即 IP 数据包可以根据安全域进行转发，如图 4.1 所示。网络通信是安全防护的通信基础，接着可以对防火墙进行规划，设计和配置完备、智能的安全控制策略，使流量可以在不同的安全区域通信，按照用户安全需求，正确接收、检测、丢弃和转发 IP 数据包。

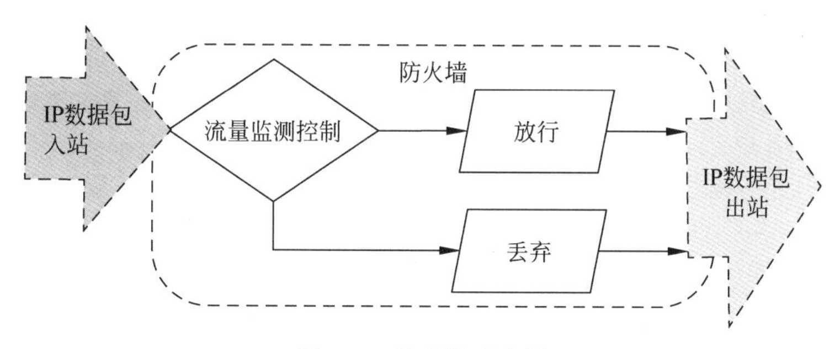

图 4.1　防火墙示意图

思科防火墙历经了 PIX、ASA 和 FirePower 等产品，现有产品覆盖了不同规模的网络架构、数据中心和云计算等环境。始于 PIX 防火墙，采用安全、实时的嵌入式系统，增强网络安全性，出现了一系列相关的安全技术，例如自适应安全算法使防火墙可以进行状态型连接控制。状态型数据包过滤是一种数据包分析方法，通过存储数据包的信息，以已建立的会话信息进行匹配来控制连接。直通型代理技术是一种基于用户认证的分析方法，对数据包的输入地和输出地进行控制，相较于代理过滤器技术处理性能低。状态型热备份技术采用完全冗余的拓扑结构，配置两个相同的思科 PIX 防火墙单元，实现防火墙的故障切换。

执行状态型数据包过滤的过程为，根据获得的数据识别会话，如每条会话 TCP 连接的 IP 地址、端口号。防火墙内的状态连接表会存储与会话相关的数据，每个记录是一个会话；将防火墙入站、出站的 IP 数据包，与状态连接表中的数据进行比较；当这个网络连接的数据是允许通过的，会话的进出 IP 数据包则可以通过 PIX 防火墙；当网络连接终止时，与连接信息相关的会话记录将删除。

4.1.1 特权模式

安全管理员的职能是设计和配置防火墙的安全策略，检测防火墙的运行状况，诊断处理网络故障。思科为管理员提供了多种与防火墙连接和交互的方法。用户访问方式包括异步控制台、Telnet、VPN、管理控制器。操作防火墙的权限级别包括用户级和特权级。思科防火墙有 4 个安全管理访问模式：非特权、特权、配置和监控模式。

用户级(user level)：登录、访问 PIX 防火墙时就是处于这种模式中，只能执行防火墙基本系统信息命令，这种模式经常被称为用户可执行模式。

特权级(privileged level)：在切换到特权模式时，可以改变当前防火墙所有配置，提供所有防火墙信息、配置编辑、调试命令，提供完全访问。

示例 4.1：从用户级切换到特权级，使用命令 enable，需要输入密码，命令如下所示：

```
cuitfirewall > enable
password:
cuitfirewall #
```

4.1.2 配置模式

用户访问进入特权模式后，还要转换到配置模式，才可以对防火墙进行配置和管理，退出则使用命令 exit。

示例 4.2：用户级、特权级、配置模式和退出的转换，使用命令 enable、configure terminal 和 exit，如下所示：

```
cuitfirewall > enable
password:
cuitfirewall # configure terminal
cuitfirewall (config) # exit
cuitfirewall # exit
cuitfirewall >
```

4.1.3 配置接口

每个防火墙都有一个或多个接口，用于连接其他网络，为了监测、转发流量，需对每个关联接口配置名称、IP 地址、子网掩码和安全级别。

默认允许 IP 数据包从安全域级别高的接口流向安全域级别低的接口，而安全域级别低的接口流向安全域级别高的接口时，必须经过 IP 数据包的检测和过滤，只有满足访问列表、状态检测、地址转换要求的 IP 数据包允许放行，否则拒绝。防火墙接口可以是物理的或逻辑的，接口数量可以扩展。

命令 interface 用于指定防护墙接口 hardware_id，用数字代表硬件索引，表明防火墙背板上接口的排列顺序。物理接口都有一个表明其传输介质的硬件名称，例如 ethernet0 是一个 10/100BASE-TX 端口，gb-ethernet0 是一个吉比特以太网端口。nameif 接口名称 outside 和 inside 是预定义的，用户可以修改分配的名称。子接口的写法是 hardware_id. subinterface，例如 e1. 3，表示 e1 接口的 3 号子接口。命令如下所示：

```
interface hardware_id[.subinterface]
nameif if_name
security - level level
```

命令 ip address 用于为防火墙的接口配置 IP 地址 ip_address，配置后可以通过命令 show ip 查看接口，命令如下所示：

```
ip address if_name ip_address [netmask]
show ip
```

示例 4. 3：配置防火墙三个接口，接口命名分别是 inside、outside 和 dmz，安全级别分别是 100、0 和 50，IP 地址分别是 172. 16. 1. 1、172. 17. 1. 1 和 172. 18. 1. 1，最后启动防火墙接口，命令如下所示：

```
cuitfirewall(config)# interface gigabitethernet0
cuitfirewall(config - if)# nameif inside
cuitfirewall(config - if)# security - level 100
cuitfirewall(config - if)# ip address 172.16.1.1 255.255.0.0
cuitfirewall(config - if)# no shutdown
cuitfirewall(config)# interface gigabitethernet1
cuitfirewall(config - if)# nameif outside
cuitfirewall(config - if)# security - level 0
cuitfirewall(config - if)# ip address 172.17.1.1 255.255.0.0
cuitfirewall(config - if)# no shutdown
cuitfirewall(config)# interface gigabitethernet2
cuitfirewall(config - if)# nameif dmz
cuitfirewall(config - if)# security - level 50
cuitfirewall(config - if)# ip address 172.18.1.1 255.255.0.0
cuitfirewall(config - if)# no shutdown
```

命令 show interface 能够列出防火墙每个接口及其状态、MAC 地址和 IP 地址以及许多计数器。管理员查看该命令的输出结果，验证防火墙的接口配置状态。接口状态有两个值：已配置管理状态和线路协议状态 up 和 down。线路协议状态表明该接口是否连接到一个活动的网络设备。默认是 down 状态，需要通过命令 no shutdown 启动接口。

将防火墙接口划分到 VLAN，其中 hardware_id 表示防火墙物理接口，. subinterface 表示防火墙子接口或逻辑接口，vlan_id 表示 VLAN 标识，命令语法如下所示：

```
interface hardware_id[.subinterface]
vlan vlan_id
```

4.2 防火墙文件

4.2.1 配置文件

配置文件可以保存模拟器设备的配置信息，GNS3 的路由器、防火墙都具有这个功能，对配置文件保存和查看的命令如表 4.1 所示。

表 4.1 防火墙配置文件相关命令说明

命　　令	功 能 说 明
copy run start	保存配置文件
show running-config	显示运行配置信息
show startup-config	显示启动配置信息
write memory	保存配置
write terminal	输出配置信息到终端
show history	显示执行命令

此外，防火墙文件的容量是有限的，显示存储的文件信息使用 dir 命令实现，可查看目录、文件、大小和日期。

示例 4.4：查看文件信息，命令如下所示：

```
cuitfirewall (config)# dir
```

4.2.2 清除配置

防火墙的配置信息清除有三种情况，如图 4.2 所示。

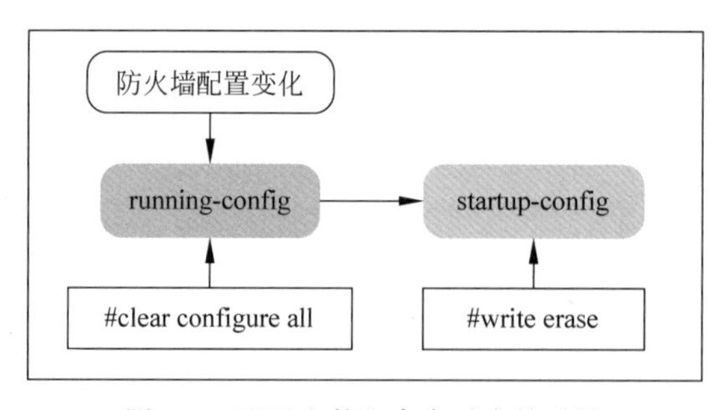

图 4.2 配置文件和命令对应关系图

第一种情况：删除防火墙正在运行的配置，使用命令 clear config all 清除。执行命令后，防火墙运行的配置会重置为默认配置。启动配置不是默认配置。

第二种情况：删除防火墙启动配置，使用命令 write erase 清除。

第三种情况：重启防火墙，将重新加载配置信息，使用命令 reload 实现。

4.3 基本配置命令

修改安全设备名称的配置命令 hostname 如下所示，便于同类设备较多时进行区分。

示例 4.5：修改设备名称为 cuitfirewall，命令如下所示：

```
pixfirewall (config)# hostname cuitfirewall
cuitfirewall (config)#
```

4.3.1 interface 命令

配置命令 interface 用于指明防火墙的硬件，设置硬件速率、启动接口。命令 shutdown 可以禁用防火墙的接口。初次配置防火墙时，所有接口默认是关闭状态的。需要通过命令 no shutdown 启动使用的接口。

示例 4.6：设置接口 e0，进入配置模式，命令如下所示：

```
cuitfirewall (config)# interface ethernet0
cuitfirewall (config-if)#
```

4.3.2 nameif 命令

配置命令 nameif 用于给防火墙直连边界的物理、逻辑接口命名，并指定安全级别，其中，三个名称 outside、dmz 和 inside 是防火墙预设的，依次代表从低到高的安全区域，还可以配置接口的速率、双工和 IP 地址。命令 clear nameif 用于删除命名，命令 show nameif 用于查看名称。

示例 4.7：设置接口 e0，命名为 outside，命令如下所示：

```
cuitfirewall (config)# interface ethernet0
cuitfirewall (config-if)# nameif outside
```

4.3.3 ip address 命令

使用命令 interface 和 nameif 指定了防火墙配置的接口，命名了使用的接口以后，还要使用命令 ip address 为接口分配一个 IP 地址。命令 clear ip 用于实现所有接口地址重置。

示例 4.8：设置接口 e0，命名为 outside，配置该接口的 IP 地址为 192.168.1.2，命令如下所示：

```
cuitfirewall (config)# interface ethernet0
cuitfirewall (config-if)# nameif outside
cuitfirewall (config-if)# ip address 192.168.1.2 255.255.255.0
```

4.3.4 security-level 命令

防火墙接口的安全级别是用命令 security-level 实现的，每个接口都要配置一个安全级别，数值范围是[0,100]，数值越大的接口所连接网络的安全级别越高，数值越小的接口所连接网络的安全级别越低。默认 inside 接口的安全级别值是 100，默认 outside 接口的安全级别值是 0。分配安全级别给防火墙接口的命令格式为：security-level number。防火墙上不同安全级别的接口之间互相访问时，须遵循的策略如下。

(1) 默认允许访问：出站连接是默认放行的，防火墙允许从高安全级别接口到低安全级别接口的流量通过。例如允许从 inside 到 outside 的访问，允许从 inside 到 dmz 的访问。

(2) 默认禁止访问：入站连接是默认禁止的，防火墙禁止从低安全级别接口到高安全级别接口的流量通过，禁止相同安全级别的接口之间通信。例如禁止从 outside 到 inside 的访问，禁止从 outside 到 dmz 的访问。

示例 4.9：设置接口 e0，命名为 outside，配置该接口的 IP 地址为 192.168.1.2，安全级别为 0，命令如下所示：

```
cuitfirewall(config)# interface ethernet0
cuitfirewall(config-if)# nameif outside
cuitfirewall(config-if)# ip address 192.168.1.2
cuitfirewall(config-if)# security-level 0
```

4.3.5 show 命令

查看防火墙的系统运行配置情况，使用命令 show 实现，使用命令 show run interface 显示防火墙接口信息，如图 4.3 所示。

```
pix# show run interface
!
interface Ethernet0
 nameif inside
 security-level 100
 ip address 10.1.1.3 255.255.255.0
!
interface Ethernet1
 nameif outside
 security-level 0
 ip address 192.168.1.3 255.255.255.0
!
interface Ethernet2
 shutdown
 no nameif
 no security-level
 no ip address
!
interface Ethernet3
```

图 4.3 显示防火墙接口使用信息

使用命令 show memory 显示防火墙内存信息，如图 4.4 所示。

```
pix# show memory
Free memory:        490061920 bytes (87%)
Used memory:         72993776 bytes (13%)
-------------     ----------------
Total memory:       563055696 bytes (100%)
pix#
```

图 4.4　显示防火墙内存使用情况

使用命令 show cpu 显示防火墙 CPU 信息，如图 4.5 所示。

```
pix# show cpu
CPU utilization for 5 seconds = 0%; 1 minute: 0%; 5 minutes: 0%
pix#
```

图 4.5　显示防火墙 CPU 的使用情况

使用命令 show version 显示防火墙版本信息，如图 4.6 所示。

```
pix# show ver

Cisco PIX Security Appliance Software Version 8.0(4)

Compiled on Thu 07-Aug-08 19:42 by builders
System image file is "Unknown, monitor mode tftp booted image"
Config file at boot was "startup-config"

pix up 31 mins 30 secs

Hardware:   PIX-525, 512 MB RAM, CPU Pentium II 1 MHz
Flash E28F128J3 @ 0xfff00000, 16MB
BIOS Flash AM29F400B @ 0xfffd8000, 32KB

 0: Ext: Ethernet0          : address is 00ab.bffb.c400, irq 9
 1: Ext: Ethernet1          : address is 00ab.bffb.c401, irq 11
 2: Ext: Ethernet2          : address is 0000.ab09.9702, irq 11
 3: Ext: Ethernet3          : address is 0000.ab38.7e03, irq 11
 4: Ext: Ethernet4          : address is 0000.ab04.8404, irq 11
```

图 4.6　显示防火墙镜像版本信息

使用命令 show ip address 显示防火墙接口 IP 信息，如图 4.7 所示。

```
pix# show ip address
System IP Addresses:
Interface            Name          IP address      Subnet mask      Method
Ethernet0            inside        10.1.1.3        255.255.255.0    manual
Ethernet1            outside       192.168.1.3     255.255.255.0    manual
Current IP Addresses:
Interface            Name          IP address      Subnet mask      Method
Ethernet0            inside        10.1.1.3        255.255.255.0    manual
Ethernet1            outside       192.168.1.3     255.255.255.0    manual
pix#
```

图 4.7　显示防火墙接口的 IP 地址

使用命令 show nameif 显示防火墙接口命名信息，如图 4.8 所示。

```
pix# show nameif
Interface            Name              Security
Ethernet0            inside            100
Ethernet1            outside             0
pix#
```

图 4.8　显示防火墙接口的命名

4.4 防火墙许可证

采用 GNS3 进行 PIX/ASA 防火墙实验，需要不同的 PIX 防火墙许可证，分为 Unrestricted、Restricted 和 Fail-Over 三种类别。许可证类别决定了模拟器所能支持的防火墙安全特性，例如最大连接数、热备份、安全上下文数量和加解密算法等功能。

(1) Restricted：许可操作在此模式下，PIX 防火墙限制支持的接口数和内存大小，适用于验证小型网络的防火墙应用方案，不支持热冗余备份特性。

(2) Unrestricted：许可操作在此模式下，PIX 防火墙支持最大数量的接口和内存，还支持热备份冗余，使网络宕机时间最小化。

(3) Fail-Over：许可操作在此模式下，两台 PIX 防火墙协同工作，提供一个热冗余备份的结构，支持基于状态的容错特性，使网络拓扑结构的可用性提高。备用防火墙会一直维护与主防火墙完全一样的网络连接的实时状态，从而使网络连接失败的几率最小化。

★本章小结★

本章介绍了防火墙基本配置的相关内容。用户需要根据不同的使用场景选择防火墙的配置模式，级别不同使用命令不同；并能够正确显示、使用和管理防火墙的配置文件；还介绍了配置防火墙的接口、安全级别和命名等使用的命令；最后，介绍了使用防火墙镜像时，不同类型许可能够使用的防火墙功能是不同的。在后续章节中，实现防火墙高级功能时，需要升级防火墙的镜像许可，才可以完成相关功能的配置。

复习题

1. 使用哪些命令配置防火墙的接口？
2. 清除防火墙配置的命令使用差别是什么？
3. 防火墙的配置文件有哪些？

第5章

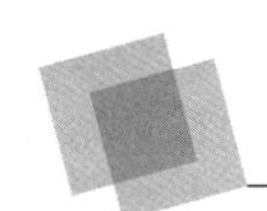

网络连接和地址转换

本章要点

防火墙外网访问 DMZ 和内网

- ◆ 了解防火墙对 IP 地址翻译、连接的网络流量处理过程。
- ◆ 掌握防火墙的网络地址转换技术和配置命令。通过 NAT 和 PAT 功能，保障内部网络地址在网络通信中隐藏网络结构和地址，从而提升网络安全性。
- ◆ 理解防火墙通过 NAT 和 PAT 功能，采用一个互联网 IP 地址（或全局 IP 地址），使内部网络主机可以连接到互联网（或外部网络）。

5.1 网络连接

网络会话是 IP 数据包的流动，随之产生的网络流量，是端到端的数据流动，理解这个数据流动方式对理解互联网通信技术是必要的，对理解防火墙运行原理、防火墙技术而言也很重要。理解数据流的流动方式后，更容易理解如何保护数据流的安全性。网络会话通常是由 TCP、UDP 两种协议承载的。TCP 传输控制协议容易检查，UDP 用户数据报协议检查相对困难。防火墙内的数据流动有两个方向，数据向外传输，意味着网络会话是由相对信任的安全区域所发起，流动到相对不信任的安全区域；数据向内传输，意味着网络会话是由相对不信任的安全区域发起，流动到相对信任的安全区域。

网络会话过程中，数据经过 TCP/IP 协议栈，会逐层封装、逐层拆封，形成一个数据帧在网络传送。经由防火墙时，将在数据帧中读取特定的信息，对这个数据流做出处理，决定丢弃或者转发。为了加深理解防火墙是如何处理向内和向外的数据传输，以两个 TCP/IP 传输协议，TCP 和 UDP 分析流动方式。

5.1.1 TCP 穿越防火墙

TCP 是面向连接的协议。如图 5.1 所示，当位于 PIX 防火墙内部一台比较安全的主机发起会话时，防火墙在会话状态过滤器上创建一个日志。PIX 防火墙能够从网络流里抽取出网络会话，实时地主动验证其合法性，维护每个网络连接的状态信息，并对这个网络会话随后的数据包进行检查，判断数据是否符合期望。TCP 数据包经过防火墙发起一个会话连接时，防火墙将记录该网络流，并等待对方确认数据包。此后，防火墙在 TCP 三次握手之后允许该网络连接之间的数据传输。

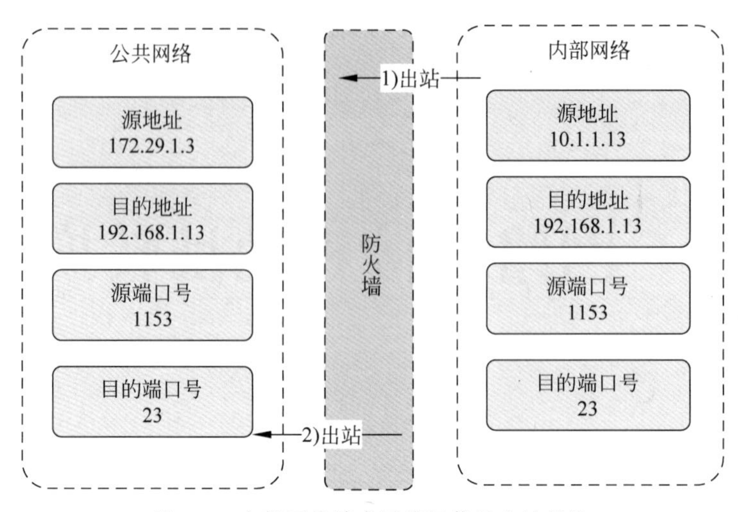

图 5.1 内部网络请求网络通信的出站行为

TCP 是一个面向连接的传输协议,实现了节点间通信的可靠性。TCP 通过创建称作虚电路的连接来完成数据双向通信的传输任务。TCP 协议具有可靠性,保证了节点间的数据传输。TCP 还能够根据网络状况的变化动态地改变连接的传输参数。TCP 数据包头中包含的 TCP 序号和 TCP 应答号,保障了源端和目的端能够有序、准确地传送数据,但这些开销也会使传输速度变慢。图 5.2 描述了 TCP 数据包经过防火墙建立一个 TCP 会话时,防火墙收到入站请求的 IP 数据包处理流程。

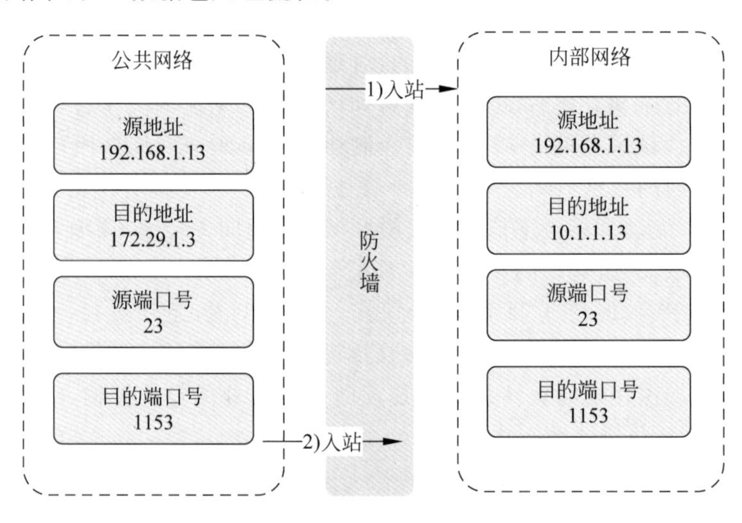

图 5.2 公共网络响应网络通信的入站行为

当防火墙收到一个 IP 数据包时,先检查防火墙的地址映射关系表。如果没有找到地址映射,防火墙将生成一个地址映射。防火墙的地址映射关系表是内部地址(私有 IP 地址)和全局地址(公共 IP 地址)。地址映射关系表的信息保留在内存中,可以对后继的数据包流进行检查。例如,某服务器内部 IP 地址 10.1.1.113 映射成全局地址 222.18.1.101,对外以全局地址访问。

完成三次握手后建立 TCP 会话，并传送数据，否则是一条未完成的半开 TCP 会话。防火墙采用了多种方式限制未完成连接的数量，以防御 TCP 半连接攻击。例如：可以在一个给定的时间内，限定时间范围内防火墙里半开 TCP 会话数的最大值，或半开 TCP 会话完成连接的最大时间跨度，限制"未完成"连接的数量。防火墙将接收的数据包与日志信息进行匹配，匹配到的源地址（端口）和目的地址（端口）时，将数据包转发给内部主机，不匹配的数据包则丢弃并记录。

5.1.2　UDP 穿越防火墙

UPD 会话没有状态信息，缺乏安全性保证，导致 DNS、RPC、NFS 等协议受到攻击，必须通过防火墙保证 UDP 协议的安全性。UDP 协议是一个非连接的传输协议，用于向目的端发送数据。UDP 协议没有提供错误校验、错误校正和发送检验等措施，而是将保障数据可靠性传输的任务交给了上层协议解决，UDP 协议只负责发送数据而不对传输数据进行查验，具有简单和快速的特性，防火墙针对 UDP 数据传输无状态的特性，当 UDP 数据包从在防火墙接口之间穿越时，同样会保存 UDP 连接信息，需要对每一个 UDP 数据包进行检查，根据存储的源目的信息进行匹配，匹配成功会转发到内部网络，否则丢弃。在 PIX 防火墙上关于 UDP 传输的流程如下：

防火墙入口放行 UDP 数据包的条件是，出口方转发了相同目的和源 IP 地址的 UDP 数据包，针对 UDP 数据包而言，防火墙内部存储的这条 UPD 连接的信息只保留有限时间，这个 UDP 连接的数据传输空闲时间超时时会自动失效，并从内存中删除，缺省时间是 2min。

5.2　网络地址转换

防火墙通过地址转换功能处理网络连接数据，采用网络地址转换（Network Address Translation，NAT）命令和端口地址转换（Port Address Translation，PAT）命令实现本地地址和全局地址之间的地址映射。

网络通信的地址转换示意图如图 5.3 所示。内部网络的主机 172.16.1.4 与外部主机 192.168.1.4 通信，序号 1 时可见内部地址 172.16.1.4，进入防火墙后，序号 2 时通过地址转换池，获取外部地址 192.168.1.9，并与外部主机进行通信，序号 3 是出防火墙后的可见地址 192.168.1.9。

安全设备地址转换的规则是：根据地址转换规则创建转换表里的记录，对网络设备配置地址转换，如果 IP 数据包没有匹配上转换表的记录，则无法通过安全设备，安全设备的内部接口将丢弃 IP 数据包。从内部网络发起的会话数据包，经过防火墙出站时，防火墙将内部采用的私有地址转换为全局地址，否则该会话无法连接成功。从互联网发起的会话，经过防火墙出站时，如果该网络连接的目的地址是一个私有地址，网络会话将无法建立，除非防火墙配置了这个会话的放行规则。

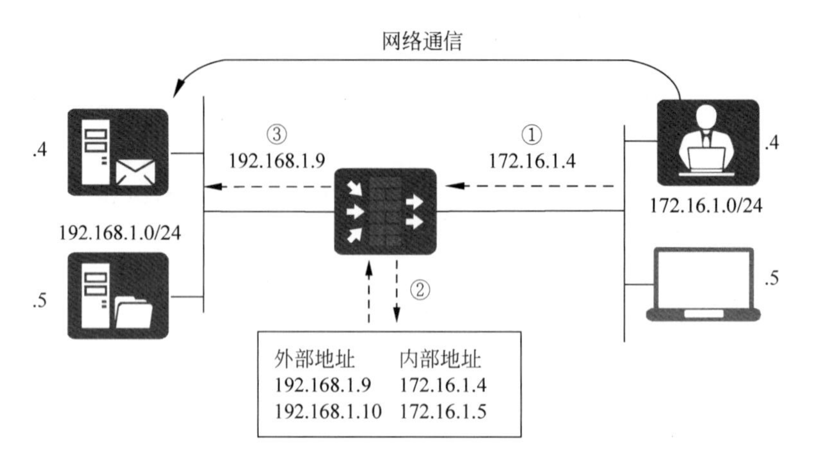

图 5.3 网络通信的地址转换示意图

5.2.1 地址转换分类

数据包从安全级别高的内部接口穿越防火墙时,可以根据应用场景设置不同的地址转换方式:静态网络地址转换和动态网络地址转换。防火墙将一段内部地址范围转换成一段全局地址范围,这是一种多对多的地址映射关系,一个内部地址转换为一个全局地址,需要配置与内部 IP 地址数量相等的全局 IP 地址,称为网络地址转换;防火墙将一段本地地址范围转换为一个全局地址,这是一种多对一的地址映射关系,多个内部地址转换为一个全局地址,通过端口号区分不同的内部地址,最多可以转换端口数 65535 个内部地址,称为端口地址转换。NAT 和 PAT 既可以静态转换,又可以动态转换。

防火墙将内部地址固定转换为一个全局 IP 地址,这种方式称为静态网络地址转换;防火墙为内部地址随机分配一个全局 IP 地址,称为动态网络地址转换。防火墙内部接口的数据包是转换前的地址,在内部接口配置需要进行地址转换的内部地址;外部接口看到的是转换后的地址,在外部接口配置全局地址,如图 5.4 所示。

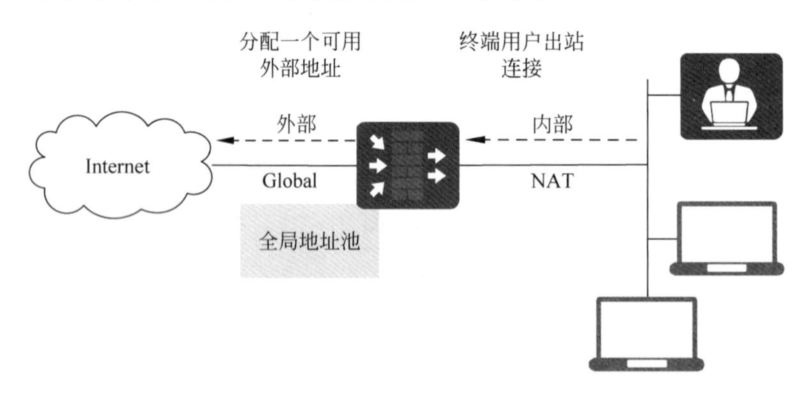

图 5.4 NAT-Global 动态地址转换示意图

如图 5.5 所示,防火墙实现地址转换可以隐藏内部网络拓扑和地址信息,通过地址映射关系实现内部网络与外部网络的通信,实现数据包穿越防火墙。命令 NAT(PAT)和

Global适用于配置本地网络的终端用户，将内部地址随机转换为一个全局地址；命令Static适用于配置对外开放的服务器，将内部地址固定转换为一个全局地址。

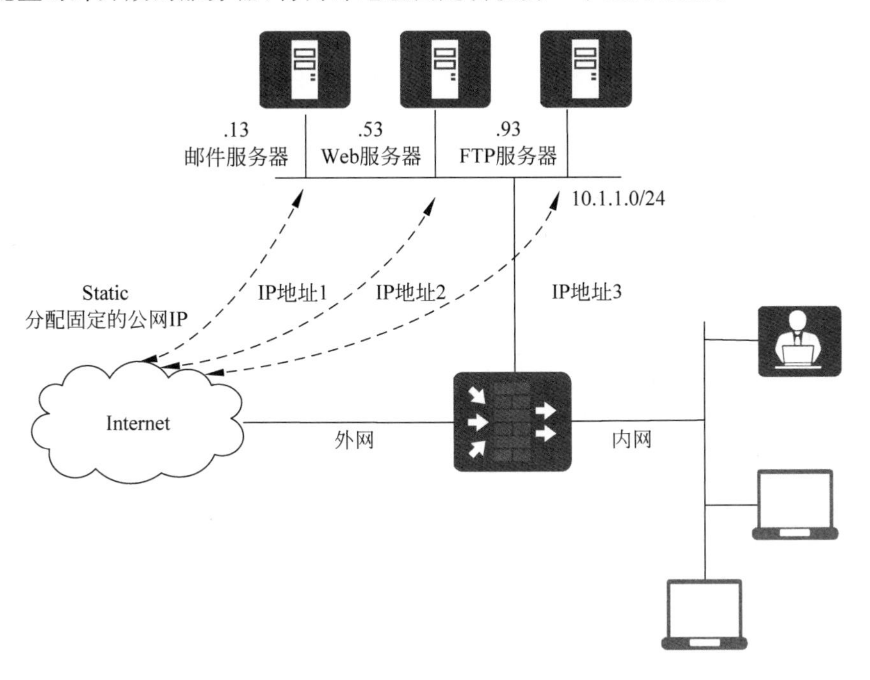

图5.5　静态地址转换示意图

在防火墙安全级别低的外部接口，数据包出站前要转换为全局地址。防火墙的内部接口需要配置执行地址转换的内部地址；防火墙的外部接口需要配置地址转换后的全局地址，不符合配置规则的数据包无法穿越防火墙。因此，通过nat命令和global命令协同工作，使网络内部与外部保持通信。防火墙的数据包流动取决于安全级别，安全级别较高的接口可以访问安全级别较低的接口，除非明确拒绝，否则允许网络连接。安全级别较低的接口无法访问安全级别较高的接口，除非配置静态地址转换和访问列表命令对来明确允许，如图5.6所示。

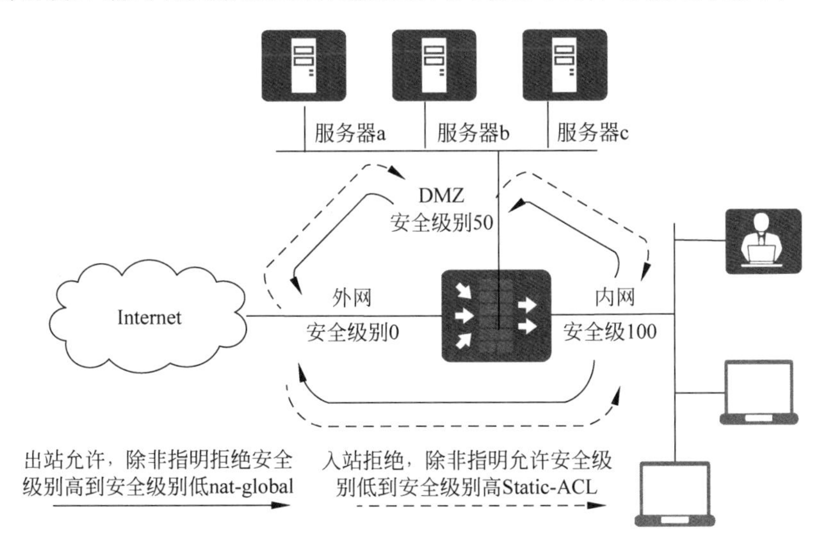

图5.6　安全级别出站入站示意图

5.2.2 nat 命令

1. nat 命令使用说明

启用防火墙的 NAT 功能时，所有穿越防火墙的数据包都要遵循相应的转换规则。防火墙会创建一个地址映射关系，将安全级别高接口接收的 IP 地址转换为安全级别低接口的 IP 地址。NAT 功能可以将防火墙后边的内部 IP 地址对外隐藏起来。nat 命令的主要任务就是在转发数据包到外部网络之前，将全球不唯一的内部 IP 地址转换成全球公认的全局 IP 地址。完成这个任务需要 nat-global 命令对联合使用；先用 nat 命令配置内部网络需要被转换的 IP 地址，再用 global 命令配置可使用的全局 IP 地址。这个转换关系可以是多个，通过设置 nat 命令中的标识 nat_id 来进行区分，出站接口就是用标识 nat_id 决定查找的地址转换规则。

当一台内部网络中的主机或服务器等网络设备发送了一个出站数据包，到达启动 NAT 功能的防火墙时，将提取数据包的源地址、访问地址转换表并进行比较。如果当前地址转换表中没有该内部地址的映射关系，那转换时将为该内部地址创建一条记录，并为它分配一个可用的全局 IP 地址，这个任务是使用 global 命令配置完成的，数据包转换后，防火墙转发转换后的 IP 数据包。

考虑到资源有限性和网络连接的合法性，防火墙的内存并不会一直保留地址转换表的记录。将会通过超时设置删除不使用的映射关系，缺省时间是 3 小时，意味着在这个时间内没有使用该记录中的地址转换的数据包穿越，则会从地址转换表中删除该记录，释放的全局地址则可以给其他的内部地址转换使用。

在内部网络中使用私有地址与外部网络进行通信，需要将内部网络数据包转发到外部网络时，通过 NAT 功能将私有地址转换成全局 IP 地址。这样可以应对全局 IP 地址紧缺的问题，减少了所需的地址数量；而从安全角度看，这是一种保护内部地址、隐藏内部网络拓扑的安全措施。

通过网络地址转换将防火墙后边的内部 IP 地址对外隐藏起来。nat 命令语法格式如下：

```
nat [(if_name)] nat_id address [netmask] [dns] [[tcp] tcp_max_conns [emb_limit]
[norandomseq]]] [udp udp_max_conns]
nat [(if_name)] nat_id address [netmask] [timeout hh:mm:ss]
```

nat 命令参数说明如表 5.1 所示。

表 5.1 nat 命令参数说明

参　　数	说　　明
if_name	接口名称，该接口连接的网络地址进行地址转换
nat_id	大于 0，指定用于动态地址转换的全局地址池
address	要进行转换的 IP 地址，0.0.0.0 允许所有主机发起出站连接

续表

参 数	说 明
netmask	地址的网络掩码,0.0.0.0 表示允许所有的出站连接使用全局地址池中的地址进行转换
timeout	改变缺省 xlate 超时值,默认 3 小时
hh: mm: ss:	转换槽的超时时间,没有 tcp 或者 udp 连接使用转换,将发生超时

如图 5.7 所示的 NAT 示例中,主机 172.16.1.4 发起一个出站的网络连接。防火墙收到该出站连接的数据包后,将源地址 172.16.1.4 转换为 192.168.1.9。从主机 172.16.1.4 发出的数据包,对外部网络而言就是与 192.168.1.9 地址进行通信。从外部网络返回的数据包的目的地址是 192.168.1.9,再通过防火墙转换为地址 172.16.1.4。从而完成数据包的发送和接收过程。

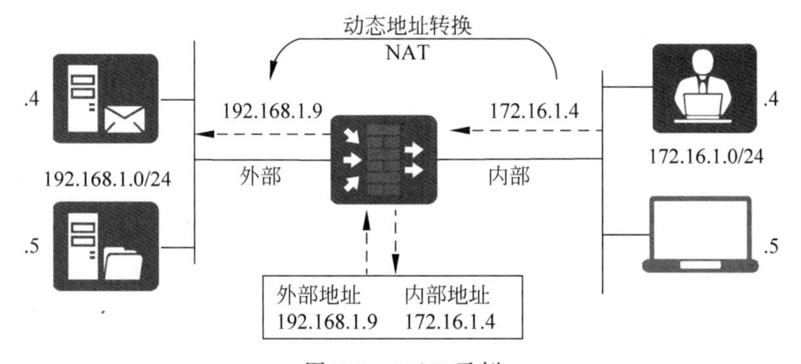

图 5.7 NAT 示例

通过 nat 命令可以配置转换一个内部 IP 地址、一段内部地址。通常情况下会根据内部网络的地理位置、行政单位、网络功能等方式划分地址段,配置相应的映射关系,并与其他安全策略实施联动。当网络规模不大,或者不需要区分时,可以使用命令 nat 1 0.0.0.0 0.0.0.0 ,实现对内部所有 IP 地址进行转换。其中,0.0.0.0 可以使用 0 代替,以简化 nat 命令参数。防火墙配置 nat 命令意味着启用了 NAT 功能。

示例 5.1:防火墙 inside 区域的所有 IP 地址都要进行网络地址转换,命令如下所示:

```
# nat (inside) 1 0.0.0.0 0.0.0.0 0 0
```

2. nat 0 命令使用说明

地址转换隐藏了内部网络地址和网络拓扑,还控制了可以出站的内部 IP 地址。通过 nat 0 命令则可以关闭地址转换功能,使所有内部网络的 IP 地址对外不可见。当内部网络中拥有 NIC 注册的 IP 地址,并且这个地址要被外部网络访问的时候,就要使用这个特性,nat 0 命令关闭内部地址转换。

示例 5.2:启用内部网段 10.0.0.0 出站连接的地址转换功能,关闭内部网段 192.168.0.0 出站连接的地址转换功能,命令如下所示:

```
# nat (inside) 1 10.0.0.0 255.0.0.0
# nat (inside) 0 192.168.0.0 255.255.255.0
```

nat 命令可以控制哪些内部 IP 地址需要进行地址转换，内部对外部不可见；还可以通过 nat 0 命令控制哪些 IP 地址不需要地址转换，内部 IP 地址就是实际通信地址。当内部网络的网络设备配置了全局 IP 地址，并允许被外部网络访问的时候，可以通过 nat 0 命令实现。

示例 5.3：设置防火墙 dmz 接口收到 IP 地址是 192.168.0.9 的所有数据包，都不做网络地址转换，命令如下所示：

```
# nat (dmz) 0 192.168.0.9 255.255.255.255
```

使用 nat 0 命令意味着 IP 地址对外可见，用于网络通信时，将不会对 IP 地址 192.168.0.9 进行地址转换。

5.2.3 global 命令

内部网络的主机发起出站连接，穿越防火墙请求访问外部网络的服务时，无法使用内部 IP 地址与外部通信，需要转换成外部 IP 地址；外部服务发起入站连接，响应内部主机的访问请求时，需要通过外部 IP 地址找到内部主机。防火墙通过配置成对 nat 命令和 global 命令实现，nat 命令指明哪些 IP 地址做网络地址转换，是转换前地址；global 命令指明转换成哪些 IP 地址，通过 nat 命令标识号 nat_id 匹配成对。命令如下所示：

```
global [(if_name)] nat_id {global_ip [-global_ip] [netmask global_mask]} |interface
```

global 命令参数说明如表 5.2 所示。

表 5.2 global 命令参数说明

参　　数	说　　明
if_name	使用全局地址的外部网络接口名称
nat_id	标识全局地址池，要与 nat 命令的 nat_id 匹配
global_ip	一个 IP 地址或一个全局地址范围的起始 IP 地址
global_mask	用于 global_ip 地址的网络掩码
interface	指定 PAT 使用接口上的地址

删除配置的命令，单个命令都是使用 no 命令，这里使用 no global 命令可以删除已经配置了 nat 相应的可供分配使用的全局 IP 地址。

```
# no global(outside) 1 192.168.1.20-192 168.1.254 netmask 255.255.255.0
```

示例 5.4：防火墙二接口通信。允许内部网络的所有设备发起出站连接，并分配全局 IP 地址进行通信，如图 5.8 所示。

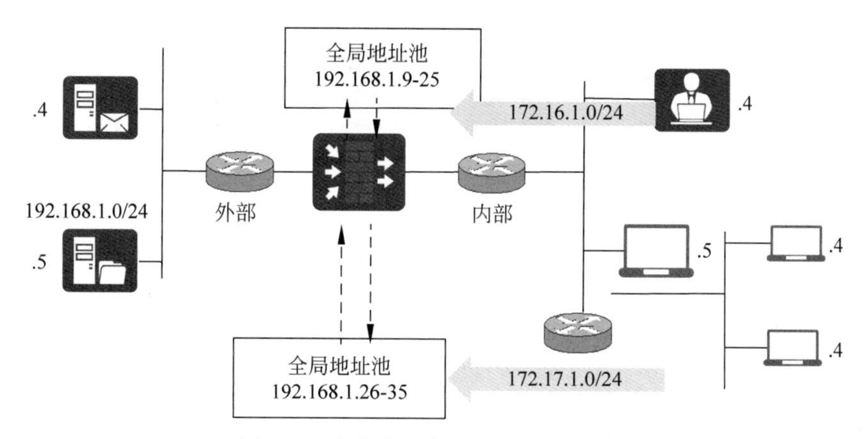

图 5.8　防火墙二接口 nat 命令示意图

命令如下所示：

```
# nat (inside) 1 172.16.1.0 255.255.255.0
# nat (inside) 2 172.17.1.0 255.255.255.0
# global (outside) 1 192.168.1.9 - 192.168.1.25 netmask 255.255.255.0
# global (outside) 2 192.168.1.26 - 192.168.1.35 netmask 255.255.255.0
```

第 1 条 nat 命令，标识符是 1，配置防火墙 inside 接口的网络地址转换，指定转换范围是 172.16.1.0/24 网段的数据包。

第 2 条 nat 命令，标识符是 2，配置防火墙 inside 接口的网络地址转换，指定转换范围是 172.17.1.0/24 网段的数据包。

第 3 条 global 命令，指定防火墙 outside 接口，转换 nat 标识符是 1 的所有数据包源 IP 地址，分配出站的全局地址。防火墙 inside 接口 172.16.1.0/24 网段的数据包，从 outside 接口出站，将从全局地址池 192.168.1.9 到 192.168.1.25 分配 IP 地址，共计 14 个地址可供网络地址转换使用。

第 4 条 global 命令，指定防火墙 outside 接口，转换 nat 标识符是 2 的所有数据包源 IP 地址，分配出站的全局地址。防火墙 inside 接口 172.17.1.0/24 网段的数据包，从 outside 接口出站，将从全局地址池 192.168.1.26 到 192.168.1.35 分配 IP 地址，共计 16 个地址可供网络地址转换使用。

示例 5.5：防火墙三接口通信。允许内部用户访问 DMZ 和 Internet，DMZ 的主机可以访问外网，如图 5.9 所示。

命令如下所示：

```
# nat (dmz) 1 10.1.1.0 255.255.255.0
# nat (inside) 1 172.16.1.0 255.255.255.0
# global (outside) 1 192.168.1.9 - 192.168.1.25 netmask 255.255.255.0
# global (dmz) 1 10.1.1.9 - 10.1.1.25 netmask 255.255.255.0
```

第 1 条 nat 命令，网络地址转换的标识符是 1，配置防火墙 dmz 接口的网络地址转换，指定转换范围是 10.1.1.0/24 网段的数据包。

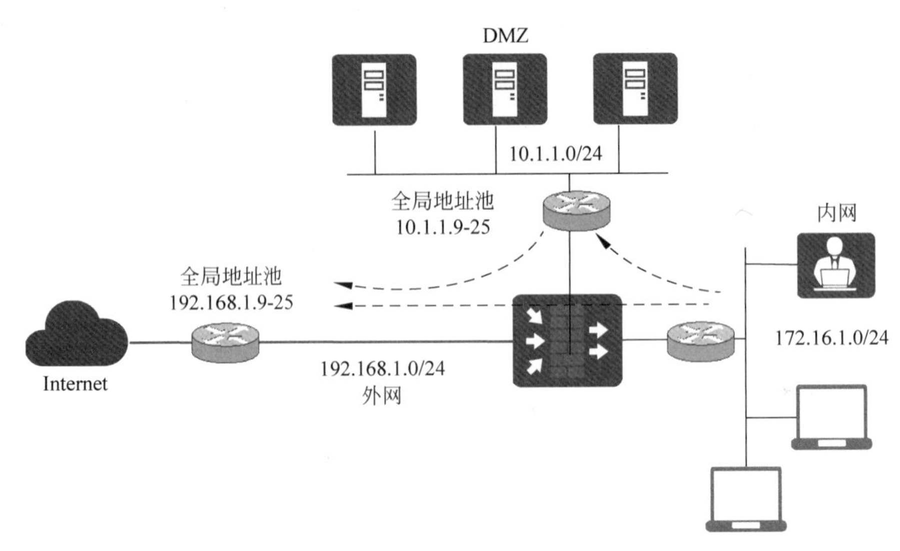

图 5.9 防火墙三接口 nat 命令示意图

第 2 条 nat 命令，网络地址转换的标识符是 1，配置防火墙 inside 接口的网络地址转换，指定转换范围是 172.16.1.0/24 网段的数据包。

第 3 条 global 命令，指定防火墙 outside 接口用于转换的全局地址池，要与 nat 命令标识是 1 的进行匹配，转换其所有出站数据包的源 IP 地址，可供分配的全局地址是 192.168.1.9 到 192.168.1.25。实现防火墙内网用户和防火墙 DMZ 区域的网络设备发起出站请求时，共享这个全局地址段。

第 4 条 global 命令，指定防火墙 dmz 接口用于转换的全局地址池，要与 nat 命令标识是 1 的进行匹配，转换其所有出站数据包的源 IP 地址，可供分配的全局地址是 10.1.1.9 到 10.1.1.25。实现防火墙内网用户发起访问防火墙 DMZ 区域网络请求时，共享这个全局地址段。

5.2.4 pat 命令

针对可分配全局地址资源不足的情况，可以利用端口地址转换功能，实现内网多台网络设备共用一个全局地址进行网络通信。对外可见的只有一个全局地址，所有网络通信看起来是一个 IP 地址。启用 pat 功能后，将为每个发起外部连接的内部地址分配一个可用端口号。pat 命令配置的全局地址不能被其他的全局地址池使用。

同时配置多对多的地址转换 nat 命令和多对一的地址转换 pat 命令时，内部地址出站时的分配顺序是，先使用 nat 命令对转换的全局地址，全局地址用尽后，再选取 pat 命令对转换的地址。即当 nat 全局地址池中有一个可用地址，下一次使用的就是这个地址，总是先于 pat 地址使用。因此，地址资源有限的情况下，可以通过配置相同 nat_id 标识的 global 命令，实现全局地址的扩充。规划地址资源时，考虑到需要使用特定端口号的服务，为了避免端口冲突则不使用 pat 命令。总计 65 535 个端口，除了知名端口分配给特定的服务，可供地址转换使用的端口是 64 000 个。

采用 pat 命令，待转换的内部地址(或称本地地址)转换为同一个全局地址。pat 命令配置与 nat 命令配置的区别是，成对使用的 global 命令中只有一个 IP 地址，而不是 IP 地址范围。

示例 5.6：内部网络 172.16.1.0 的主机发起外部访问的时候，共享一个全局 IP 地址 192.168.1.9，命令如下所示：

```
#nat (inside) 1 172.16.1.0 255.255.255.0
#global (outside) 1 192.168.1.9 netmask 255.255.255.255
```

如图 5.10 所示，采用 pat 命令时，内部地址的出站地址都是相同的，只是增加了一个端口号对内部地址加以区分。两个客户端 172.16.1.3 和 172.16.1.5 发起到外网的连接请求，根据高到底的安全级别，默认允许出站，使用 pat 命令定义地址转换规则。地址 172.16.1.3 转换为了 192.168.1.9，为了保持会话的可区分性，源端口使用端口号 1025 区分；地址 172.16.1.5 同样转换为了 192.168.1.9，源端口使用端口号 1027 区分。

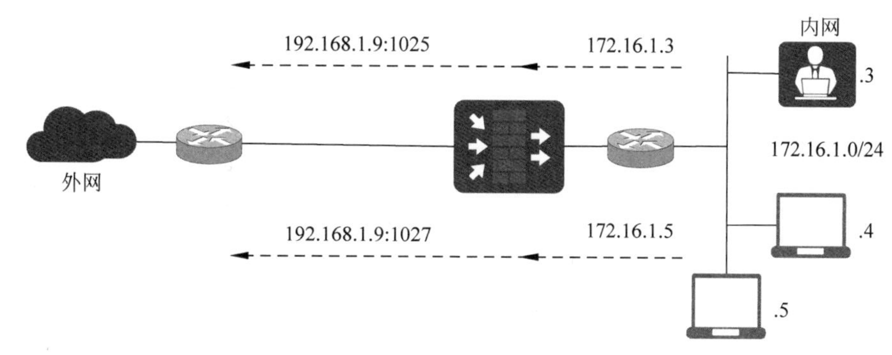

图 5.10　防护墙 pat 命令示意图

示例 5.7：使用 pat 命令来扩大全局地址。内部网络的网段是 172.16.1.0/24，可供使用的全局地址范围是 192.168.1.20 至 192.168.1.254，请确保内部网络中的所有网络设备出站连接都可以分配到全局地址。

```
# nat (inside) 1 10.0.0.0 255.255.255.0
# global (outside) 1 192.168.1.20 - 192.168.1.253 netmask 255.255.255.0
# global (outside) 1 192.168.1.254 netmask 255.255.255.255
```

第 1 条 nat 命令，网络地址转换的标识符是 1，配置防火墙 inside 接口的网络地址转换，指定转换范围是 10.0.0.0 /24 网段的数据包。

第 2 条 global 命令，指定防火墙 outside 接口用于转换的全局地址池，要与 nat 命令标识是 1 的进行匹配，转换其所有出站数据包的源 IP 地址，可供分配的全局地址是 192.168.1.20 到 192.168.1.253。

第 3 条 global 命令，指定防火墙 outside 接口用于转换的全局地址池，要与 nat 命令标识是 1 的进行匹配，转换其所有出站数据包的源 IP 地址，可供分配的全局地址是 192.168.1.254，以端口号区分不同网络设备。只有上一条 global 命令的全局地址全部分配后，才使用这条 global 命令配置的全局地址池。

5.2.5 static 命令

在实际应用中可通过 static 命令实现静态网络地址转换。例如，对外提供服务的服务器，如要从因特网访问该服务器资源，就需要将服务器的地址配置为固定的全局地址。根据从低到高的安全策略，默认拒绝入站，因此除了通过 static 命令配置静态地址外，还要对网络安全设备配置访问控制策略，允许到该服务器的流量入站，从而穿越防火墙，让较低安全级别接口上的设备能够访问位于较高安全级别接口上的 IP 地址。

静态网络地址转换实现了将一个内部地址映射为一个固定的全局地址，使这个内部节点可以允许外部网络(Internet)访问。

```
static [(internal_if_name,external_if_name)] global_ip local_ip[netmask network_mask][max_
conns [em_limit]] [norandomseq]
```

static 命令参数说明如表 5.3 所示。

表 5.3 static 命令参数说明

参 数	说 明
internal_if_name	内部网络接口名称。正在访问的较高安全级别的接口
external_if_name	外部网络接口名称。正在访问的较低安全级别的接口
global_ip	较低安全级别的接口上的 IP 地址
local_ip	较高安全级别的接口上的 IP 地址。内部网络的本地 IP 地址
netmask	指定网络掩码之前所需的保留字
max_conns	每个 IP 地址的最大连接数量，允许同时通过该静态地址翻译的连接数量
network_mask	用于 global_ip 和 local_ip 的网络掩码。对于主机地址，总是采用 255.255.255.255。对于网络地址，使用适当类别的掩码或子网掩码
em_limit	未完成连接限制数。以防止未完成连接风暴攻击。缺省是 0，意味着不限制连接
norandomseq	不对 TCP/IP 数据包的序列号进行随机化处理。如果另一台在线防火墙也在对序列号进行随机化，结果就会扰乱数据，只有这时才使用这个选项

示例 5.8：内部地址 10.10.10.9 是一台服务器，要求对外提供服务，并分配了全局地址 192.168.0.9，请使用 static 命令配置地址转换，命令如下所示：

```
# static (inside, outside) 192.168.0.9 10.10.10.9
```

示例 5.9：在防火墙 DMZ 区域，有 1 台 FTP 服务器和 1 台 Web 服务器，防火墙接口命名是 dmz，服务器 IP 地址分别是 172.16.1.9 和 172.16.1.10；允许防火墙外部区域使用这两个服务器的资源，可用 IP 地址网段是 192.168.1.0/24，防火墙接口命名是 outside。请使用 static 命令给服务器配置一个固定 IP 地址，可以与防火墙外部区域的主机进行通信，命令如下所示：

```
# static (dmz,outside) 192.168.1.3 172.16.1.9 netmask 255.255.255.255
# static (dmz,outside) 192.168.1.4 172.16.1.10 netmask 255.255.255.255
```

第 1 条 static 命令，指定防火墙 DMZ 区域的 IP 地址 172.16.1.9，转换为防火墙外部区域的 IP 地址 192.168.1.3，FTP 服务器使用 IP 地址 192.168.1.3，与防火墙外部区域的主机进行通信。

第 2 条 static 命令，指定防火墙 DMZ 区域的 IP 地址 172.16.1.10，转换为防火墙外部区域的 IP 地址 192.168.1.4，Web 服务器使用 IP 地址 192.168.1.4，与防火墙外部区域的主机进行通信。

注意，这里只考虑静态地址转换，还需要配置防火墙的安全访问策略，才可以实现网络流入站。

示例 5.10：在防火墙 DMZ 区域有 2 台 FTP 服务器，防火墙接口命名是 dmz，服务器 IP 地址是 172.16.1.9 和 172.16.1.10；允许防火墙外部区域使用这 2 个 FTP 服务器的资源，只有一个可用 IP 地址 192.168.1.9，防火墙接口命名是 outside。请使用 static 命令给服务器配置一个固定 IP 地址，可以与防火墙外部区域的主机进行通信。命令如下所示：

```
static (dmz,outside) tcp 192.168.1.9 ftp 172.16.1.9 ftp netmask 255.255.255.255
static (dmz,outside) tcp 192.168.1.9 3131 172.16.1.10 ftp netmask 255.255.255.255
```

第 1 条 static 命令，指定防火墙 DMZ 区域的 IP 地址 172.16.1.9，转换为防火墙外部区域的 IP 地址 192.168.1.9，FTP 服务器使用 IP 地址 192.168.1.3 和 21 端口号，与防火墙外部区域的主机进行通信。

第 2 条 static 命令，指定防火墙 DMZ 区域的 IP 地址 172.16.1.10，转换为防火墙外部区域的 IP 地址 192.168.1.9，FTP 服务器使用 IP 地址 192.168.1.4 和 3131 端口号，与防火墙外部区域的主机进行通信。由于第 1 条 static 命令，FTP 服务器使用了 21 号端口号，另一台 FTP 服务器要使用不同的端口号。

5.3　route 命令

防火墙是网络安全设备，还具有路由器的路由选择功能。防火墙为了将数据包发送到特定的目的地，需要配置功能，从而使数据包可以转发给指定的路由器、网关，到达目的地址。根据网络复杂程度选择配置静态路由、动态路由。静态路由适用于小规模的网络实施，使用 route 命令对接口配置静态路由、默认路由。命令如下所示：

```
#route if_name ip_address netmask gateway_ip [metric]
```

route 命令参数说明如表 5.4 所示。

表 5.4　route 命令参数说明

参　　数	说　　明
if_name	内部或外部网络接口名字，数据将通过这个接口离开 PIX
ip_address	内部或外部网络 IP 地址，默认 0 表示所有目标网络
netmask	指定应用到 in_address 的网络掩码。0 表示默认路由
gateway_ip	指定网关路由器的 IP 地址（路由的下一跳地址）
metric	指定到 gateway_ip 的跳数。默认 1

防火墙可以使用 route 命令配置多个不同的静态路由，不可以配置多条静态路由到相同的网络，有且仅有一条默认路由。

示例 5.11：通过路由器 192.168.1.31 转发所有出站数据包，到达 10.0.1.0 网段的数据包通过路由器 172.16.0.21 转发，如图 5.11 所示。

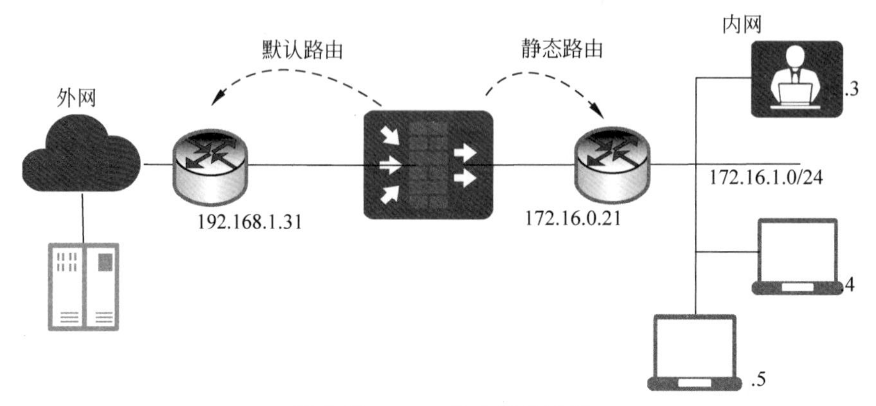

图 5.11 route 命令拓扑示例

```
# route outside 0.0.0.0 0.0.0.0 192.168.1.31 1
# route inside 172.16.1.0 255.255.255.0 172.16.0.21 1
```

第 1 条 route 命令，配置防火墙默认路由，从防火墙 outside 接口出站的所有数据包，通过默认路由到达外网，默认路由的 IP 地址是 192.168.1.31。

第 2 条 route 命令，配置防火墙静态路由，从防火墙 inside 接口到 172.16.1.0/24 网段的所有数据包，通过静态路由到达内网，静态路由的 IP 地址是 172.16.0.21。

IP 地址和网络掩码组合 0.0.0.0，此处可以缩写为 0，等同于上面配置命令，命令如下所示：

```
# route outside 0 0 192.168.1.31 1
```

示例 5.12：DMZ 区域有 10.1.1.0 和 10.1.2.0 这两个网段，都连接到同一台路由器 10.0.1.11，如图 5.12 所示。请配置到达这两个网络的静态路由。

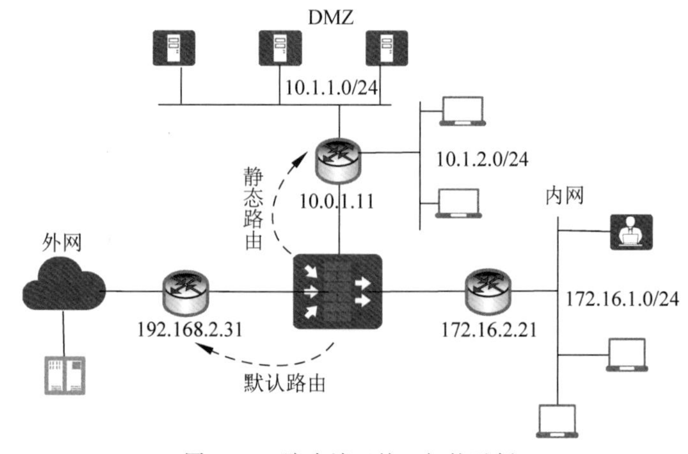

图 5.12 防火墙三接口拓扑示例

防火墙的路由配置命令如下所示：

```
# route dmz 10.1.1.0 255.255.255.0 10.0.1.11 1
# route dmz 10.1.2.0 255.255.255.0 10.0.1.11 1
```

第1条route命令，配置防火墙静态路由，从防火墙dmz接口到10.1.1.0/24网段的所有数据包，通过静态路由到达DMZ区域，静态路由的IP地址是10.0.1.11。

第2条route命令，配置防火墙静态路由，从防火墙dmz接口到10.1.2.0/24网段的所有数据包，通过静态路由到达DMZ区域，静态路由的IP地址是10.0.1.11。

5.4　防火墙二接口配置实训

5.4.1　实验目的与任务

1. 实验目的

通过本实验了解PIX防火墙的软硬件组成结构，掌握PIX防火墙的工作模式，熟悉PIX防火墙的6条基本命令，掌握PIX防火墙的动态、静态地址映射技术，熟悉PIX防火墙在小型局域网中的应用。实训需要PIX防火墙1台，路由器2台，网络连接线若干。

2. 实验任务

本实验主要任务如下：

(1) 观察PIX防火墙的二接口硬件结构，掌握硬连线方法；

(2) 掌握模拟器下防火墙设备的配置，理解和配置PIX防火墙的基本命令，实现内网访问外网；

(3) 查看PIX防火墙的配置信息。

5.4.2　实验拓扑图和设备接口

根据实验任务，规划设计实验的网络拓扑图，如图5.13所示。通过网络设备、路由器执行ping命令或telnet命令，发起位于防火墙不同安全区域网络设备的通信，验证防火墙功能是否配置正确。

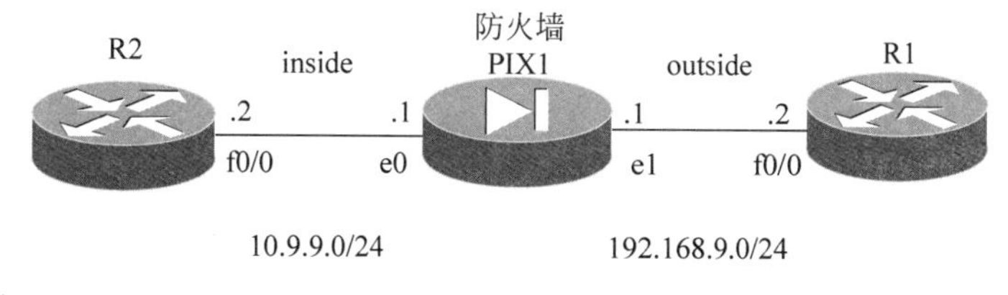

图5.13　防火墙二接口实验拓扑图

根据实验任务和实验拓扑图，为每个网络设备及其接口规划相关配置，防火墙PIX的配置信息如表5.5所示。

表 5.5 防火墙 PIX 的配置信息

序号	interface	Type	nameif	Security level	IP Address
1	e0	☑physical☐logical	inside	100	10.9.9.1
2	e1	☑physical☐logical	outside	0	192.168.9.1

位于防火墙外部网络的路由器 R1 的配置信息如表 5.6 所示。

表 5.6 路由器 R1 的配置信息

序　　号	interface	IP Address
1	f0/0	192.168.9.2

位于防火墙内部网络的路由器 R2 的配置信息如表 5.7 所示。

表 5.7 路由器 R2 的配置信息

序　　号	interface	IP Address
1	f0/0	10.9.9.2

5.4.3 实验步骤和命令

1. 防火墙主要命令

下面对实验中配置防火墙使用的主要命令进行说明。

```
# int e0
# ip add 10.9.9.1 255.255.255.0
# nameif outside
# security - level 0
# no sh
# nat (inside) 101 10.9.9.0 255.255.255.0
# global (outside) 101 192.168.9.101 netmask 255.255.255.255
# route outside 0 0 10.9.9.13
```

第 1 条命令，设置防火墙接口 e0，进入配置模式。

第 2 条命令，配置防火墙接口 e0 的 IP 地址为 10.9.9.1。

第 3 条命令，配置防火墙接口 e0 的命名为 outside。

第 4 条命令，配置防火墙接口 e0 的安全级别是 0。

第 5 条命令，启动防火墙接口 e0。

第 6 条命令，配置内部网络源地址为 10.9.9.0，穿越防火墙时将进行地址转换，NAT 标识 ID 为 101。

第 7 条命令，配置防火墙外部接口的全局地址池，转换 NAT 标识 ID 为 101 的源地址，共享 IP 地址 192.168.9.101。

第 8 条命令，配置防火墙默认路由为 10.9.9.13。

保存工程的路由器配置空，请使用导出配置文件，选择导出的路径，可看到配置文件如图5.14所示，据此可分别对路由器和防火墙进行配置。

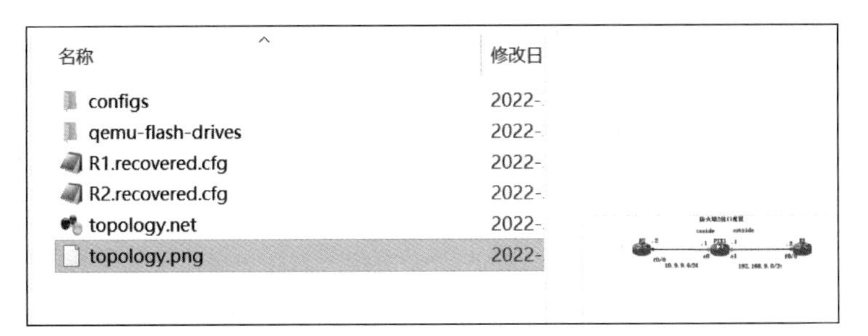

图5.14　GNS3工程文件

2. 路由器R1的配置

路由器R1的配置信息包括接口、路由和密码访问配置，用于验证网络通信是否符合预期，命令如下所示：

```
R1#conf t
Enter configuration commands, one per line.  End with CNTL/Z.
R1(config)#int f0/0
R1(config-if)#ip add 192.168.9.2 255.255.255.0
R1(config-if)#no sh
R1(config-if)#end
R1#show ip int br
Interface              IP-Address      OK? Method Status                Protocol
FastEthernet0/0          192.168.9.2     YES manual up                    up
R1#conf t
Enter configuration commands, one per line.  End with CNTL/Z.
R1(config)#ip route 0.0.0.0 0.0.0.0 192.168.9.1
R1(config)#end
R1#show ip route
Codes: C - connected, S - static, I - IGRP, R - RIP, M - mobile, B - BGP
       D - EIGRP, EX - EIGRP external, O - OSPF, IA - OSPF inter area
       N1 - OSPF NSSA external type 1, N2 - OSPF NSSA external type 2
       E1 - OSPF external type 1, E2 - OSPF external type 2, E - EGP
       i - IS-IS, su - IS-IS summary, L1 - IS-IS level-1, L2 - IS-IS level-2
       ia - IS-IS inter area, * - candidate default, U - per-user static route
       o - ODR, P - periodic downloaded static route
Gateway of last resort is 192.168.9.1 to network 0.0.0.0
C    192.168.9.0/24 is directly connected, FastEthernet0/0
S*   0.0.0.0/0 [1/0] via 192.168.9.1
R1#conf t
Enter configuration commands, one per line.  End with CNTL/Z.
R1(config)#line vty 0 4
R1(config-line)#password cisco
R1(config-line)#enable password cisco
R1(config)#end
```

```
R1#wr
Building configuration...
[OK]
R1#
```

3. 路由器 R2 的配置

路由器 R2 的配置信息包括接口、路由配置，用于验证网络通信是否符合预期，命令如下所示：

```
R2#
R2#conf t
Enter configuration commands, one per line.  End with CNTL/Z.
R2(config)#int f0/0
R2(config-if)#ip add 10.9.9.2 255.255.255.0
R2(config-if)#no sh
R2(config-if)#end
R2#show ip int br
Interface              IP-Address      OK? Method Status                Protocol
FastEthernet0/0          10.9.9.2        YES manual up                    up
R2#conf t
Enter configuration commands, one per line.  End with CNTL/Z.
R2(config)#ip route 0.0.0.0 0.0.0.0 10.9.9.1
R2(config)#end
R2#show ip route
Codes: C - connected, S - static, I - IGRP, R - RIP, M - mobile, B - BGP
       D - EIGRP, EX - EIGRP external, O - OSPF, IA - OSPF inter area
       N1 - OSPF NSSA external type 1, N2 - OSPF NSSA external type 2
       E1 - OSPF external type 1, E2 - OSPF external type 2, E - EGP
       i - IS-IS, su - IS-IS summary, L1 - IS-IS level-1, L2 - IS-IS level-2
       ia - IS-IS inter area, * - candidate default, U - per-user static route
       o - ODR, P - periodic downloaded static route
Gateway of last resort is 10.9.9.1 to network 0.0.0.0
     10.0.0.0/24 is subnetted, 1 subnets
C       10.9.9.0 is directly connected, FastEthernet0/0
S*    0.0.0.0/0 [1/0] via 10.9.9.1
```

4. 防火墙的配置

可以对防火墙接口一次完成 IP 地址、命名和安全级别等信息的配置，也可以分别配置，重点是使用 no sh 命令启动接口，命令如下所示：

```
cuitfirewall>
cuitfirewall> en
Password:
cuitfirewall# conf t
cuitfirewall(config)# int e0
cuitfirewall(config-if)# ip add 10.9.9.1 255.255.255.0
```

```
cuitfirewall(config-if)# no sh
cuitfirewall(config-if)# end
cuitfirewall# conf t
cuitfirewall(config)# int e1
cuitfirewall(config-if)# ip add 192.168.9.1 255.255.255.0
cuitfirewall(config-if)# no sh
cuitfirewall(config-if)# end
cuitfirewall# conf t
cuitfirewall(config)# int e0
cuitfirewall(config-if)# nameif inside
INFO: Security level for "inside" set to 100 by default.
cuitfirewall(config-if)#
cuitfirewall(config-if)# end
cuitfirewall# conf t
cuitfirewall(config)# int e1
cuitfirewall(config-if)# nameif outside
INFO: Security level for "outside" set to 0 by default.
cuitfirewall(config-if)# end
cuitfirewall# conf t
cuitfirewall(config)# nat (inside) 101 10.9.9.0 255.255.255.0
cuitfirewall(config)# global (outside) 101 192.168.9.101 netmask 255.255.255.255
INFO: Global 192.168.9.101 will be Port Address Translated
cuitfirewall(config)# end
cuitfirewall# wr
Building configuration...
Cryptochecksum: 5474d8a8 6437693a 730ccd8e 8f14f397
1633 bytes copied in 1.780 secs (1633 bytes/sec)
[OK]
cuitfirewall(config)# route outside 0 0 10.9.9.1
```

5. 防火墙配置显示

查看防火墙配置文件,使用 show 命令,其格式和内容如下所示:

```
cuitfirewall# show config
: Saved
: Written by enable_15 at 03:50:37.847 UTC Thu Mar 3 2022
!
PIX Version 8.0(2)
!
hostname cuitfirewall
enable password 8Ry2YjIyt7RRXU24 encrypted
names
!
interface Ethernet0
 nameif inside
 security-level 100
 ip address 10.9.9.1 255.255.255.0
!
```

```
interface Ethernet1
 nameif outside
 security-level 0
 ip address 192.168.9.1 255.255.255.0
!
interface Ethernet2
 shutdown
 no nameif
 no security-level
 no ip address
!
interface Ethernet3
 shutdown
 no nameif
 no security-level
 no ip address
!
interface Ethernet4
 shutdown
 no nameif
 no security-level
 no ip address
!
passwd 2KFQnbNIdI.2KYOU encrypted
ftp mode passive
access-list 100 extended permit icmp any any echo-reply
access-list 100 extended permit icmp any any echo
pager lines 24
logging enable
logging console debugging
mtu inside 1500
mtu outside 1500
icmp unreachable rate-limit 1 burst-size 1
no asdm history enable
arp timeout 14400
global (outside) 101 192.168.9.101 netmask 255.255.255.255
nat (inside) 101 10.9.9.0 255.255.255.0
access-group 100 in interface outside
route outside 0.0.0.0 0.0.0.0 10.9.9.1 1
timeout xlate 3:00:00
timeout conn 1:00:00 half-closed 0:10:00 udp 0:02:00 icmp 0:00:02
timeout sunrpc 0:10:00 h323 0:05:00 h225 1:00:00 mgcp 0:05:00 mgcp-pat 0:05:00
timeout sip 0:30:00 sip_media 0:02:00 sip-invite 0:03:00 sip-disconnect 0:02:00
timeout uauth 0:05:00 absolute
dynamic-access-policy-record DfltAccessPolicy
no snmp-server location
no snmp-server contact
snmp-server enable traps snmp authentication linkup linkdown coldstart
no crypto isakmp nat-traversal
```

```
telnet timeout 5
ssh timeout 5
console timeout 0
threat - detection basic - threat
threat - detection statistics access - list
!
!
prompt hostname context
Cryptochecksum:18fd9df96c1376a465ac76945f25cae0
```

完成上述配置后，验证网络通信是否可以穿越防火墙。路由器 R2 可以远程 telnet 路由器 R1，输入正确密码后如下所示：

```
R2 # telnet 192.168.9.2
Trying 192.168.9.2 ... Open
User Access Verification
Password:
R1 > en
Password:
R1 #
```

★本章小结★

本章介绍了防火墙的不同安全区域之间是如何进行网络通信的，IP 数据包是如何从端到端流动的，从而理解防火墙对网络流的保护。通过回顾主要的 TCP/IP 传输协议，理解防火墙如何处理安全级别高的区域向安全级别低的区域进行数据传送的过程，以及安全级别低的区域向安全级别高的区域进行数据传送的过程。主要阐述了防火墙网络地址转换、该技术的安全特性和配置命令，以及普通用户和服务器如何选择网络地址转换的方式，还介绍了 pat 命令和 nat 命令的区别、使用方法和应用场景。最后，通过二接口实训任务，复习前面章节介绍的技术原理，为后续学习奠定了实验基础。

复习题

1. 动态地址转换和静态地址转换的应用场景分别是什么？
2. nat 命令和 pat 命令使用区别是什么？
3. 入站和出站时默认的访问控制策略是什么，何种情况配合使用 ACL？
4. 如何穿越防火墙，有哪些情况？

第6章

访问控制列表

本章要点

◆ 理解防火墙是用来保护网络免受来自外部或内部的威胁，防火墙通过管控接口的流量来实现功能。

◆ 理解访问控制列表的对象分组特性，针对服务器数量、服务种类增加，导致 ACL 数量成倍增长的问题，如何通过配置防火墙的对象分组功能，降低 ACL 创建数量、维护复杂性和安全隐患。

◆ 掌握 ACL 配置方法，阻止从防火墙安全级别高的区域到防火墙安全级别低的区域，设置防火墙有选择地拒绝出站流量穿越防火墙。

◆ 掌握 ACL 配置方法，允许从防火墙安全级别低的区域到防火墙安全级别高的区域，设置防火墙有选择地允许入站流量穿越防火墙。

6.1 ACL 命令

防火墙流量过滤只关注第一个初始化的数据包，而非响应包。防火墙接口没有绑定 ACL 时，出站流量默认是放行，入站流量默认是拒绝。那么，拒绝默认可以出站的流量，放行默认不能入站的流量，就需要通过配置访问控制列表(Access Control List，ACL)实现流量过滤。流量都是从防火墙的一端到另一端，两端安全区域级别的高低是相对的，防火墙区分流入和流出的方向，挂接到流入接口实现流量管控，据此总结 ACL 使用规则如下。

(1) **流出**：指流量方向是从高安全区域到低安全区域，默认允许出站，使用 ACL 拒绝出站流量，管控的地址是高安全区域的地址，nat 命令转换前的内部网络地址。

(2) **流入**：指流量方向是从低安全区域到高安全区域，默认拒绝入站，使用 ACL 允许入站流量，管控的地址是低安全区域的地址和 nat 命令转换后的外部网络地址。

6.2 access-list 命令

流量入站和出站的管控，需要使用成对 access-list 命令和 access-group 命令来实现。其中，使用 access-list 命令创建访问控制规则的内容，使用 access-group 命令绑定到防火墙特定的一个接口上，每个防火墙的接口有且仅有一个绑定的 ACL，每个 ACL 可以有很多访问控制规则的条目。防火墙安全策略的配置原理是基于接口的，ACL 与路由器不同的是只关注接口收到的第一个数据包，根据 ACL 的条目决定是允许还是拒绝数据包。

如图 6.1 所示，对于防火墙出站接口 in 和入站接口 out 而言，都是接收数据包的接口。

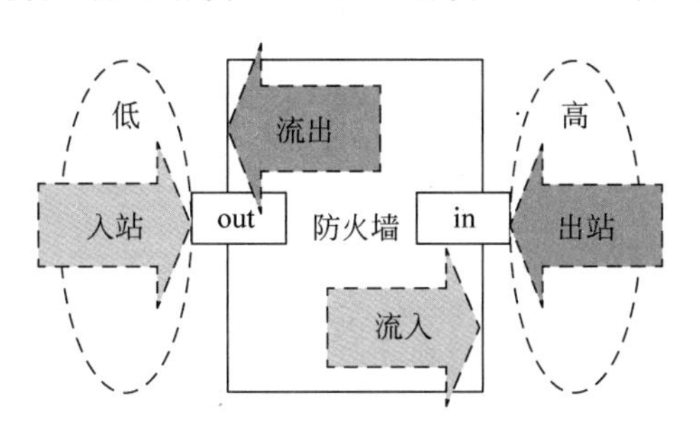

图 6.1　入站和出站示意图

可见，配置入站的访问控制策略需要将 ACL 挂接到 out 接口，而配置出站的访问控制策略需要将 ACL 挂接到 in 接口。access-list 命令如下所示：

```
access-list acl_id [line line-num] deny | permit protocol source_addr source_mask [operator
[port]] destination_addr destination_mask operator [port]
```

ICMP 的 ACL 命令如下所示：

```
access-list acl_id [line line-num] deny | permit icmp source_addr source_mask [operator
[port]] destination_addr destination_mask  [icmp_type]
```

当源地址、目的地址不是网络地址而是单个地址时，可以用 host 关键字标明，access-list 命令参数说明，如表 6.1 所示。

表 6.1　access-list 命令参数说明

参　数	说　明
acl_id	ACL 的名称
line-num	用于指定 ACL 条目所在的行编号可选的关键字
line-num：	从 1 开始的行编号
deny	拒绝数据包通过 PIX 防火墙。除非明确指出允许访问，否则在缺省情况，PIX 防火墙将拒绝所有的入站数据包
permit	选择允许通过 PIX 防火墙的数据包
protocol	IP 协议的名称或协议号
source_addr	作为数据包发送源的主机或网络的地址
source_mask	如果源地址需要网络掩码时
operator	有效的操作符关键字有 lt、gt、eq、neq 和 range
port	允许或拒绝访问的服务
destination_addr	作为数据包接收端的主机或网络的地址
destination_mask	如果目的地址需要网络掩码时
icmp_type	允许或拒绝访问的 ICMP 消息类型
remark	添加到 ACL 中的注释
text	用于 remark 注释的正文

access-list 其他命令参数说明如表 6.2 所示。

表 6.2　access-list 其他命令参数说明

参　　数	说　　明
access-list acl_id [line line-num] remark text	备注说明
show access-list	显示访问控制列表内容
clear access-list [acl_id]	从配置删除所有或者指定条目的 ACL 列表的内容
no access-list [acl_id]	删除指定条目的 ACL

示例 6.1：实现外部用户访问 DMZ 的 Web 服务器，如图 6.2 所示。

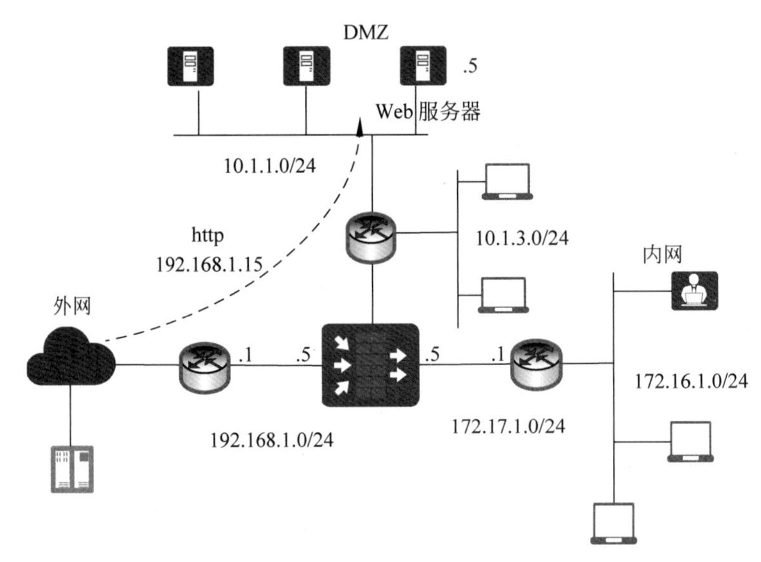

图 6.2　允许到 DMZ 的 Web 服务器访问

外网访问 DMZ 属于从低到高入站流量，默认拒绝。下列步骤完成后允许入站流量。

(1) 服务器允许对外访问，采用静态地址转换。

```
# static (DMZ,outside) 192.168.1.15 10.1.1.5 netmask 255.255.255.255
```

(2) 配置放行的访问控制策略，允许访问服务器，使用地址是接收数据包接口 outside 可见地址，nat 转换后的地址 192.168.1.15。

```
# access - list acl1 permit tcp any host 192.168.1.15 eq www
```

(3) 绑定接口，这里接收数据包的接口是 outside。

```
# access - group acl1 in interface outside
```

示例 6.2：创建名为 acl1 的 ACL，接口 inside 拒绝从 172.16.1.0/24 网络使用端口号大于 1543 的 TCP 协议访问主机 192.168.1.115。

```
# access - list acl1 deny tcp 172.16.1.0 255.255.255.0 host 192.168.1.115 gt 1543
# access - group acl1 in interface inside
```

示例 6.3：创建指定行号的控制列表。添加一条名称为 acl1 的 ACL 条目，指定行数是第 4，原先的 ACL 条目下移。

```
# access - list acl1 line 4 permit tcp any host 192.168.1.15 eq www
```

示例 6.4：添加控制列表备注信息。名称为 acl1 的 ACL 条目，第 1 行添加备注信息。

```
cuitfirewall(config) # access - list acl1 line 1 remark web server http access - list
```

6.3　access-group 命令

访问控制列表的安全策略，需要通过 access-group 命令一起使用才可生效。而且，防火墙上的一个接口上只能绑定一个 ACL。防火墙上配置的 ACL 用来控制该接口的入站流量，没有出站 ACL。因此，这个命令使用难点是区分清楚接收数据包的接口及其可见地址，access-group 命令参数说明见表 6.3。

表 6.3　access-group 命令参数说明

参　　数	说　　明
accesg-group acl_id in interface interface_name	绑定一个 ACL 到一个接口
show access-group acl_id in interface interface_name	显示当前绑定在接口的 ACL
clear access-group acl_id in interface interface_name	删除 acl_id 标识的 ACL 中的所有条目
no access-group acl_id in interface interface_name	解除绑定在接口上 acl_id 标识的 ACL

防火墙根据入站时这个接口的访问控制列表的条目，对数据包进行过滤，那么没有匹配到的就拒绝入站。

示例 6.5：企业网络划分为了 2 个安全区域 A 和 B，区域 B 的安全级别高于区域 A。请配置安全策略，使 A 区网络上的用户可以访问 B 区网络上的 FTP 服务器和 mail 服务器。不允许 A 区网络上的用户通过 http 访问 B 区网络上的主机，但是允许来自 A 区网络上的其他所有 http 流量，如图 6.3 所示。

(1) 配置动态地址转换，使 A 区网络用户可以访问外部网络。

```
# nat (insideA)1 0 0
# global (outside)1 192.168.1.20 - 192.168.1.254 netmask 255.255.255.0
```

(2) 配置静态地址转换，使服务器允许对外访问。

```
# static(insideB,insideA)172.15.1.11 10.1.1.4 netmask 255.255.255.255
# static(insideB,insideA)172.15.1.13 10.1.1.5 netmask 255.255.255.255
```

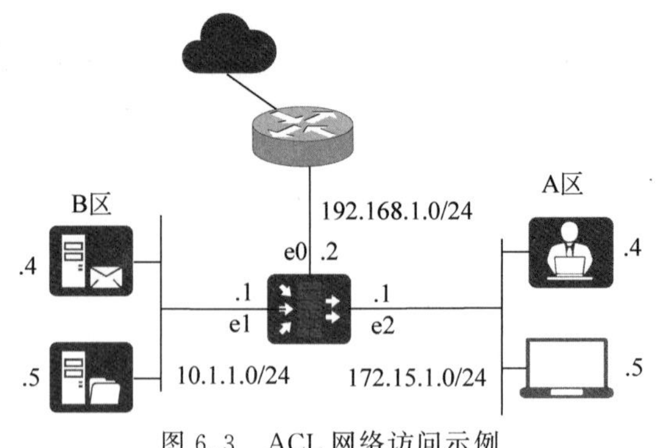

图 6.3 ACL 网络访问示例

(3) 配置放行的访问控制策略,允许访问 2 个服务器,禁止 A 区网络用户通过 http 访问 B 区网络上的主机,允许 A 区网络用户其他 http 访问。

```
# access - list acl3 permit tcp 172.15.1.0 255.255.255.0 host 172.15.1.11 eq ftp
# access - list acl3 permit tcp 172.15.1.0 255.255.255.0 host 172.16.0.13 eq smtp
# access - list acl3 deny tcp 172.15.1.0 255.255.255.0 10.1.1.0 255.255.255.0 eq www
# access - list acl3 permit tcp 172.15.1.0 255.255.255.0 any eq www
```

(4) 配置访问控制列表实施安全策略的接口,防火墙安全策略的配置原理是基于接口的,上述 ACL 都是关于 A 区网络的,直连的防火墙接口是 insideA。

```
# access - group acl3 in interface insideA
```

6.4 对象组概念

对象分组这一特性允许主机、服务等进行分组,以简化 ACL 的创建和使用。尤其是安全策略较为复杂时,对象分组可以大大减少 ACL 配置的数量。将对象分组应用到配置命令中,等同于一条命令应用到该对象分组的所有元素。例如,在组 group1 中包含了主机 10.1.1.11、主机 10.1.2.11 和网络 10.0.0.0,一条 ACL 命令中使用了组 group1,等同于使该组中的 2 个主机和网段 10.0.0.0 都执行该 ACL。

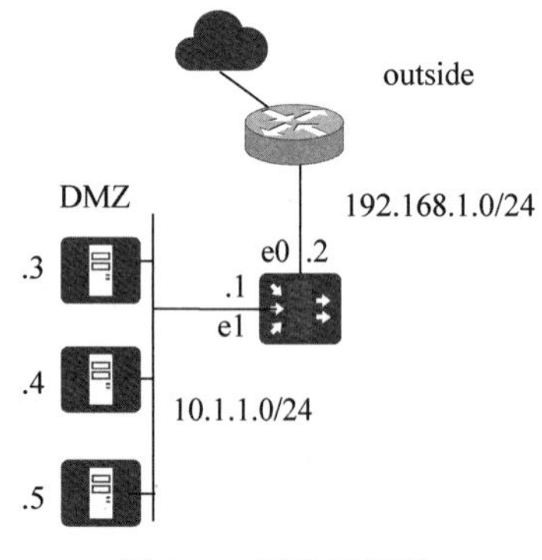

图 6.4 网络示例图

示例 6.6:配置访问控制列表,允许外部用户访问 dmz 的 3 台服务器上开放的 2 个服务,如图 6.4 所示。

当不利用对象分组进行配置时,3 台主机都部署 2 个服务,允许对外访问,要配置 6 条 acl 记录。那么,随着网络环境变复杂,设备、应用服务持续增长,防火墙中要配置的 acl 记录数剧增,安全策略之间的关系必定错综复杂难以维护。配置命令如下所示:

```
# access - list acl4 permit tcp any host 192.168.1.3 eq http
# access - list acl4 permit tcp any host 192.168.1.3 eq ftp
```

```
# access - list acl4 permit tcp any host 192.168.1.4 eq http
# access - list acl4 permit tcp any host 192.168.1.4 eq ftp
# access - list acl4 permit tcp any host 192.168.1.5 eq http
# access - list acl4 permit tcp any host 192.168.1.5 eq ftp
```

利用对象分组时，object-group 命令如下所示：

```
object - group {protocol | network | service | icmp - type} grp_id
```

object-group 命令参数说明如表 6.4 所示。

表 6.4 object-group 命令参数说明

参　数	说　明
protocol	协议对象分组，例如 tcp、udp
network	网络对象分组，例如本地 IP 地址、子网掩码
service	服务对象分组，例如 port 参数
icmp-type	ICMP 对象分组，例如 echo、echo-reply

需要通过主命令 object-group 指明对象分组的类型，进入子命令模式后创建具体的对象组。以下对每种类型的对象分组，包括网络、服务、协议，以及 ICMP 类型的创建过程举例说明。

示例 6.7：配置网络对象。

```
# object - group network network_grp1
# network - object host 192.168.1.13
# network - object host 192.168.1.14
# network - object host 192.168.1.15
```

示例 6.8：配置服务对象。

```
# object - group service service_grp1 tcp
# port - object eq http
# port - object eq ftp
```

示例 6.9：ACL 中使用对象组。

```
# access - list outside permit tcp any object - group network_grp1 object - group service_grp1
```

6.5 防火墙三接口配置实训

6.5.1 实验目的与任务

1. 实验目的

通过该实验了解 PIX 防火墙的软硬件组成结构，掌握 PIX 防火墙的工作模式，熟悉基本命令，掌握防火墙的动态、静态地址映射技术，掌握访问控制列表配置，熟悉PIX防火墙在小型局域网中的应用。实验需要PIX防火墙1台，路由器3台，网络连接线若干。

2. 实验任务

本实验主要任务如下：

(1) 观察PIX防火墙的三接口硬件结构，掌握硬件连线方法；

(2) 查看PIX防火墙的软件信息，掌握软件的配置模式，熟悉掌握NAT、GLOBAL、STATIC、ACL等命令；

(3) 理解、应用防火墙配置时排查错误的方法及使用的命令；

(4) 了解PIX防火墙的基本命令及访问控制配置，能够实现相应3区域间的安全访问控制策略，满足终端用户访问不同网络区域、服务器开放等应用场景；

(5) 验证内网穿越防火墙与外网和DMZ网络通信的场景。理解不做网络地址转换、ACL功能与做了相关配置后，两者之间穿越防火墙的通信差异性。

6.5.2 实验拓扑图和设备接口

如图6.5所示，根据实验任务，规划设计实验的网络拓扑图。通过网络设备、路由器执行ping命令或telnet命令，发起位于防火墙不同安全区域网络设备间的通信，验证防火墙功能是否配置正确。

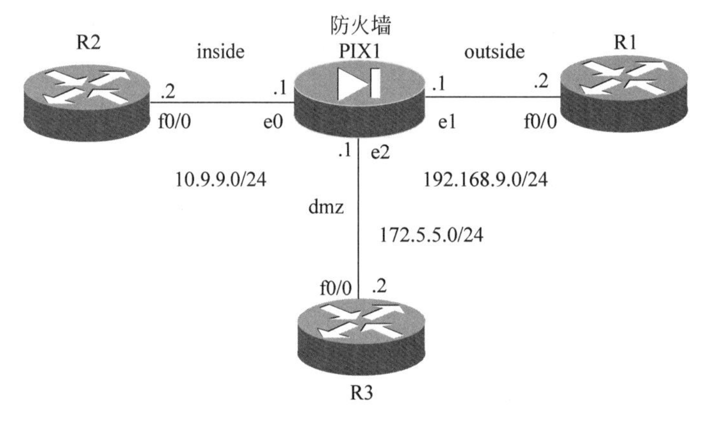

图6.5 防火墙三接口实验拓扑图

根据实验任务和实验拓扑图，为每个网络设备及其接口规划相关配置，防火墙PIX的配置信息如表6.5所示。

表6.5 防火墙PIX的配置信息

序号	interface	Type	nameif	Security level	IP Address
1	e0	☑physical☐logical	inside	100	10.9.9.1
2	e1	☑physical☐logical	outside	0	192.168.9.1
3	e2	☑physical☐logical	dmz	50	172.5.5.1

位于防火墙外部网络的路由器 R1 的配置信息如表 6.6 所示。

表 6.6 路由器 R1 的配置信息

序号	interface	IP Address
1	f0/0	192.168.9.2

位于防火墙内部网络的路由器 R2 的配置信息如表 6.7 所示。

表 6.7 路由器 R2 的配置信息

序　号	interface	IP Address
1	f0/0	10.9.9.2

位于防火墙 DMZ 区域的路由器 R3 的配置信息如表 6.8 所示。

表 6.8 路由器 R3 的配置信息

序　号	interface	IP Address
1	f0/0	172.5.5.2

6.5.3 实验步骤和命令

1. 防火墙策略基本命令

下面对实验中配置防火墙使用的主要命令进行说明。

```
# static (dmz,outside) 192.168.9.21 172.5.5.2
# access - list 101 extended permit icmp any any echo - reply
# access - list 101 permit tcp any host 192.168.9.21 eq 23
#access - group 101 in interface outside
# access - group 101 in interface dmz
```

第 1 条命令，配置静态地址转换，设置 outside 的 IP 地址为 192.168.9.21，设置 dmz 的 IP 地址为 172.5.5.2。

第 2 条命令，创建 ACL，放行 ping 命令回显数据包，标识 ID 为 101。

第 3 条命令，创建 ACL，放行所有到目的主机 192.168.9.21 且端口号为 23 的 TCP 协议数据包，标识 ID 为 101。

第 4 条命令，接口 outside 绑定标识为 101 的 ACL。

第 5 条命令，接口 dmz 绑定标识为 101 的 ACL。

2. 路由器 R1 的配置

路由器 R1 的配置信息包括接口、路由和密码访问配置，用于验证网络通信是否符合预期，命令如下所示：

```
R1(config)# int f0/0
R1(config - if)# ip add 192.168.9.2 255.255.255.0
```

```
R1(config-if)#no sh
R1(config-if)#exit
R1(config)#ip route 0.0.0.0 0.0.0.0 192.168.9.1
R1(config)#end
R1#conf t
R1(config)#line vty 0 4
R1(config-line)#password cisco
R1(config-line)#enable password cisco
R1(config)#end
```

3. 路由器 R2 的配置

路由器 R2 的配置信息包括接口、路由配置，用于验证网络通信是否符合预期，命令如下所示：

```
R2#conf t
R2(config)#int f0/0
R2(config-if)#ip add 10.9.9.2 255.255.255.0
R2(config-if)#no sh
R2(config-if)#exit
R2(config)#ip route 0.0.0.0 0.0.0.0 10.9.9.1
R2(config)#end
R2#show ip int br
R2#show ip route
```

4. 路由器 R3 的配置

路由器 R3 的配置信息包括接口、路由和密码访问配置，用于验证网络通信是否符合预期，命令如下所示：

```
R3#conf t
R3(config)#int f0/0
R3(config-if)#ip add 172.5.5.2 255.255.255.0
R3(config-if)#no sh
R3(config-if)#exit
R3(config)#ip route 0.0.0.0 0.0.0.0 172.5.5.1
R3(config)#end
R3#show ip int br
R3#show ip route
R3(config)#line vty 0 4
R3(config-line)#password cisco
R3(config-line)#enable password cisco
R3(config)#end
R3#show user
    Line       User       Host(s)              Idle       Location
*   0 con 0               idle                 00:00:00
130 vty 0                 idle                00:00:18 192.168.9.2
  Interface      User        Mode                     Idle      Peer Address
```

5. 防火墙配置

防火墙接口的配置命令此处省略，下面主要是展示 show 命令的使用，如下所示：

```
cuitfirewall(config)# nat (inside) 11 10.9.9.0 255.255.255.0
cuitfirewall(config)# global (outside) 11 192.168.9.5 - 192.168.9.15 netmask 255.255.
255.0
cuitfirewall(config)# show run nat
nat (inside) 11 10.9.9.0 255.255.255.0
cuitfirewall(config)# show run global
global (outside) 11 192.168.9.5 - 192.168.9.15 netmask 255.255.255.0
cuitfirewall(config)# global (dmz) 11 172.5.5.5 - 172.5.5.15 netmask 255.255.255.0
cuitfirewall(config)# show run global
global (outside) 11 192.168.9.5 - 192.168.9.15 netmask 255.255.255.0
global (dmz) 11 172.5.5.5 - 172.5.5.15 netmask 255.255.255.0
cuitfirewall(config)# static (dmz,outside) 192.168.9.21 172.5.5.2
cuitfirewall(config)# show run static
static (dmz,outside) 192.168.9.21 172.5.5.2 netmask 255.255.255.255
cuitfirewall(config)# show interface ip br
Interface              IP - Address     OK? Method Status                 Protocol
Ethernet0                10.9.9.1         YES manual up                     up
Ethernet1                192.168.9.1      YES manual up                     up
Ethernet2                172.5.5.1        YES manual up                     up
Ethernet3                unassigned       YES unset  administratively down up
Ethernet4                unassigned       YES unset  administratively down up
cuitfirewall(config)# access - list 101 extended permit icmp any any echo - reply
cuitfirewall(config)# show access - list
access - list cached ACL log flows: total 0, denied 0 (deny - flow - max 4096)
            alert - interval 300
access - list 101; 1 elements
access - list 101 line 1 extended permit icmp any any echo - reply (hitcnt = 3) 0x30901cd
cuitfirewall(config)# access - list 101 permit tcp any host 192.168.9.21 eq 23
cuitfirewall(config)# show access - list
access - list cached ACL log flows: total 0, denied 0 (deny - flow - max 4096)
            alert - interval 300
access - list 101; 2 elements
access - list 101 line 1 extended permit icmp any any echo - reply (hitcnt = 3) 0x30901cd
access - list 101 line 2 extended permit tcp any host 192.168.9.21 eq telnet (hitcnt =
0) 0x17597d2
cuitfirewall(config)# access - group 101 in interface outside
cuitfirewall(config)# show run access - group
access - group 101 in interface outside
cuitfirewall(config)# access - group 101 in interface dmz
cuitfirewall(config)# show run access - group
access - group 101 in interface outside
access - group 101 in interface dmz
```

6. 防火墙配置显示

通过命令 show 可查看防火墙配置信息，查验命令是否配置成功，相关配置的显示格式和内容如下所示：

```
cuitfirewall# show config
: Saved
: Written by enable_15 at 08:43:57.316 UTC Thu Mar 3 2022
!
PIX Version 8.0(2)
!
hostname cuitfirewall
enable password 8Ry2YjIyt7RRXU24 encrypted
names
!
interface Ethernet0
 nameif inside
 security-level 100
 ip address 10.9.9.1 255.255.255.0
!
interface Ethernet1
 nameif outside
 security-level 0
 ip address 192.168.9.1 255.255.255.0
!
interface Ethernet2
 nameif dmz
 security-level 50
 ip address 172.5.5.1 255.255.255.0
!
interface Ethernet3
 shutdown
 no nameif
 no security-level
 no ip address
!
interface Ethernet4
 shutdown
 no nameif
 no security-level
 no ip address
!
passwd 2KFQnbNIdI.2KYOU encrypted
ftp mode passive
access-list 101 extended permit icmp any any echo-reply
access-list 101 extended permit tcp any host 192.168.9.21 eq telnet
pager lines 24
mtu inside 1500
mtu outside 1500
mtu dmz 1500
icmp unreachable rate-limit 1 burst-size 1
no asdm history enable
```

```
arp timeout 14400
nat (inside) 11 10.9.9.0 255.255.255.0
global (outside) 11 192.168.9.5 - 192.168.9.15 netmask 255.255.255.0
global (dmz) 11 172.5.5.5 - 172.5.5.15 netmask 255.255.255.0
static (dmz,outside) 192.168.9.21 172.5.5.2 netmask 255.255.255.255
access - group 101 in interface outside
access - group 101 in interface dmz
timeout xlate 3:00:00
timeout conn 1:00:00 half - closed 0:10:00 udp 0:02:00 icmp 0:00:02
timeout sunrpc 0:10:00 h323 0:05:00 h225 1:00:00 mgcp 0:05:00 mgcp - pat 0:05:00
timeout sip 0:30:00 sip_media 0:02:00 sip - invite 0:03:00 sip - disconnect 0:02:00
timeout uauth 0:05:00 absolute
dynamic - access - policy - record DfltAccessPolicy
no snmp - server location
no snmp - server contact
snmp - server enable traps snmp authentication linkup linkdown coldstart
no crypto isakmp nat - traversal
telnet timeout 5
ssh timeout 5
console timeout 0
threat - detection basic - threat
threat - detection statistics access - list
!
!
prompt hostname context
Cryptochecksum:ce06dee40e1e0a8b2f85ec5f304887a6
```

完成上述配置后，验证下列网络通信是否可以穿越防火墙。内网路由器 R2 可以 ping 通外网路由器 R1，结果如下所示：

```
R2 # ping 192.168.9.2
Type escape sequence to abort.
Sending 5,100 - byte ICMP Echos to 192.168.9.2,timeout is 2 seconds:
!!!!!
Success rate is 100 percent (5/5), round - trip min/avg/max = 20/27/40 ms
```

内网路由器 R2 可以 telnet 到外网路由器 R1，结果如下所示：

```
R2 # telnet 192.168.9.2
Trying 192.168.9.2 ... Open
User Access Verification
Password:
R1 > en
Password:
R1 #
```

防火墙内网路由器 R2 可以 telnet 到防火墙 DMZ 区域的路由器 R3，结果如下所示：

```
R2#telnet 172.5.5.2
Trying 172.5.5.2 ... Open
User Access Verification
Password:
R3>en
Password:
R3#
```

防火墙内网路由器 R2 可以 ping 通防火墙 DMZ 区域的路由器 R3，结果如下所示：

```
R2#ping 172.5.5.2
Type escape sequence to abort.
Sending 5,100-byte ICMP Echos to 172.5.5.2,timeout is 2 seconds:
!!!!!
Success rate is 100 percent (5/5), round-trip min/avg/max = 20/27/40 ms
```

★本章小结★

本章介绍了防火墙的访问控制列表技术和配置命令。阐述了防火墙默认放行、拒绝的网络流量方向，以及如何通过配置 ACL，放行默认拒绝的网络流、拒绝默认放行的网络流的方法和步骤。本章内容是防火墙技术应用的基础和核心，后续防火墙的功能和实训配置都会涉及 ACL 的正确理解和应用。

针对随着服务器数量、服务种类的增加，ACL 数量成倍增长带来的管理、维护和安全隐患问题，介绍了通过网络对象、服务对象、协议对象和 ICMP 信息类型对象进行分组，来减小实施安全策略时所需要执行的 ACL 数量。使用 object-group 命令实现对象分组操作，分类定义对象分组的成员后，实现了 ACL 模块化配置，带来了管理和维护的灵活性。

复习题

1. 访问控制列表的应用场景是什么？
2. 如何判断 access-group 命令应用到哪个防火墙接口？
3. 防火墙的 ACL 针对的源和目的地址的表示方式有哪些？请举例说明。

第7章

系 统 日 志

本章要点

- ◆ 掌握防火墙系统日志的概念、分类和功能。
- ◆ 了解防火墙设备通过日志记录自身网络行为的过程。
- ◆ 了解日志软件收集的防火墙审计信息的内容和格式。
- ◆ 掌握防火墙启用系统日志的配置步骤。

日志服务器

7.1 安全事件

7.1.1 安全事件概要

通过防火墙对网络流量进行监视记录，感知网络稳定性，识别网络攻击，这是一种很重要的安全防御手段。那么，对防火墙内部运行情况及时掌握和分析就显得至关重要了。防火墙日志就提供了这一功能，记录防火墙的状态信息，利用这些消息监控防火墙对网络管控的操作。根据应用场景的需求配置防火墙日志，有目的地对系统消息进行收集、存档和分析。防火墙日志是由系统事件触发产生的，例如：资源耗尽。系统日志可以直接显示于控制台上，并可保存到内存、发送到远程的日志服务器，以便后续可以继续分析这些数据。

防火墙的系统日志根据安全事件的严重等级，将产生的消息划分为了 0～7 个日志级别，如表 7.1 所示。配置了收集系统日志的等级后，则不会收集来自更高等级的日志消息。如果当前日志级别配置为 5，则系统日志中不会出现日志级别为 6 或 7 的消息。

表 7.1 日志级别信息

日志级别	关键字	描述
0	紧急 Emergencies	系统不可用消息
1	告警 Alerts	应立即采取行动
2	严重的 Critical	存在临界状况
3	错误 Errors	错误消息
4	警告 Warnings	警告信息
5	通知 Notifications	正常但特殊意义状态
6	信息 Informational	信息消息
7	调试 Debugging	调试消息和日志

安全管理员可以根据需求选择收集的日志级别，选择日志级别高的消息可以减少消息数量和类型，但也可能漏掉有用的信息。系统日志的类别有四类，如表7.2所示。

表7.2 日志类型信息

消息类型	描述
安全	被丢弃的UDP数据包和被拒绝的TCP连接
资源	连接和翻译槽位耗尽的通知
系统	控制台和Telnet登录与退出，PIX防火墙何时重新启动
审计	每条连接传送的字节数

7.1.2 clock命令

时间是日志里一个关键信息，时间也是网络安全里面很重要的一个指标和参数。如果利用日志进行攻击事件溯源、重现攻击过程、采集电子证据，这一切均与时间有关，时间的准确与否无疑是分析攻击行为的关键点，尤其是跨系统、跨时区核实网络痕迹时极其重要，俗称对表。电影《我的祖国》中香港回归的一个情节，就是港警对表，控制旗帜升起的时间。

防火墙需要为每条系统日志打上时间标签，有两种不同的方法配置系统时间：手工设置和网络时间协议。

(1) 手工设置：根据时区设置时间和日期，时钟精度取决于硬件的精度。

(2) 网络时间协议(Network Time Protocol，NTP)：从NTP服务器获取时间。

将系统日志作为法律中的证据时，通常将时间都设置为协调世界时(Universal Time Coordinated，UTC)，中国时差是UTC+8。旨在让所有网络设备使用一个公共的时间参考点，所有日志的时间标签完全同步，而时间同步是日志分析中最重要的事情。

定义时区命令的语法如下：

```
# clock timezone zone-name hours [minutes]
```

示例7.1：定义时区。

```
# clock timezone UTC-8
```

设置防火墙时钟的语法如下：

```
# clock set hh:mm:ss {day month I month day} year
```

时钟验证命令的语法如下：

```
# show clock [detail]
```

7.2 日志信息及配置

安全管理员可以通过收集到的日志信息分析数据，以发现不期望的事件或行为动态。日志信息主要包括以下内容。

(1) 策略验证：发现遗留在安全策略外的漏洞，核查可直接访问到关键服务器和内部网络连接中，是否有不该放行的连接，是否有拒绝的连接，从而补全完善安全策略。

(2) 安全级别：发现对防火墙的攻击。

(3) 管理员活动：记录登录防火墙的用户及其命令使用情况，保存审计线索。

(4) 用户活动：记录防火墙所验证的用户和通过验证用户的活动，保存普通用户审计线索。

(5) 网络连接：记录每个网络建立和断开的连接，以及持续时间和使用的流量。

(6) 使用协议：记录每个网络连接的协议和端口号。

(7) 入侵检测系统的活动：可以配置 IDS 记录所发生的网络攻击。

(8) 地址转换审计：记录使用的网络地址转换(NAT)、端口地址转换(PAT)。记录建立、删除的地址转换。用于应对还原可能出现的内部网络对外攻击，还原出执行时间和转换地址的内部用户。

如图 7.1 所示，日志数据包括了日期、时间、日志等级、设备 IP 地址和消息。其中，消息数据项包括日志标识和消息内容。消息文本是记录防火墙系统消息的事件、环境的描述文本，文本格式是消息 ID，并以%PIX-、%ASA-和%FWSM-等设备类型开头。

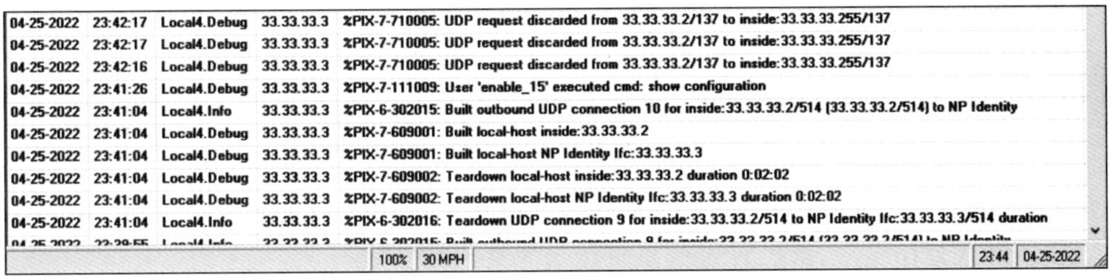

04-25-2022	23:42:17	Local4.Debug	33.33.33.3	%PIX-7-710005: UDP request discarded from 33.33.33.2/137 to inside:33.33.33.255/137
04-25-2022	23:42:17	Local4.Debug	33.33.33.3	%PIX-7-710005: UDP request discarded from 33.33.33.2/137 to inside:33.33.33.255/137
04-25-2022	23:42:16	Local4.Debug	33.33.33.3	%PIX-7-710005: UDP request discarded from 33.33.33.2/137 to inside:33.33.33.255/137
04-25-2022	23:41:26	Local4.Debug	33.33.33.3	%PIX-7-111009: User 'enable_15' executed cmd: show configuration
04-25-2022	23:41:04	Local4.Info	33.33.33.3	%PIX-6-302015: Built outbound UDP connection 10 for inside:33.33.33.2/514 (33.33.33.2/514) to NP Identity
04-25-2022	23:41:04	Local4.Debug	33.33.33.3	%PIX-7-609001: Built local-host inside:33.33.33.2
04-25-2022	23:41:04	Local4.Debug	33.33.33.3	%PIX-7-609001: Built local-host NP Identity Ifc:33.33.33.3
04-25-2022	23:41:04	Local4.Debug	33.33.33.3	%PIX-7-609002: Teardown local-host inside:33.33.33.2 duration 0:02:02
04-25-2022	23:41:04	Local4.Debug	33.33.33.3	%PIX-7-609002: Teardown local-host NP Identity Ifc:33.33.33.3 duration 0:02:02
04-25-2022	23:41:04	Local4.Info	33.33.33.3	%PIX-6-302016: Teardown UDP connection 9 for inside:33.33.33.2/514 to NP Identity Ifc:33.33.33.3/514 duration

100% 30 MPH 23:44 04-25-2022

图 7.1 Kiwi 日志内容

默认情况下是禁用系统日志功能的，启用防火墙的日志功能需使用 logging on 命令实现。要将日志信息发送到远程日志服务器时，使用 logging host 命令配置服务器地址，指定系统日志服务器的 IP 地址，指定协议和端口。命令语法格式如下：

```
logging host if_ name | ip_address [protocol/port]
```

日志信息的数据传输可以选择 UDP 或 TCP 协议，二者使用的端口号不同。通常采用的软件是 Kiwi Syslog。

配置防火墙收集的系统日志的安全级别，使用 logging trap 命令实现。小于等于这个级别的系统日志消息会发送到系统日志服务器。命令语法格式如下：

```
logging trap level
```

为系统日志的每条记录打上时间标签，使用 logging timestamps 命令实现，可以使用内部时钟。使用前面介绍的 clock 相关命令，还可以将时钟设置为 UTC，以维持跨越多个时区的日志时间的一致性。命令语法格式如下：

```
logging timestamps
```

示例 7.2：配置系统日志，要求日志级别启用 4，时间戳采用内部时钟，并将日志信息发送到内部服务器 10.1.1.113，命令语法格式如下：

```
# logging host inside 10.1.1.113
# logging trap warnings
# logging timestamp
# logging on
```

防火墙不仅可以将日志信息发送到远程服务器，还可以显示到控制台，保存到本地内存，同时收集备份防火墙的日志信息。下面介绍相关的命令。

7.2.1 logging buffered 命令

将防火墙的系统日志消息保存到缓冲区，使用 logging buffered 命令实现，用 show logging 命令查看缓冲区中的日志，logging buffered 命令语法格式如下：

```
#logging buffered level
```

清除日志消息的缓冲区，使用 clear logging 命令实现，命令语法格式如下：

```
#clear logging
```

防火墙的日志缓冲区是循环使用的，新的消息被添加到缓冲区的末尾。缓冲区的容量有限，当缓冲区使用完毕，新的日志信息将覆盖原来的信息。

7.2.2 logging console 命令

将防火墙的系统日志消息显示到控制台，使用 logging console 命令实现，命令语法格式如下：

```
#logging console level
```

关闭控制台显示日志记录的功能，使用 no logging console 命令实现，命令语法格式如下：

```
no logging console
```

将结果显示到控制台会大量消耗硬件资源，尤其会降低防火墙数据处理的性能，因此，在实际生产环境中，不建议使用。

7.2.3 logging monitor 命令

使用 logging monitor 命令可实现将防火墙的系统日志消息发送到 Telnet 会话，命令语法格式如下：

```
logging monitor level
```

使用 no logging monitor 命令可实现防火墙停止向 Telnet 会话发送系统日志消息，命令语法格式如下：

```
no logging monitor
```

Telnet 会话是通过网络连接使用的，因此会大量占用带宽，实际生产环境中可能会丢失 Telnet 会话。

7.2.4 logging standby 命令

要将防火墙故障切换时的备用单元的日志信息也收集起来，使用 logging standby 命令实现，这个功能会使日志服务器收到两倍的数据，命令语法格式如下：

```
logging standby
```

禁用该功能，命令语法格式如下：

```
no logging standby
```

显示日志的命令语法格式如下：

```
show logging
```

7.3 防火墙日志配置实训

7.3.1 实验目的与任务

1. 实验目的

通过本实验掌握 PIX/ASA 防火墙日志服务的配置，熟悉日志信息的格式和内容。实验所需设备为防火墙 1 台，路由器 2 台，交换机 1 台，网络连接线若干，真机或虚拟机若干，并安装了日志服务软件 Kiwi。

2. 实验任务

本实验主要任务如下：

(1) 在虚拟机或真机上配置日志服务器；

(2) 在 PIX/ASA 防火墙上配置日志服务功能；

(3) 查看日志软件的信息，熟悉日志数据的格式和内容。

7.3.2 实验拓扑图和设备接口

基于如图 7.2 所示的实验拓扑图，通过网络设备、路由器执行 ping 命令或 telnet 命令，发起位于防火墙不同安全区域网络设备的通信，验证防火墙功能是否配置正确，并为每个网络设备及其接口规划相关配置，如表7.3所示。

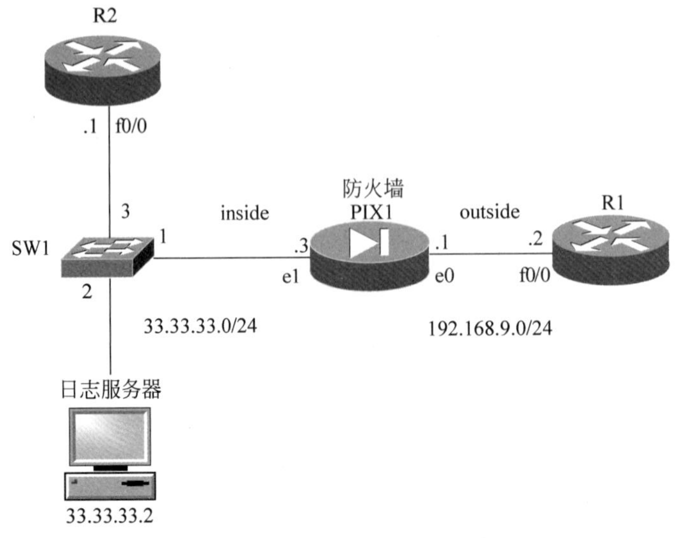

图7.2 防火墙日志配置实验拓扑图

表7.3 防火墙配置信息

序号	interface	Type	nameif	Security level	IP Address
1	e0	☑physical□logical	outside	0	192.168.9.1
2	e1	☑physical□logical	inside	100	33.33.33.3

位于防火墙外部网络的路由器R1的配置信息如表7.4所示。

表7.4 路由器R1的配置信息

序号	interface	IP Address
1	f0/0	192.168.9.2

位于防火墙内部网络的路由器R2的配置信息如表7.5所示。

表7.5 路由器R2的配置信息

序　　号	interface	IP Address
1	f0/0	33.33.33.1

位于防火墙内部网络，安装了Kiwi软件的真机的配置信息如表7.6所示。

表7.6 真机的配置信息

序　　号	interface	IP Address
1	环回网卡	33.33.33.2

7.3.3 实验步骤和命令

使用本机或虚拟机模拟日志服务器，需要先安装Kiwi软件，并启动后台服务，配置将日志信息显示或者保存到文件，安装文件如图 7.3 所示，接着根据如图 7.2 所示实验设计，配置防火墙和路由器。

kiwi_syslog_server（这个安装到服务器）.zip
REPT.lic.lic.lic
telnet_x64.exe
windows下搭建syslog服务器及基本配置 - 森林326 - 博客园.pdf

图 7.3 安装文件

1. 防火墙日志主要命令说明

下面对实验中配置防火墙使用的主要命令进行说明。

```
#logging host inside 33.33.33.2
#logging trap 3
#show logging
```

第 1 条命令，指定系统日志服务器的 IP 地址为 33.33.33.2，位于防火墙 inside 区域。

第 2 条命令，指定将日志级别 3 的消息发送到日志服务器。

第 3 条命令，显示系统日志配置信息。

2. 防火墙的配置

防火墙的配置信息主要包括接口、日志服务器信息和日志消息等，命令如下所示：

```
cuitfirewall> en
Password:
cuitfirewall# conf t
cuitfirewall(config)# int e0
cuitfirewall(config-if)# ip add 192.168.9.1 255.255.255.0
cuitfirewall(config-if)# no sh
cuitfirewall(config-if)# nameif outside
INFO: Security level for "outside" set to 0 by default.
cuitfirewall(config-if)# exit
cuitfirewall(config)# int e1
cuitfirewall(config-if)# ip add 33.33.33.3 255.255.255.0
cuitfirewall(config-if)# no sh
cuitfirewall(config-if)# nameif inside
INFO: Security level for "inside" set to 100 by default.
cuitfirewall(config-if)# end
cuitfirewall# wr
Building configuration...
Cryptochecksum: c4c1dad8 bdb5717b 64783471 9917277b

1441 bytes copied in 0.610 secs
[OK]
cuitfirewall# show int ip br
Interface                  IP-Address      OK? Method Status              Protocol
Ethernet0                  192.168.9.1     YES manual up                  up
```

```
Ethernet1                33.33.33.3       YES manual up                       up
Ethernet2                unassigned       YES unset  administratively down up
Ethernet3                unassigned       YES unset  administratively down up
Ethernet4                unassigned       YES unset  administratively down up
cuitfirewall# conf t
cuitfirewall(config)# logging host inside 33.33.33.2
cuitfirewall(config)# logging trap ?
configure mode commands/options:
  <0-7>              Enter syslog level (0 - 7)
  WORD             Specify the name of logging list
  alerts
  critical
  debugging
  emergencies
  errors
  informational
  notifications
  warnings
cuitfirewall(config)# logging trap 7
cuitfirewall(config)# logging on
cuitfirewall(config)# end
cuitfirewall# wr
Building configuration...
Cryptochecksum: 09751d70 b8ca5611 ee005306 cd37262a
1510 bytes copied in 0.660 secs
[OK]
cuitfirewall# ping 192.168.9.2
Type escape sequence to abort.
Sending 5, 100-byte ICMP Echos to 192.168.9.2, timeout is 2 seconds:
!!!!!
Success rate is 100 percent (5/5), round-trip min/avg/max = 10/16/30 ms
cuitfirewall# show int ip br
Interface                IP-Address       OK? Method Status                Protocol
Ethernet0                192.168.9.1      YES manual up                       up
Ethernet1                33.33.33.3       YES manual up                       up
Ethernet2                unassigned       YES unset  administratively down up
Ethernet3                unassigned       YES unset  administratively down up
Ethernet4                unassigned       YES unset  administratively down up
```

3. 防火墙配置显示

通过命令 show 可查看防火墙配置信息，并查验命令是否配置成功，相关配置的显示格式和内容如下所示：

```
cuitfirewall# show config
: Saved
: Written by enable_15 at 09:01:09.197 UTC Fri Mar 4 2022
!
PIX Version 8.0(2)
```

```
!
hostname cuitfirewall
enable password 8Ry2YjIyt7RRXU24 encrypted
names
!
interface Ethernet0
 nameif outside
 security-level 0
 ip address 192.168.9.1 255.255.255.0
!
interface Ethernet1
 nameif inside
 security-level 100
 ip address 33.33.33.3 255.255.255.0
!
interface Ethernet2
 shutdown
 no nameif
 no security-level
 no ip address
!
interface Ethernet3
 shutdown
 no nameif
 no security-level
 no ip address
!
interface Ethernet4
 shutdown
 no nameif
 no security-level
 no ip address
!
passwd 2KFQnbNIdI.2KYOU encrypted
ftp mode passive
pager lines 24
logging enable
logging trap debugging
logging host inside 33.33.33.2
mtu outside 1500
mtu inside 1500
icmp unreachable rate-limit 1 burst-size 1
no asdm history enable
arp timeout 14400
timeout xlate 3:00:00
timeout conn 1:00:00 half-closed 0:10:00 udp 0:02:00 icmp 0:00:02
timeout sunrpc 0:10:00 h323 0:05:00 h225 1:00:00 mgcp 0:05:00 mgcp-pat 0:05:00
timeout sip 0:30:00 sip_media 0:02:00 sip-invite 0:03:00 sip-disconnect 0:02:00
timeout uauth 0:05:00 absolute
```

```
dynamic-access-policy-record DfltAccessPolicy
no snmp-server location
no snmp-server contact
snmp-server enable traps snmp authentication linkup linkdown coldstart
no crypto isakmp nat-traversal
telnet timeout 5
ssh timeout 5
console timeout 0
threat-detection basic-threat
threat-detection statistics access-list
!
!
prompt hostname context
Cryptochecksum:09751d70b8ca5611ee005306cd37262a
```

4. 路由器 R1 的配置

路由器 R1 的配置信息包括接口、路由和密码访问配置，用于验证网络通信是否符合预期，命令如下所示：

```
R1#conf t
Enter configuration commands, one per line.  End with CNTL/Z.
R1(config)#int f0/0
R1(config-if)#ip add 192.168.9.2 255.255.255.0
R1(config-if)#no sh
R1(config-if)#ip route 0.0.0.0 0.0.0.0 192.168.9.1
R1(config)#end
R1#show ip int br
Interface                  IP-Address      OK? Method Status                Protocol
FastEthernet0/0            192.168.9.2     YES manual up                    up
R1#show ip route
Codes: C - connected, S - static, I - IGRP, R - RIP, M - mobile, B - BGP
       D - EIGRP, EX - EIGRP external, O - OSPF, IA - OSPF inter area
       N1 - OSPF NSSA external type 1, N2 - OSPF NSSA external type 2
       E1 - OSPF external type 1, E2 - OSPF external type 2, E - EGP
       i - IS-IS, su - IS-IS summary, L1 - IS-IS level-1, L2 - IS-IS level-2
       ia - IS-IS inter area, * - candidate default, U - per-user static route
       o - ODR, P - periodic downloaded static route
Gateway of last resort is 192.168.9.1 to network 0.0.0.0
C    192.168.9.0/24 is directly connected, FastEthernet0/0
S*   0.0.0.0/0 [1/0] via 192.168.9.1
R1#conf t
Enter configuration commands, one per line.  End with CNTL/Z.
R1(config)#line vty 0 4
R1(config-line)#password cisco
R1(config-line)#enable password cisco
R1(config)#end
```

5. 路由器 R2 的配置

路由器 R2 的配置信息包括接口、路由配置，用于验证网络通信是否符合预期，命令如下所示：

```
R2#conf t
Enter configuration commands, one per line.  End with CNTL/Z.
R2(config)#int f0/0
R2(config-if)#ip add 33.33.33.1 255.255.255.0
R2(config-if)#no sh
R2(config-if)#exit
R2(config)#ip route 0.0.0.0 0.0.0.0 33.33.33.3
R2(config)#end
R2#show ip int br
Interface                  IP-Address      OK? Method Status                Protocol
FastEthernet0/0            33.33.33.1      YES manual up                    up
R2#show ip route
Codes: C - connected, S - static, I - IGRP, R - RIP, M - mobile, B - BGP
       D - EIGRP, EX - EIGRP external, O - OSPF, IA - OSPF inter area
       N1 - OSPF NSSA external type 1, N2 - OSPF NSSA external type 2
       E1 - OSPF external type 1, E2 - OSPF external type 2, E - EGP
       i - IS-IS, su - IS-IS summary, L1 - IS-IS level-1, L2 - IS-IS level-2
       ia - IS-IS inter area, * - candidate default, U - per-user static route
       o - ODR, P - periodic downloaded static route
Gateway of last resort is 33.33.33.3 to network 0.0.0.0
     33.0.0.0/24 is subnetted, 1 subnets
C       33.33.33.0 is directly connected, FastEthernet0/0
S*    0.0.0.0/0 [1/0] via 33.33.33.3
R2#ping 33.33.33.2
Type escape sequence to abort.
Sending 5, 100-byte ICMP Echos to 33.33.33.2, timeout is 2 seconds:
!!!!!
Success rate is 100 percent (5/5), round-trip min/avg/max = 8/10/12 ms
R2#telnet 192.168.9.2
Trying 192.168.9.2 ... Open
User Access Verification
Password:
R1>exit
[Connection to 192.168.9.2 closed by foreign host]
R2#ping 33.33.33.2
Type escape sequence to abort.
Sending 5, 100-byte ICMP Echos to 33.33.33.2, timeout is 2 seconds:
!!!!!
Success rate is 100 percent (5/5), round-trip min/avg/max = 8/13/20 ms
R2#telnet 192.168.9.2
Trying 192.168.9.2 ... Open
User Access Verification
Password:
R1>exit
[Connection to 192.168.9.2 closed by foreign host]
```

6. 虚拟机配置

在本机或虚拟机上安装软件 Kiwi，主机配置路由 route add 192.168.9.0 mask 255.255.255.0 33.33.33.3，才可以远程访问路由器 R1，Telnet 192.168.9.2，通过 route print 打印路由信息，使用命令 ipconfig 查看 win10 网络配置。

完成上述配置后，通过路由器执行 ping 命令、telnet 命令，或者执行配置防火墙等操作进行验证。配置成功，在 Kiwi 日志软件中可以查看到与操作记录相关的日志信息，结果如图 7.4 所示。

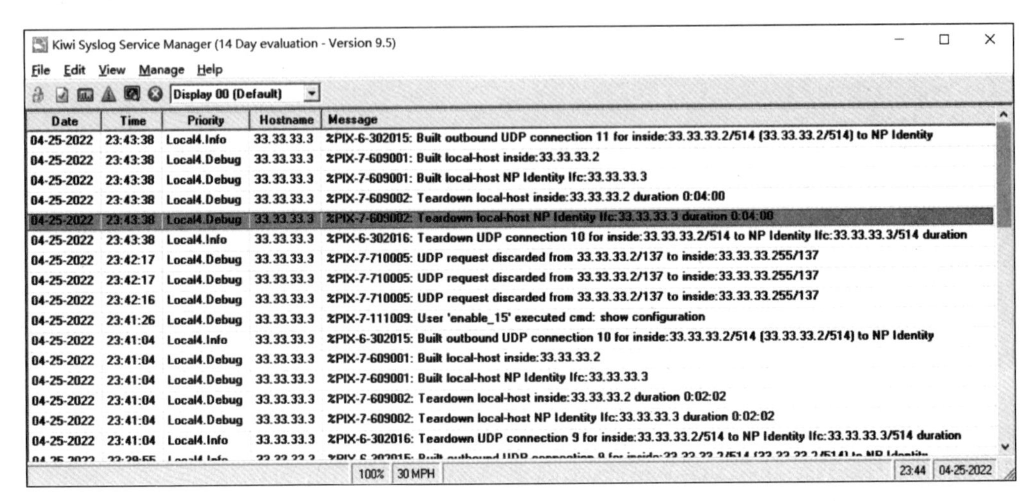

图 7.4 Kiwi 日志记录

★本章小结★

本章介绍了防火墙系统日志技术。在系统日志收集时，时间同步是一个很重要的步骤。防火墙记录自身网络行为的审计消息，包括系统允许、拒绝的流量类型和配置操作，以及用户访问过的网络资源等信息。默认情况下系统日志功能是禁用的，需要先通过命令启用该功能。日志信息发送到远程日志服务器，相较于其他方式，既可以保存日志数据，又不会过多占用防火墙硬件资源。

复习题

1. 系统日志的功能什么？
2. 不需要保存日志信息时，采用哪个日志命令合适？请简述理由。
3. 启用防火墙日志的核心命令包括哪些？

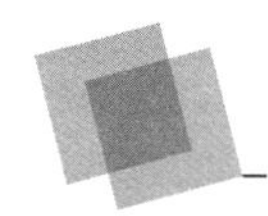

第8章

认证授权审计

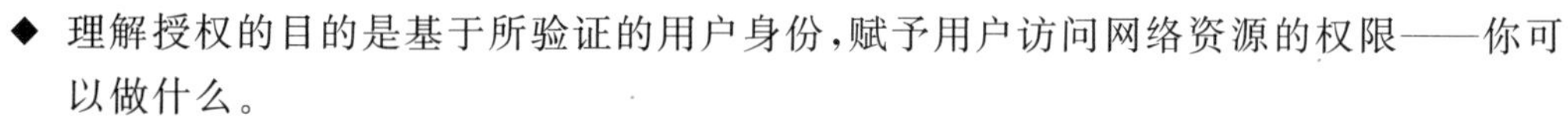

本章要点

◆ 理解 AAA 服务是提供到网络设备服务、防火墙和其他网络资源的安全访问。认证和授权能提供针对用户的安全访问，还提供网络设备之间、网络之间的安全访问。

◆ 理解认证的目的是验证试图穿越防火墙的用户的身份——你是谁。

◆ 理解授权的目的是基于所验证的用户身份，赋予用户访问网络资源的权限——你可以做什么。

◆ 理解审计的目的是跟踪、记录用户的网络行为——你做过了什么。

◆ 掌握防火墙 AAA 的概念、步骤和配置命令。

8.1 AAA 概述

防火墙默认情况下是拒绝入站流量，放行出站流量的。当网络通信时，要放行入站的流量，禁止出站的流量，则需要配置 ACL 实现，从而使符合地址、服务和端口等信息安全策略的通信可以正常进行，此时对流量监测的粒度较粗。AAA 服务将防火墙的监测粒度细化到了用户，提供了认证、授权和审计的功能。利用 AAA 服务可知道访问网络的用户是谁，用户可以做什么操作，以及用户操作的行为痕迹，还可以对用户的流量进行管控。

(1) 认证(Authentication)：用于确定访问网络的用户身份，通过账号和密码信息来验证。根据账号信息可以识别用户是谁。当用户通过身份认证后，服务器根据身份信息允许或拒绝相应的网络行为。

(2) 授权(Authorization)：用于确定用户进行网络访问的操作权限。用户认证通过，实现登录后，规定了该身份可以对服务、主机执行的操作，即规定了用户能做什么、不能做什么。

(3) 审计(Accounting)：用于记录用户对网络资源的操作行为。服务器跟踪用户的网络行为，记录并保存到数据库。这些信息可用于排查网络故障、计费、提供法律依据和分析规划使用。一个没有授权的用户，可以是一个通过认证的用户；但是，一个授权的用户，一定是通过认证的用户。

8.1.1 AAA 运作模式

配置一台部署了 AAA 服务的服务器,不仅降低了防火墙硬件资源的消耗,还利于安全策略的管理和维护,企事业单位内部进行统一账号认证、授权和审计,安全设备共享这些信息,也增加了系统的可扩展性。

当防火墙启用了 AAA 服务,通常的运作模式如下,这个处理过程是对用户透明的。首先,当用户请求访问一个网络服务时,防火墙位于用户和服务设备之间,作为内网和外网之间的边界设备截获请求,要求用户输入认证信息。其次,防火墙收到输入的账号和密码,传递给部署 AAA 服务的服务器,根据 AAA 服务器的返回信息,决定允许或拒绝用户的访问请求。最后,AAA 服务器的数据库中保存了合法用户的账号和密码,以及该用户具有的访问权限。

1. 认证

用户认证的形式包括 Console 认证、直通代理认证、虚拟认证等。

(1) 防火墙访问控制台的认证:PIX 自身的基本访问控制是基于 IP 地址和端口的。这些访问控制不能提供一种机制来标识每个用户,并根据那个用户进行数据流量控制。

(2) 配置防火墙:通过访问控制台进行防火墙配置操作,通过 enable、ssh、telnet 等命令,输入账号和密码进行认证。

(3) 网络服务的认证:对访问 Telnet、FTP、HTTP 等网络服务的用户,配置 AAA 服务的 aaa authentication 认证命令进行身份认证,其他服务通过虚拟 Telnet 和虚拟 HTTP 认证。

(4) VNP 隧道访问,安全设备协助建立隧道通过输入认证信息。

2. 授权

配置 AAA 服务的 aaa authorization 授权命令进行用户授权,添加访问控制规则,并指定给用户、用户组。

3. 审计

配置 AAA 服务的 aaa accounting 审计命令,启动特定网络服务的审计功能。该功能将记录网络会话开始和终止的信息。例如,跟踪 Telnet 会话的时间、登录设备、命令级别、配置命令等信息,这些数据将保存在 AAA 服务器的数据库中。

因此,防火墙启用 AAA 服务功能,提高了监测的灵活性和可查性,还使流量访问控制的粒度更细。比如,在内网中有不同部门的用户,只允许让行政和销售部门能够对外网进行 HTTP 访问,可以对出站的流量进行验证,在 AAA 服务器上将这两个部门的用户设置为一个用户组。经过认证后,行政和销售部门的用户就可以访问外部的网络,其他用户则不能访问外网的资源;如果允许其他部门的某个用户可以通过 HTTP 访问外部网络,那就需要增加授权。

8.1.2 ACS安装配置

防火墙启用AAA服务,并部署到一台服务器上,同时对软件进行配置,添加用户、用户认证、用户授权,设置跟踪审计的用户、服务。允许认证通过的用户合法合理地访问网络,限制认证通过但不具有操作权限的用户非法使用网络资源。下面介绍ACS软件的安装和使用,ACS软件的安装首页如图8.1所示。

依照图8.2所示的操作在虚拟机上安装ACS软件:

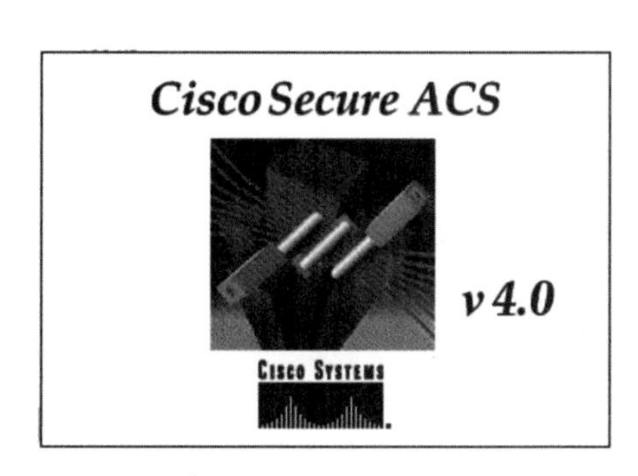

图8.1 ACS软件的安装首页

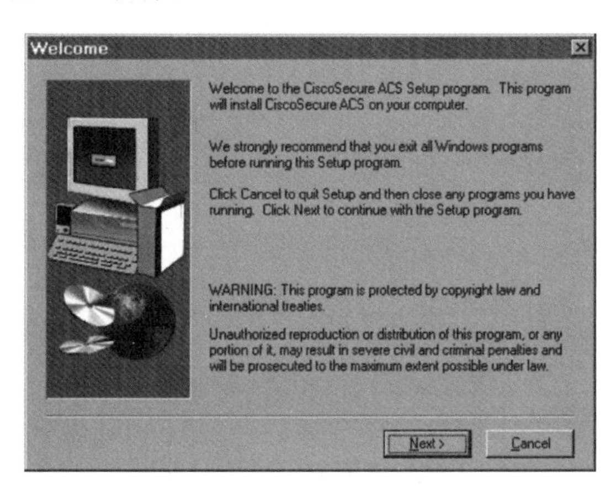

图8.2 ACS软件的安装

ACS软件安装过程如图8.3和图8.4所示,整个安装过程清晰可见,需勾选安装细项并设置密码。

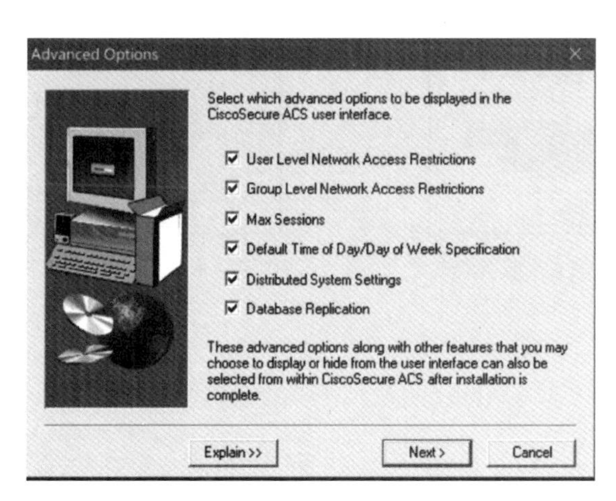

图8.3 ACS软件选项

同时,还需在ACS软件中对服务器和客户端信息进行配置,具体操作如图8.5和图8.6所示。

CiscoSecure ACS Service Initiation
Enter a password for ACS Internal Database encryption. The password should be at least 8 characters long and should contain both characters and digits.
Note: This password may have to be used when critical problems arise and the database needs to be accessed manually. Keep this password at hand so that technical support can gain access to the database.
New Password:
Confirm New Password:
Next >
Cancel

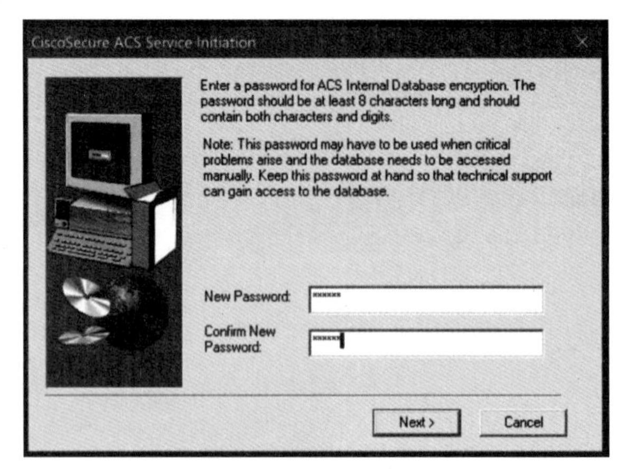

图 8.4　ACS 软件密码设置

Network Configuration
Edit
AAA Server Setup For csatest1
AAA Server IP Address
10.0.1.11
Key
secret_value
Log Update/Watchdog Packets from this remote AAA Server
AAA Server Type
CiscoSecure ACS
Traffic Type
inbound/outbound
Submit
Submit + Restart
Delete
Delete + Restart
Cancel
Back to Help

图 8.5　配置 AAA 服务器

Network Configuration
Edit
AAA Client Setup For pix1
AAA Client IP Address
10.0.1.1
Key
secretkey
Authenticate Using
RADIUS (Cisco IOS/PIX)
Single Connect TACACS+ AAA Client (Record stop in accounting on failure).
Log Update/Watchdog Packets from this AAA Client
Log RADIUS Tunneling Packets from this AAA Client
Replace RADIUS Port info with Username from this AAA Client
Submit
Submit + Restart
Delete
Delete + Restart
Cancel

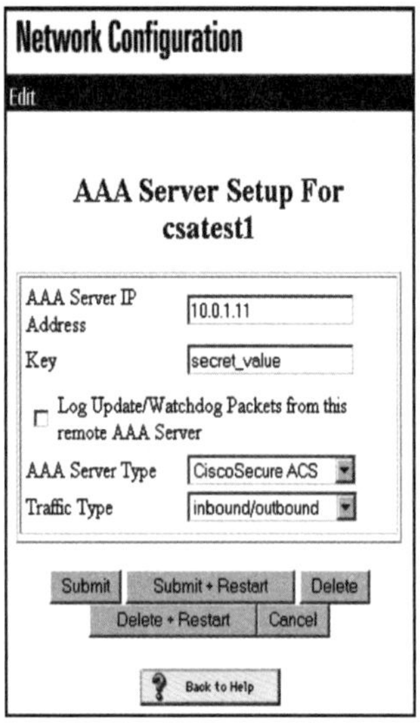

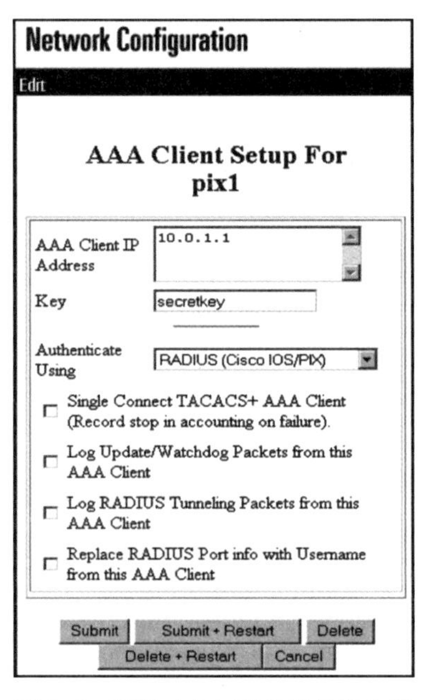

图 8.6　配置 AAA 服务器的客户端

8.2　认证配置

AAA 服务分担了防火墙的安全检测功能，那么防火墙的流量就有进有出，根据网络拓扑环境，可以配置出高性能的认证机制。

为了保障用户认证的响应速度，生产环境下不会使用一台服务器，AAA 服务器组能够满足多台服务器的需求，用 aaa-server 命令实现。ACS 软件支持两种协议：TACACS+和 RADIUS。每个服务器组可支持一种协议，不同的 AAA 服务器组可以用来处理不同类型的流量，例如将入站和出站流量分别传递到不同的 AAA 服务器组进行认证、授权和审计。由于 AAA 服务器组可以包含多台 AAA 服务器，相当于热备份功能，当用户登录信息传递到一台服务器,无法获取期望的响应时,将传递给 AAA 服务器组的其他服务器,直到获取服务器响应。

防火墙要使用 AAA 服务的认证功能,需通过 3 步实现。先使用 aaa-server 命令创建 AAA 服务器组,并指定一个认证协议;再将服务器加入到服务器组,允许服务器访问失败后,其他服务器继续处理;最后使用 aaa authentication 命令启动认证功能。

8.2.1　aaa authentication 命令

内部网络的所有用户发起出站连接时,或者外部网络的用户发起入站连接时,用户都需要根据提示输入认证信息,防火墙验证账号和密码是否正确。验证通过后,放行内部网络的用户主机与目标主机进行通信。aaa authentication 命令不是制定安全策略,而是可以通过 AAA 服务器验证用户是否能够访问系统、服务器或 IP 地址等网络资源,管控入站连接和出站连接。防火墙连接的网络可以选择一种协议进行认证,要么是 TACACS+,要么是 RADIUS。不能同时使用两种协议执行认证服务。指定对防火墙控制台的访问需要认证,而且可以选择将配置改动记录到系统日志服务器上。

创建 AAA 服务器组,并指定认证协议,命令语法格式如下:

```
aaa - server < server - tag > protocol < protocol >
```

将服务器加入到 AAA 服务器组,指定与防火墙通信的接口、密钥和超时时间,命令语法格式如下:

```
aaa - server < server - tag > <(if_name)> host < ip_address > key timeout seconds
```

删除 AAA 服务器组的指定服务器,命令语法格式如下:

```
no aaa - server group_tag (if_name) host server_ip key timeout seconds
```

清除服务器组,命令语法格式如下:

```
clear aaa - server [ group_ tag]
```

认证 aaa authentication 命令语法格式如下:

```
aaa authentication include | exclude services inbound |outbound |if_name local_ip local_mask
foreign_ip foreign_mask group_tag
```

aaa authorization 命令参数说明如表 8.1 所示。

表 8.1　aaa authorization 命令参数说明

参　　数	说　　明
include	需要进行认证的条目
exclude	不需要认证的条目

续表

参　数	说　明
services	认证的服务类型，any 是所有 TCP 服务
inbound	认证入站的连接，作用于安全级别低的接口
outbound	认证出站的连接，作用于安全级别高的接口
if_name	用户连接数据包来自的接口，即需要认证的接口
local_ip	要求认证的地址
local_mask	要求认证的地址的掩码
foreign_ip	要访问的目的地址
foreign_mask	要访问的目的地址的掩码
group_tag	aaa-server 设置的服务器组标识

结合 match 实现符合 ACL 条目的流量进行认证，命令语法格式如下：

```
# aaa authentication match acl_name if_name server_tag
```

示例 8.1：创建一个 AAA 服务器组 S1_ACS，指定通信协议为 TACACS+，并将服务器 10.1.1.113 加入到这个 AAA 服务器组，并配置通信密钥和超时时间。

```
# aaa - server S1_ACS protocol tacacs +
# aaa - server S1_ACS (inside) host 10.1.1.113 CSkey timeout 30
# aaa authentication include any outbound 0 0 S1_ACS
```

第 1 条命令，创建了 AAA 服务器组 S1_ACS，指定了通信协议 TACACS+。

第 2 条命令，将位于内部接口的服务器 10.1.1.113 加入到服务器组 S1_ACS，指定了密钥 CSkey，并设置了超时时间是 30s。

第 3 条命令，配置完 AAA 服务器之后，启用用户认证服务，使用 aaa authentication 命令，实现对防火墙 inside 接口的所有出站流量进行用户认证，通过指定的 AAA 服务 S1_ACS。

示例 8.2：任何到 192.168.9.13 的 FTP 流量，以及到 192.168.9.15 的 HTTP 流量都需要进过 AAA 服务的认证。AAA 服务器是配置好的 ACS_g1 组。

```
# access - list acl_id1 permit tcp any host 192.168.9.13 eq ftp
# access - list acl_id1 permit tcp any host 192.168.9.15 eq www
# aaa authentication match acl_id1 outside ACS_g1
```

第 1 条命令，配置了访问控制列表，允许任何到主机 192.168.9.13 的 FTP 流量。

第 2 条命令，配置了访问控制列表，允许任何到主机 192.168.9.15 的 HTTP 流量。

第 3 条命令，配置了用户认证，符合访问控制列表 acl_id1 的网络连接，入站流量通过 AAA 服务器组 ACS_g1 进行认证。

8.2.2　防火墙控制台认证

添加本地用户，命令语法格式如下：

```
username {name} {nopassword | password password}
```

删除用户，命令语法格式如下：

```
cclear aaa local user {fail - attempts | lockout} {all | username < name >}
```

配置本地用户认证，访问防火墙本地数据库，进行控制台访问用户验证，命令语法格式如下：

```
aaa authentication {serial | enable | telnet | ssh | http} console server_tag [LOCAL]
```

[LOCAL]表示数据存储到本地，当用户较少、AAA 服务不可用时，可以启动安全设备的本地数据库实现用户认证功能。

示例 8.3：添加一个本地用户信息，用于 Telnet 远程配置防火墙。

```
# username admin1 password cisco123
# aaa authentication telnet console LOCAL
```

8.2.3 认证超时时间

为了安全有效地使用网络资源，用户认证还具有时效性，过期则提示重新认证，使用 timeout uauth 命令设置两种时限。重新认证的时间有两种：空闲时间 inactivity，表示用户没有流量通过的时间；绝对时间 absolute，表示用户认证通过验证后的累计登录时间，命令语法格式如下：

```
timeout uauth hh:mm:ss [absolute|inactivity]
```

空闲时间：空闲时间是网络连接不活跃的计时。当用户通信间断时，就会启用一个计时器，当这个时间超过了配置的空闲时间，那么意味着这个用户下线，下次发出网络连接时，将会要求用户重新认证。当下次发起网络连接的时间间隔没有超出配置的空闲时间，那么用户可以继续网络通信，每次计时都是从最后一次网络连接结束开始。

绝对时间：绝对时间是网络连接发起就开始累积的计时，这期间用户通信无论是否处于活跃状态，认证都会在配置的绝对时间结束后失效，之后要求用户重新认证。

这两种认证失效的时间设置方式可以一起使用，工作时间采用绝对时间的方式，强制用户定时重新认证，以免非法用户利用合法账号进行恶意网络活动；非工作时间采用空闲时间的方式，时限设置比绝对时间短。

示例 8.4：配置用户认证的超时时间，绝对时间是 2h，空闲时间是 20min，命令如下所示：

```
# timeout uauth 0:20:00 inactivity
# timeout uauth 2:00:00 absolute
```

示例 8.5：允许 Telnet、FTP 和 HTTP 连接，但是要进行入站和出站的用户认证。如图 8.7 所示，出口挂载的接口是 inside，采用 ACL 是 authout，认证协议是 TACACS+，AAA 服务器地址是 172.16.1.4。入口挂载的接口是 outside，采用 ACL 是 authin，认证协议是 RADIUS，AAA 服务器地址是 172.16.1.5。

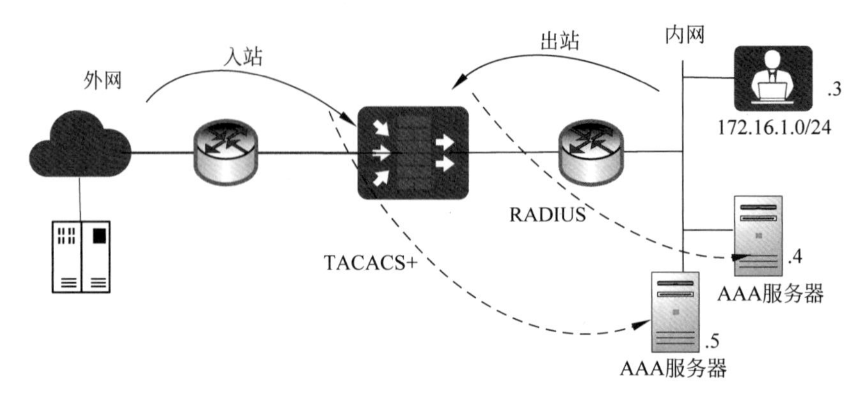

图 8.7 用户认证网络拓扑示例

配置信息，命令如下所示：

```
# access - list aclid1 permit tcp any any eq telnet
# access - list aclid1 permit tcp any any eq ftp
# access - list aclid1 permit tcp any any eq www
# aaa - server aclin protocol radius
# aaa - server aclin (inside) host 172.16.1.5 ciscoin timeout 30
# aaa - server calout protocol tacacs +
# aaa - server calout (inside) host 172.16.1.4 ciscoout timeout 30
# aaa authentication match aclid1 outside aclin
# aaa authentication match aclid1 inside aclowt
```

第 1～3 条命令，配置了访问控制列表，允许 Telnet、FTP 和 HTTP 流量。

第 4～7 条命令，配置了两个 AAA 服务器组，分别认证入站流量和出站流量。

第 8～9 条命令，是配置用户认证，符合访问控制列表 aclid1 的连接，出站流量通过 AAA 服务器组 aclout 认证，入站流量通过 AAA 服务器组 aclin 认证。

示例 8.6：要求 10.9.9.0 网络上主机的出站访问经过认证，除了主机 10.9.9.19 出站连接需要认证。

```
# nat (inside) 1 10.9.9.0 255.255.255.0
# aaa authentication include any outbound 0 0 ACS_g1
# aaa authentication exclude any outbound 10.0.0.42 255.255.255.255 0.0.0.0 0.0.0. 0 ACS_g1
```

第 1 条命令，配置动态地址转换，内部网络的 10.9.9.0/24 地址都允许出站。

第 2 条命令，配置了 10.9.9.0/24 网络上的主机出站连接通过 ACS_g1 的 AAA 服务器组进行认证。

第 3 条命令，配置主机 10.9.9.42 出站不需要认证。

8.2.4 虚拟认证

用户访问的不是 Telnet、FTP、HTTP 等防火墙支持的服务认证时,或者访问的 Web 服务与 AAA 服务器证书不同时,需要采用虚拟认证执行用户验证,用户 Telnet 到地址认证时,要求输入认证信息,接着就使用 AAA 服务器进行认证。

虚拟 Telnet 认证,允许用户通过虚拟 Telnet 的 IP 地址直接在防火墙上认证,命令语法格式如下:

```
virtual telnet ip_address
```

示例 8.7:地址 10.9.9.13 的服务器加入 AAA 服务器组 acs_g1,并对所有流量进行用户认证,并配置 Telnet 虚拟认证地址是 192.168.9.119。

```
# aaa - server acs_g1 protocol radius
# aaa - server acs_g1 (inside) host 10.9.9.13
# key ciscoACS
# aaa authentication include any outbound 0.0.0.0 0.0.0.0 0.0.0.0 0.0.0.0 acs_g1
# virtual telnet 192.168.9.119
```

防火墙上存在一台虚拟 HTTP 服务器,还可以配置 HTTP 虚拟认证,将 Web 浏览器 URL 地址重定向到防火墙内部的 IP 地址,对用户进行认证后,重定向到用户访问地址,命令语法格式如下:

```
virtual http ip_address
```

8.3 授权配置

授权是在通过认证的情况下完成的,是确定用户进行网络访问的操作权限。用户认证通过登录后,规定了该身份可以对服务、主机执行的操作,即规定了用户能做什么、不能做什么。用户授权有两种方法实现,其一,是对每个网络连接配置访问规则;其二,是对每个用户绑定一个访问规则列表,即可下载的 ACL。

8.3.1 配置授权规则

配置用户授权,指定用户的操作权限,即用户对网络资源可以执行的网络操作、不允许执行的操作。aaa authorization 命令语法格式如下:

```
aaa authorization include | exclude services inbound |outbound |if_name local_ip local_mask
foreign_ip foreign_ip foreign_mask
```

aaa authorization 命令参数说明如表 8.1 所示。

结合 match 实现对符合 ACL 条目的流量进行授权，命令语法格式如下：

```
aaa authorization match acl_name if_name server_tag
```

示例 8.8：任何 FTP、Telnet 和 HTTP 入站流量都必须授权。

```
# access - list acl_id1 permit tcp any any eq telnet
# access - list acl_id1 permit tcp any any eq ftp
# access - list acl_id1 permit tcp any any eq www
# aaa authorization match acl_id1 outside acsin
```

第 1～3 条命令，配置 ACL，允许放行来自任何地址到达任何目的地址的 FTP、Telnet 和 HTTP 流量。

第 4 条命令，配置 outside 接口需要进行授权的流量，通过标识为 acl_id1 的 ACL 规则匹配入站流量，指定 AAA 服务器 acsin 授权。

示例 8.9：允许所有 FTP 入站流量通过，除了来自地址 192.168.9.13 的 FTP 流量。

```
# aaa authorization include ftp outside 0.0.0.0 0.0.0.0 0.0.0.0 0.0.0.0 acsin
# aaa authorization exclude ftp outside 192.168.9.13 255.255.255.255 0.0.0.0 0.0.0.0 acsin
```

第 1 条命令，是对任何地址之间的 FTP 流量进行授权，指定 AAA 服务器 acsin 授权。

第 2 条命令，是不对来自 192.168.9.13 请求到达任何目的地址的 FTP 流量进行授权，指定 AAA 服务器 acsin 授权。

8.3.2 配置用户授权

管控用户对网络资源访问的操作权限，可以通过配置可下载的 ACL，并与用户绑定实现。用户请求访问网络资源，防火墙要求输入认证信息，并传递认证信息到 AAA 服务器，AAA 服务返回验证结果等信息，如果认证通过，防火墙检测本地用户的 ACL 版本信息，是最新版本则不用下载，否则请求用户的 ACL，AAA 服务根据防火墙请求返回用户可下载的 ACL，网络资源访问请求通过，成功连接。

防火墙只允许用户使用 ACL 条目中允许的操作。当用户通过认证后，返回 AAA 服务器响应信息，同时包含了 AAA 服务器存储的用户关联的 ACL，并下载到本地防火墙。这样只需要在 ACS 软件上配置一次 ACL，就可以关联到操作权限相同的用户、用户组。防火墙本地 ACL 和下载到防火墙的 ACL 对流量访问控制的优先级相同。当防火墙收到数据包时，只有用户可下载的 ACL 和本地 ACL 都允许通过，才可以放行，如有任何一个规则拒绝，数据包就是未授权，必须丢弃。可下载的 ACL 保存在用户认证的接口上，用户认证失效时，可下载的 ACL 也失效。用户可下载 ACL 界面如图 8.8 所示。

删除用户可下载的 ACL，使用命令 clear uauth 实现，命令语法格式如下：

```
clear uauth
```

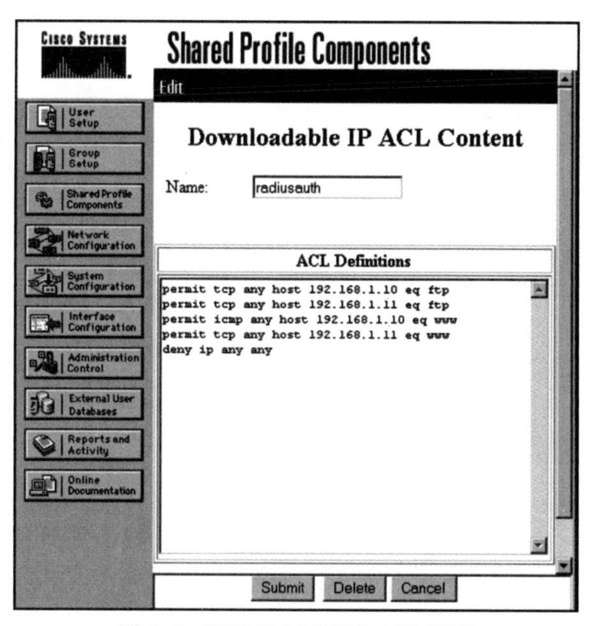

图 8.8　配置用户可下载 ACL 界面

8.4　审计配置

审计(Accounting)是防火墙 AAA 服务功能的最后一项，用于跟踪、记录用户对网络资源的操作行为，保存了通信主机、服务、入站和出站时间、活跃时间、产生流量等信息，这些数据可用于排查网络故障、计费、性能分析和提供法律依据。防火墙使用命令 aaa accounting 配置审计功能，使用 match 匹配符合 ACL 条目的流量进行审计，aaa accounting 命令语法格式如下：

```
aaa accounting match acl_name interface_name server_tag
```

防火墙操作的审计。防火墙控制台是提供给管理员使用的，任何一个条目的更新、添加或删除都会对网络环境的安全产生难以想象的影响。对网络安全设备操作的审计是有必要的。防火墙上配置和管理的操作很多，可以通过设置命令级别，筛选出需要审计的内容。参数 privilege level 是命令的级别，包括 0～6，命令语法格式如下：

```
aaa accounting command [privilege level] server - tag
```

aaa accounting 命令参数说明如表 8.2 所示。

表 8.2　aaa accounting 命令参数说明

参　　数	说　　明
include	需要进行审计的条目
exclude	不需要审计的条目
services	审计服务类型，any 是所有 TCP 服务

续表

参　数	说　明
inbound	审计入站的连接,作用于安全级别低的接口
outbound	审计出站的连接,作用于安全级别高的接口
if_name	用户连接数据包来自的接口,即需要审计的接口
local_ip	要求审计的地址
local_mask	要求审计的地址的掩码
foreign_ip	要访问的目的地址
foreign_mask	要访问的目的地址的掩码
group_tag	aaa-server 设置的服务器组标识

示例 8.10：指定防火墙 outside 接口的入站流量通过 AAA 服务器组 ACS_g1 审计,要求任何到地址 192.168.9.119 的 FTP 和 HTTP 的流量都要进行审计。

```
# access - list acl_id1 permit tcp any host 192.168.9.119 eq ftp
# access - list acl_id1 permit tcp any host 192.168.9.119 eq www
# aaa accounting match acl_id1 outside ACS_g1
```

示例 8.11：通过 AAA 服务器组 ACS_g1 审计 inside 接口的所有出口流量,主机 10.9.9.34 的流量除外。

```
# aaa accounting include any inside 0.0.0.0 0.0.0.0 0.0.0.0 0.0.0.0 ACS_g1
# aaa accounting exclude any inside 10.9.9.34 255.255.255.255 0.0.0.0 0.0.0.0 ACS_g1
```

8.5 防火墙 AAA 服务配置实训

8.5.1 实验目的与任务

1. 实验目的

通过本实验掌握 PIX 防火墙 AAA 服务的配置,熟悉 AAA 服务器的认证、授权、审计配置。实验需要防火墙 1 台,交换机若干,路由器若干,控制线 1 根,网络连接线若干,真机和虚拟机各 1 台,AAA 服务 ACS 软件 1 套。

2. 实验任务

本实验主要任务如下：

(1) 在虚拟机上安装软件,配置 AAA 服务器；

(2) 配置防火墙的 AAA 服务功能；

(3) 查看 AAA 的配置,查验 AAA 服务功能是否正确启用。

8.5.2 实验拓扑图和设备接口

基于如图 8.9 所示的实验拓扑图,在虚拟机上安装 ACS 软件,为防火墙提供 AAA 服务。路由器执行 telnet 命令登录，并利用具有不同网络访问权限的用户，验证防火墙 AAA 服务功能是否配置正确。

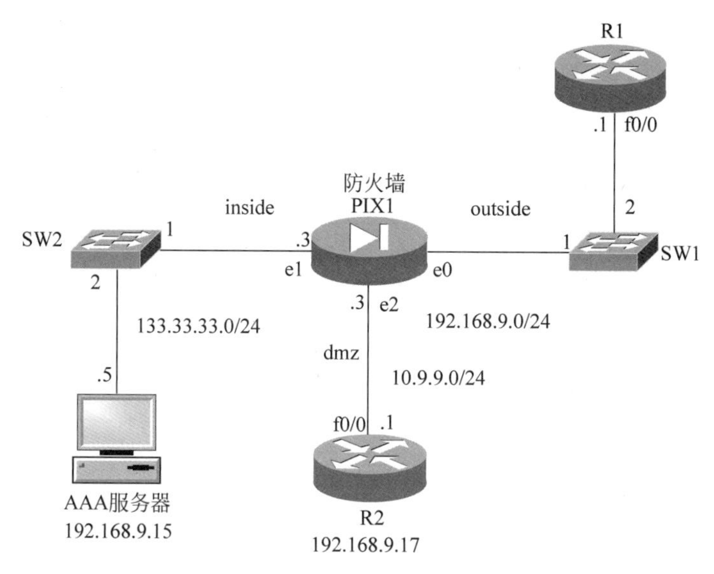

图 8.9　防火墙 AAA 服务配置实验拓扑图

为每个网络设备及其接口规划相关配置，防火墙的配置信息如表 8.3 所示。

表 8.3　防火墙的配置信息

序号	interface	Type	nameif	Security level	IP Address
1	e0	☑physical□logical	outside	0	192.168.9.3
2	e1	☑physical□logical	inside	100	133.33.33.3
3	e2	☑physical□logical	dmz	50	10.9.9.3

位于防火墙外部区域的路由器 R1 的配置信息如表 8.4 所示。

表 8.4　路由器 R1 的配置信息

序　　号	interface	IP Address
1	f0/0	192.168.9.1

位于防火墙内部网络 AAA 服务器的配置信息如表 8.5 所示。

表 8.5　AAA 服务器的配置信息

序　　号	interface	IP Address
1	虚拟机网卡	133.33.33.5

位于防火墙 DMZ 区域的路由器 R2 的配置信息如表 8.6 所示。

表 8.6　路由器 R2 的配置信息

序　　号	interface	IP Address
1	f0/0	10.9.9.1

8.5.3 实验步骤和命令

1. 防火墙 AAA 主要命令和说明

下面对实验中配置防火墙使用的主要命令进行说明。

```
#show uauth
#username student1 password cisco123
#aaa authentication telnet console LOCAL
#aaa accounting telnet console NY_ACS
#aaa - server authin protocol radius
#aaa - server authin (inside) host 10.0.0.2
#key cisco123
#access - list 110 permit tcp any any eq telnet
#access - list 110 permit tcp any any eq ftp
#access - list 110 permit tcp any any eq www
#aaa authentication match 111 outside authin
#aaa authentication match 111 inside authout
#access - list 110 permit tcp any host 192.168.2.10 eq ftp
#access - list 110 permit tcp any host 192.168.2.10 eq www
```

第 1 条命令，显示认证统计信息。

第 2 条命令，在本地数据库创建账号 student1，密码 cisco123。

第 3 条命令，指定使用本地数据库认证。

第 4 条命令，配置采用名称为 NY_ACS 的 AAA 服务进行审计。

第 5 条命令，指定防火墙与 AAA 服务器的通信协议为 RADIUS。

第 6 条命令，配置 AAA 服务器的 IP 地址为 10.0.0.2，位于内部网络。

第 7 条命令，配置防火墙与 AAA 服务器通信使用密钥 cisco123。

第 8 条命令，配置放行所有 Telnet 数据流。

第 9 条命令，配置放行所有 FTP 数据流。

第 10 条命令，配置放行所有 HTTP 数据流。

第 11 条命令，指定匹配到 ACL 标识为 111 的入站流量要进行认证。

第 12 条命令，指定匹配到 ACL 标识为 111 的出站流量要进行认证。

第 13 条命令，放行所有到主机 192.168.2.10 的 FTP 数据流。

第 14 条命令，放行所有到主机 192.168.2.10 的 HTTP 数据流。

2. 配置步骤

1) 搭建网络拓扑

根据网络拓扑和结构设计（如图 8.9 所示），在虚拟机中，安装 ACS 软件来提供 AAA 服务，再分别对防火墙和路由器进行配置。将 AAA 服务器与防火墙配置到相同子网，测试防火墙与 AAA 服务器的通信正常后，再配置防火墙的 AAA 服务功能。本实验使用软件 VMware 管理虚拟机，AAA 服务器使用了 VMnet1 网卡，如图 8.10 所示。

在虚拟机设置中，选择“仅主机模式”接入网络，如图 8.11 所示。还要配置虚拟机的网

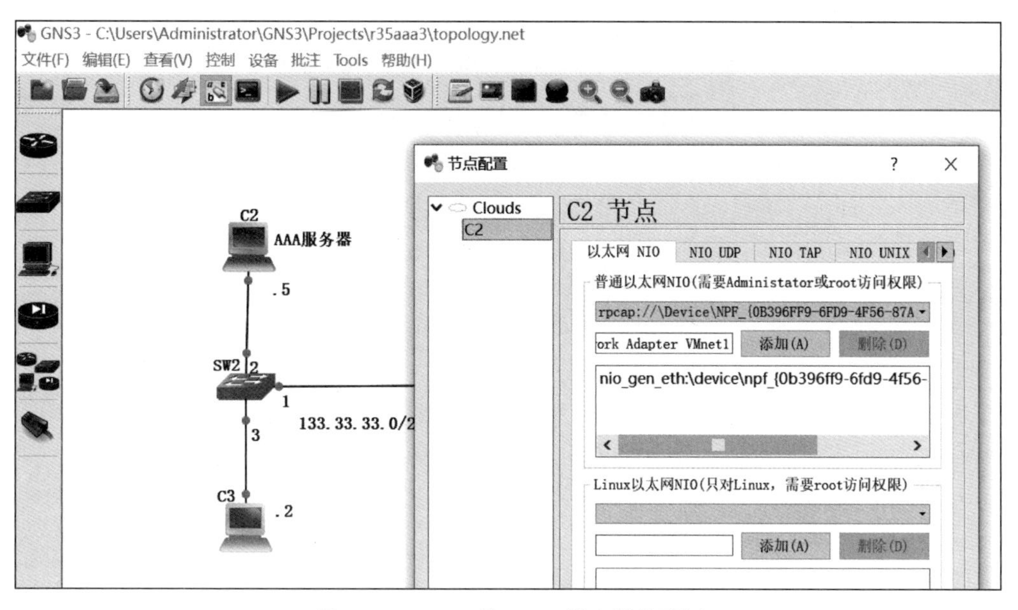

图 8.10　GNS3 的 AAA 服务器的配置

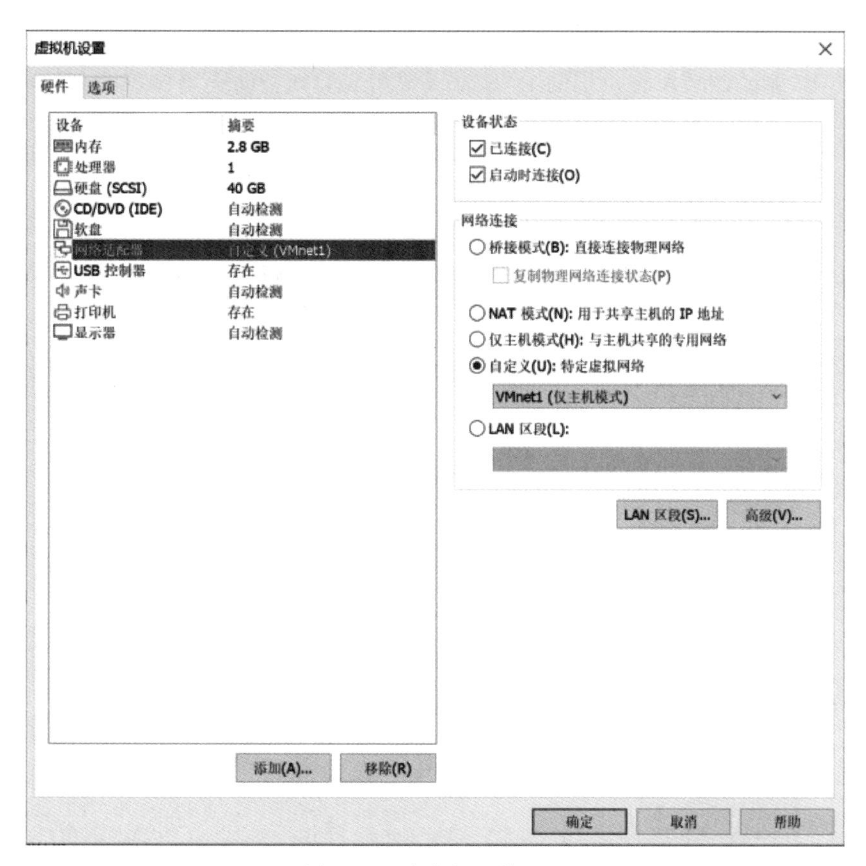

图 8.11　虚拟机网络配置

络地址，使虚拟机与防火墙正常通信，如图 8.12 所示。

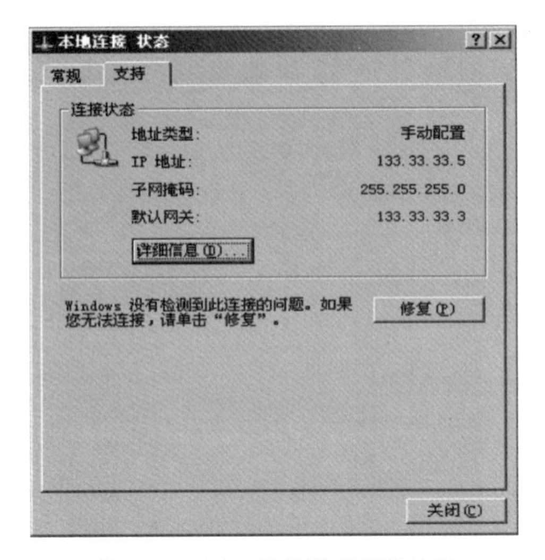

图 8.12　AAA 服务器虚拟机地址

2）ACS 软件配置

AAA 服务器的 IP 地址配置后，还要在提供 AAA 服务的 ACS 软件上配置 AAA 服务器和客户端的相关信息，如图 8.13 和图 8.14 所示。AAA 服务器的 IP 地址设置为实验拓扑虚拟机的 IP 地址，AAA 客户端的 IP 地址设置为实验拓扑防火墙接口的 IP 地址，还要配置通信密钥，以保障防火墙转发给 AAA 服务器的用户认证信息都是安全传输的，注意密钥要相同。

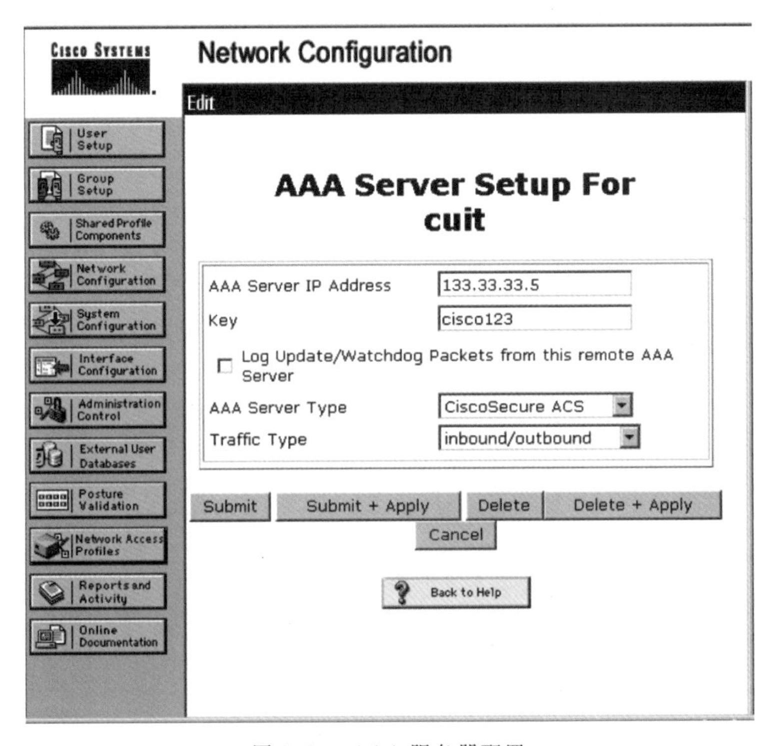

图 8.13　AAA 服务器配置

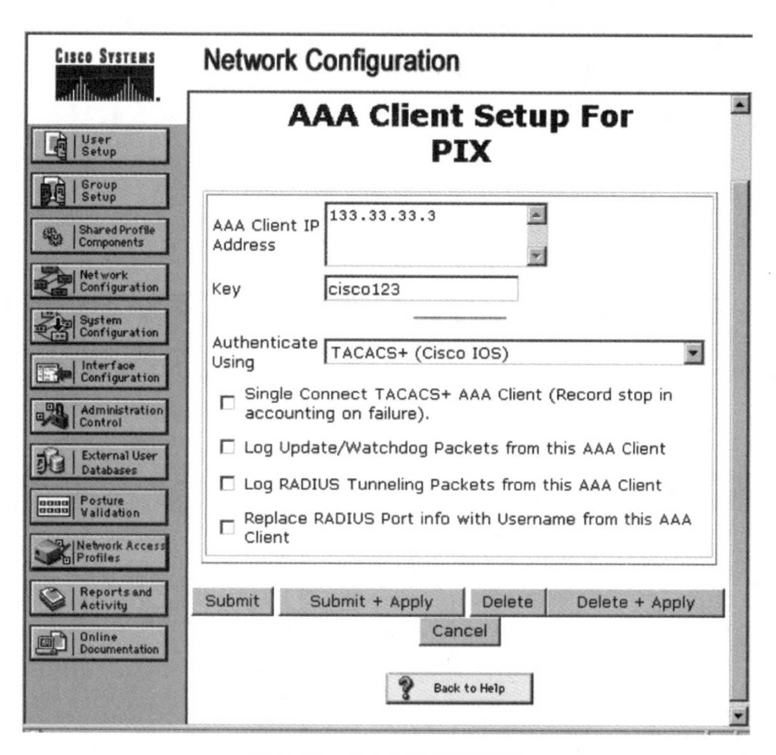

图 8.14 AAA 客户端配置

在 ACS 软件的网络配置中,添加、修改 AAA 服务器和客户端的信息,如图 8.15 所示。

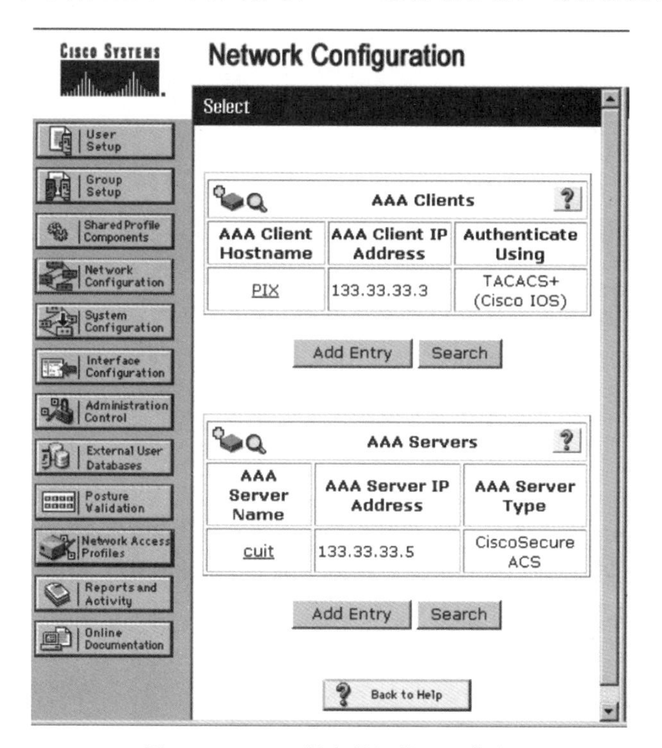

图 8.15 AAA 服务的网络配置信息

在实验中，AAA 服务实现了用户粒度的安全监测，验证了防火墙 AAA 服务功能是否正确配置。先在 AAA 服务器的 ACS 软件中，添加多个用户信息备用，如图 8.16 所示。部分用户只有认证功能而没有授权功能，部分用户既有认证功能又有授权功能。路由器 R1 和路由器 R2 执行测试命令时，使用不同用户登录，网络资源的访问限制也不同；防火墙将用户访问请求转发给 AAA 服务，该用户是否允许访问的、验证过程和结果显示也不同。

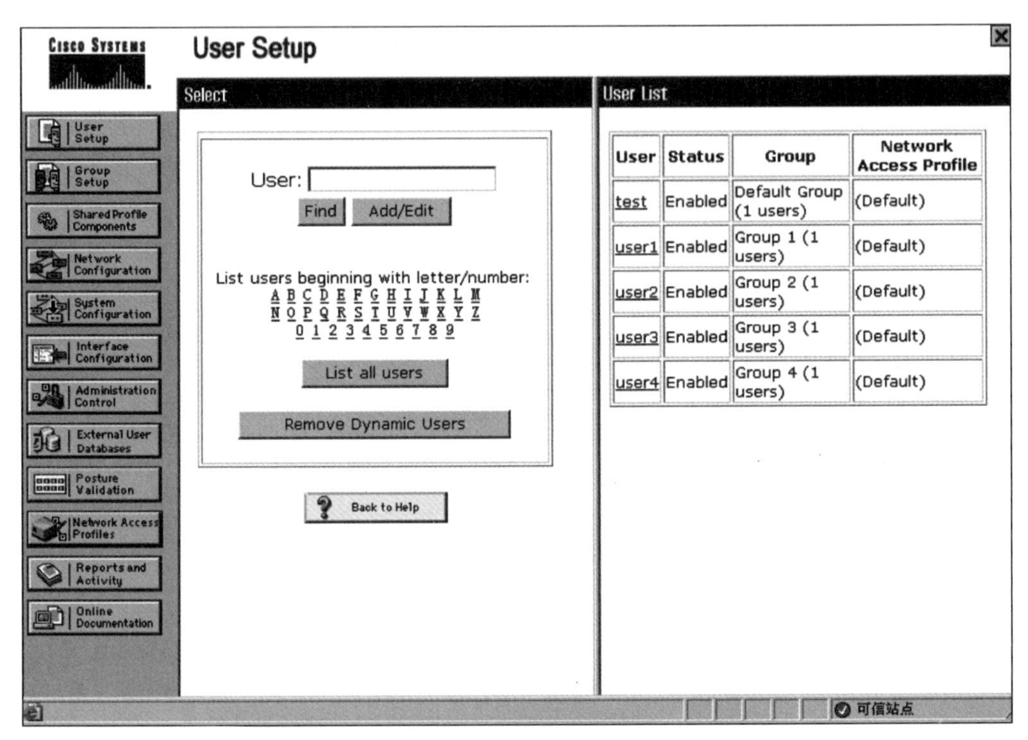

图 8.16 用户列表信息

3）防火墙与 AAA 服务通信测试成功

完成防火墙和路由器的基本配置后，接着设置防火墙的安全策略 ACL，允许 outside 区域的路由器 R1 可以远程 Telnet 路由器 R2。防火墙添加 AAA 服务功能前，还需要对网络进行两点测试：防火墙与 AAA 服务器可以通信，防火墙与提供 AAA 服务的 ACS 软件也可以通信。下面使用 test 命令测试防火墙与 AAA 服务的网络通信，如图 8.17 所示，用户 user2 登录成功，说明 ACS 软件配置成功，可以与防火墙正常通信。上述配置工作完成后，下面按照认证、授权和审计的配置顺序介绍。

使用命令 aaa authentication match 配置用户认证功能，如图 8.18 所示。序号①标注了两条 101 的 ACL 策略，第一条允许所有到主机 192.168.9.15 的 HTTP 网络流，第二条允许所有到主机 192.168.9.17 的 Telnet 网络流。序号②内设置了需要用户认证的网络流，表明用户的网络访问匹配到 101 的 ACL 策略后，都要进行用户认证。

4）防火墙与 AAA 服务通信测试失败

使用 test 命令测试防火墙与 AAA 服务的网络通信，发现 ACS 软件配置不成功。下面是“未启动 AAA 服务、未配置认证和认证通过”三种场景下，执行 test 命令后不同的提示信息如图 8.19 所示。其中，序号①标注提示 AAA 服务器没有响应，原因是未启动 AAA 服

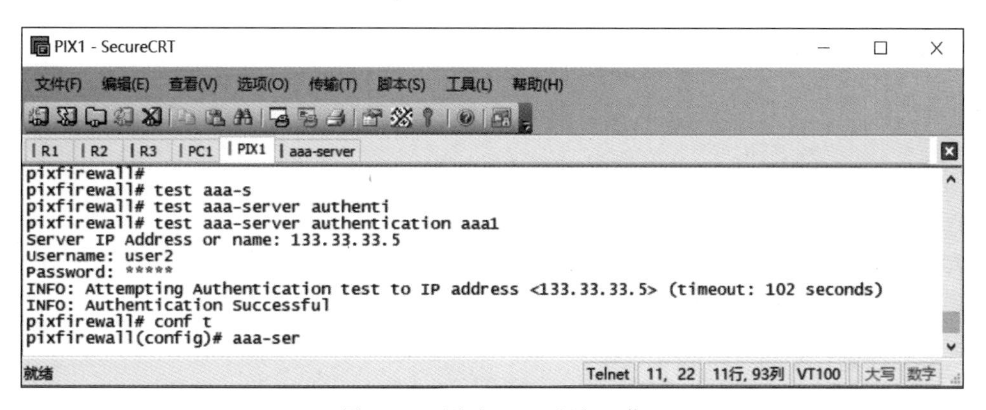

图 8.17　测试 AAA 服务通信

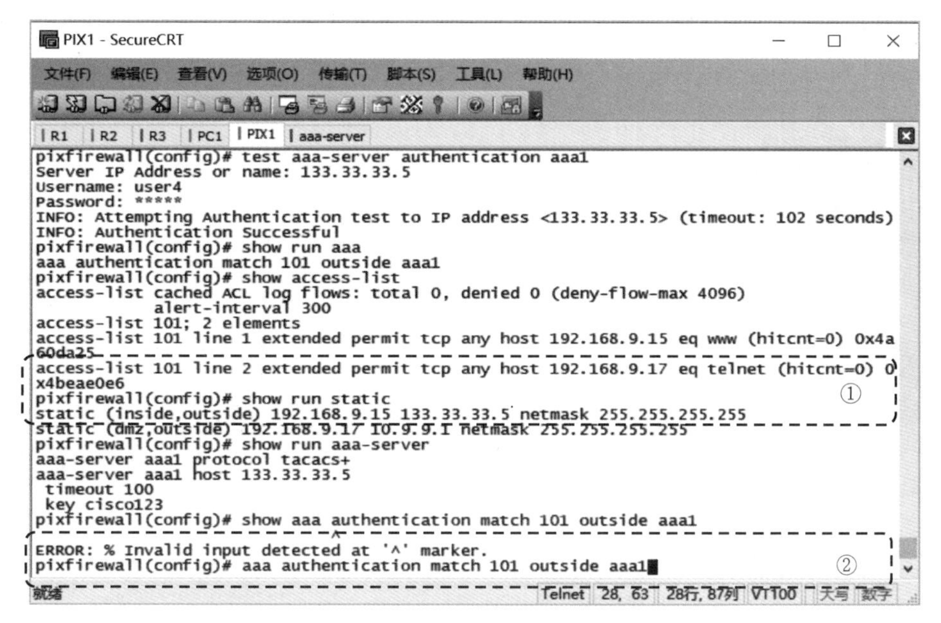

图 8.18　认证命令配置

务,需要进入服务界面手动启动。序号②标注提示用户认证拒绝,说明防火墙与 AAA 服务器可以正常通信。序号③标注提示用户认证成功。图 8.20 则显示在完成相应配置操作后 AAA 服务启动成功。

如图 8.19 所示,序号①标注说明"未启动 AAA 服务"。执行命令 test aaa-server authentication aaa1,此时返回 ERROR: Authentication Server not responding: No error。检查 aaa-server 配置命令,验证命令正确后,进行故障排查。报错信息是服务器未响应,表示现在并没有连上 ACS 的服务器。先检查虚拟机 Server 2003 的服务是否启动,根据描述信息可知系统服务 CSTacacs 是 TACASC+服务,系统服务的状态显示未启动,启动 AAA 服务后,如图 8.20 所示。再次执行命令 test aaa-server authentication aaa1,连接成功,可以输入账号信息。

如图 8.19 所示,序号②标注是用户密码输入错误。执行命令 test aaa-server authentication aaa1,此时返回 ERROR: Authentication Rejected: Unspecified。测试了用

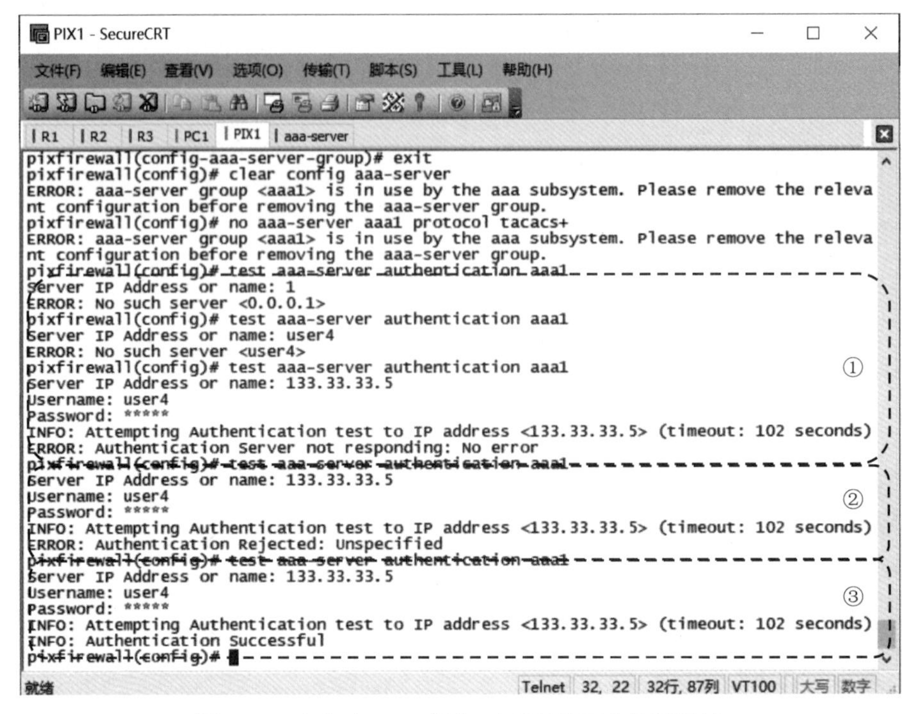

图 8.19 未启动 AAA 服务、未配置认证和认证通过

服务

CSTacacs

停止此服务
暂停此服务
重启动此服务

描述:
Cisco Secure TACACS+ Server. Provides authentication, authorization and accounting using the TACACS+ protocol.

名称	描述	状态	启动类型
VMware Alias Manager and Ticket Service	Alias Manager and Ticket Service	已启动	自动
Remote Packet Capture Protocol v.0 (experimental)	Allows to capture traffic on this machi...	已启动	手动
CSAuth	Cisco Secure Authentication Service. Pr...	已启动	自动
CSDbSync	Cisco Secure Database Synchronization S...	已启动	自动
CSLog	Cisco Secure Log Service. Generates acc...	已启动	自动
CSMon	Cisco Secure Monitor Service. Provides ...	已启动	自动
CSRadius	Cisco Secure RADIUS Server. Provides au...	已启动	自动
CSTacacs	Cisco Secure TACACS+ Server. Provides a...	已启动	自动
CSAdmin	Cisco Secure WWW Server. Allows adminis...	已启动	自动
Java Quick Starter	Prefetches JRE files for faster startup...	已启动	自动
Kiwi Syslog Daemon	Receives Syslog messages and SNMP Traps	已启动	自动
Portable Media Serial Number Service	Retrieves the serial number of any port...		手动
TP AutoConnect Service	ThinPrint component for printing with T...		手动
TP VC Gateway Service	ThinPrint component that receives print...		手动
VMware Snapshot Provider	VMware Snapshot Provider		手动

图 8.20 启动 AAA 服务

户密码输入错误的场景,记录到日志服务器,如图 8.21 所示。

Reports and Activity

Reports

TACACS+ Accounting
TACACS+ Administration
RADIUS Accounting
VoIP Accounting
Passed Authentications
Failed Attempts
Logged-in Users
Disabled Accounts

Failed Attempts active.csv　Refresh　Download

Regular Expression　Start Date & Time mm/dd/yyyy,hh:mm:ss　End Date & Time mm/dd/yyyy,hh:mm:ss　Rows 50

Apply Filter　Clear Filter

Filtering is not applied.

Date	Time	Message-Type	User-Name	Group-Name	Caller-ID	Network Access Profile Name	Authen-Failure-Code	Author-Failure-Code	Author-Data	NAS-Port	NAS-IP-Address
03/06/2022	09:42:00	Authen failed	user4	Default Group	0.0.0.0	(Default)	CS password invalid	..	..	1	133.33.33.3

图 8.21 认证失败记录

如图 8.19 所示，序号③标注是“用户密码输入正确”。执行命令 test aaa-server authentication aaa1，此时返回 INFO：Authentication Successful。测试了用户密码输入正确的场景。

5）防火墙的 AAA 服务功能测试

测试场景：防火墙没有启用 AAA 服务。如图 8.22 所示，防火墙没有启用 AAA 服务，路由器 R2 执行 telnet 访问路由器 R1，直接输入路由器登录的密码即可。

```
[Connection to 192.168.9.1 closed by foreign host]
R2#telnet 192.168.9.1
Trying 192.168.9.1 ... Open


User Access Verification

Password:
Password:
R1>q
```

图 8.22 防火墙未启用 AAA 服务

测试场景 8.1：防火墙启用 AAA 服务，用户已认证未授权的情况，如图 8.23 所示。路由器 R2 执行 telnet 访问路由器 R1，用户名 user2 和密码验证通过，但是返回 Error：Authorization Denied。可见，防火墙启用了 AAA 服务功能后，用户认证通过后，还要有用户授权才可以进行操作。

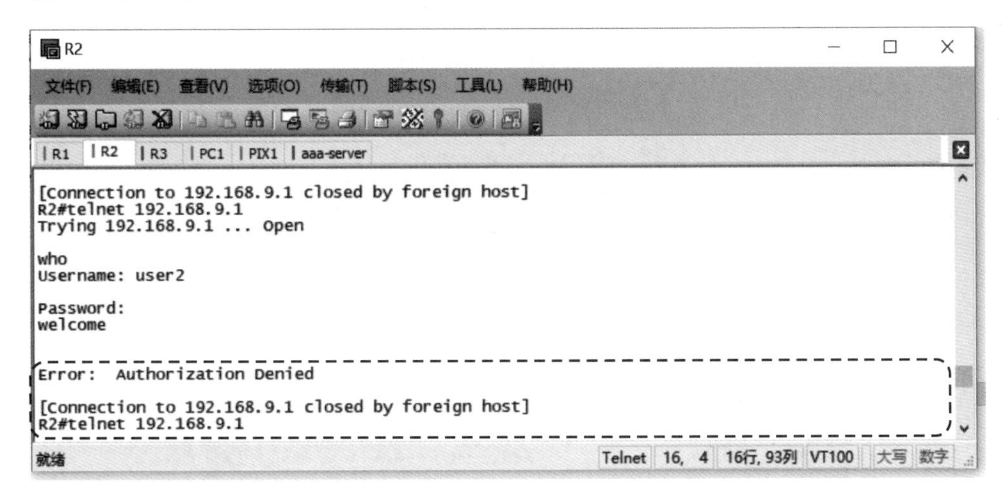

图 8.23 用户已认证未授权

测试场景 8.2：防火墙启用 AAA 服务，用户已认证已授权的情况如图 8.24 所示。用户认证配置完成后，使用 aaa authorization match 命令配置用户授权。前面已经测试了用户未授权的处理过程，下面测试授权后防火墙的处理。outside 区域路由器 R1 远程 Telnet 访问 dmz 区域路由器 R2，序号①标注说明防火墙将访问请求转发给 AAA 服务器，要求进行用户认证。序号②标注显示用户认证通过后，提示输入路由器 R2 的登录密码。这个过程需要输入两次密码，第一次是 AAA 服务验证用户身份和授权需输入用户名和密码，第二次是登录路由器需输入密码。

6）配置用户可下载 ACL

前文介绍了 AAA 配置时用 match 匹配 ACL，指定用户访问需要认证、授权和审计的网络流，ACS 软件还可以为用户配置自定义的 ACL，该功能称为用户可下载 ACL。如图 8.25

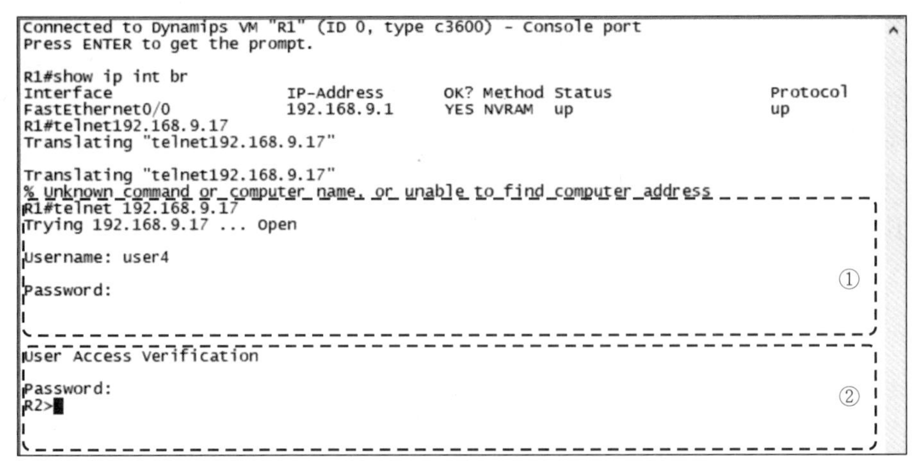

图 8.24　用户已认证和已授权

所示，登录系统后，单击"接口配置"进入高级选项界面，如图 8.26 所示，勾选用户级可下载 ACL 和组级可下载 ACL，从而启用用户可下载 ACL 功能。如图 8.27 所示，在用户管理界面，可以选择该用户要使用 ACL，用户没有选择可下载 ACL 之前，分配 ACL 的选项显示为空。

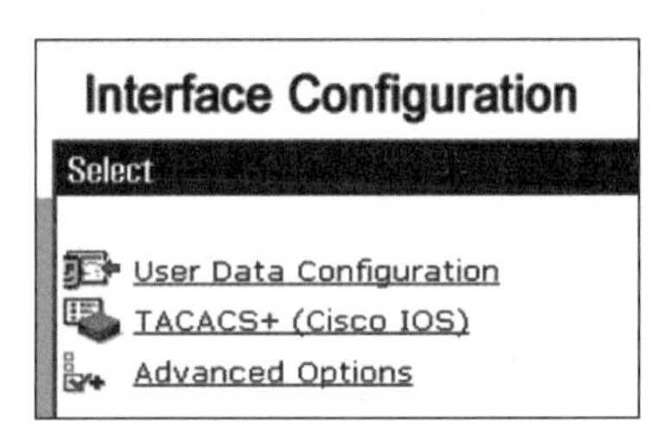

图 8.25　接口配置-高级选项菜单

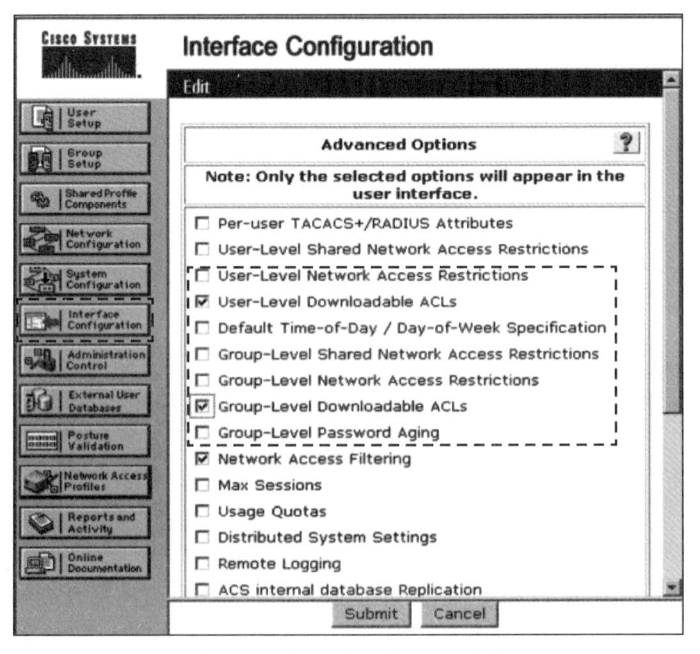

图 8.26　启用可下载 ACL 功能

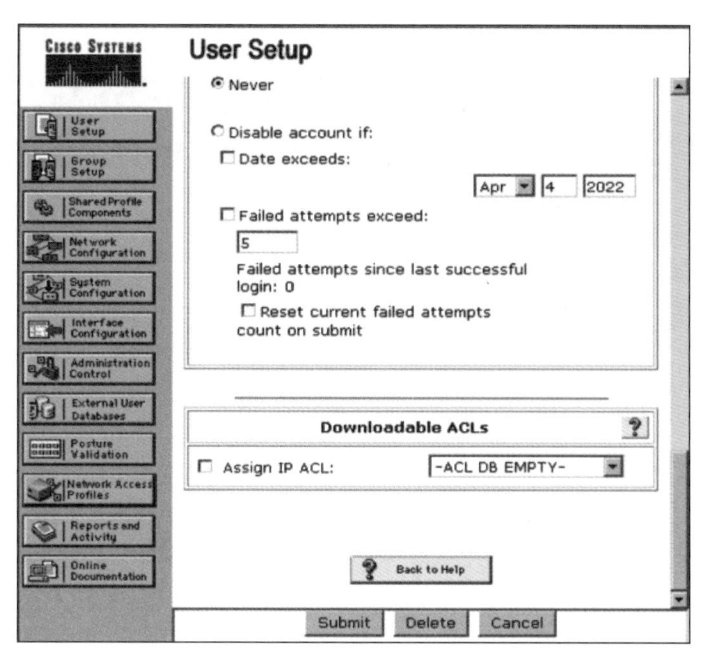

图 8.27　无可选 ACL 选项

如图 8.28 所示，首次进入可下载 ACL 管理界面，ACL 列表显示为空。

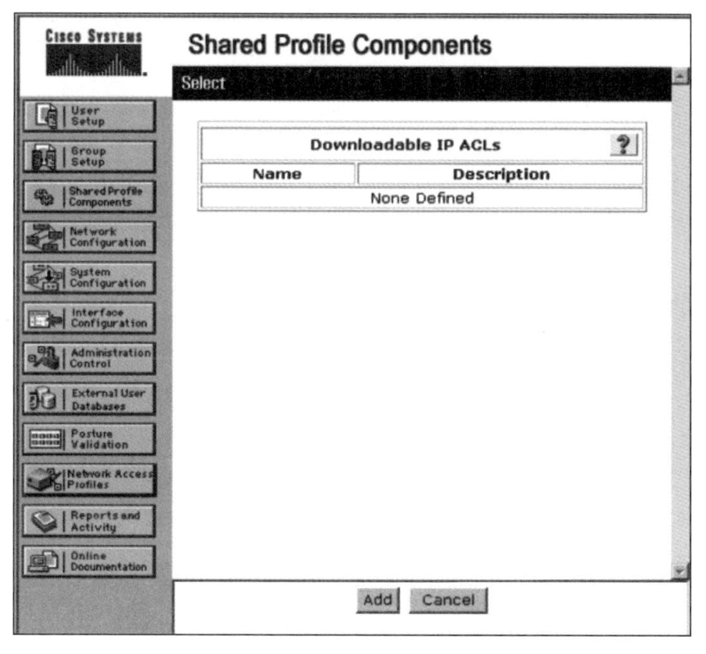

图 8.28　ACL 列表界面

如图 8.29 所示，显示了名称为 tacacs 的可下载 ACL，下面列表信息是具体内容，提交表单后，如图 8.30 所示，在管理界面的列表项增加了一行。

按照上述操作创建可下载的 ACL 后，可以在用户管理界面，选择可下载 ACL。如图 8.31

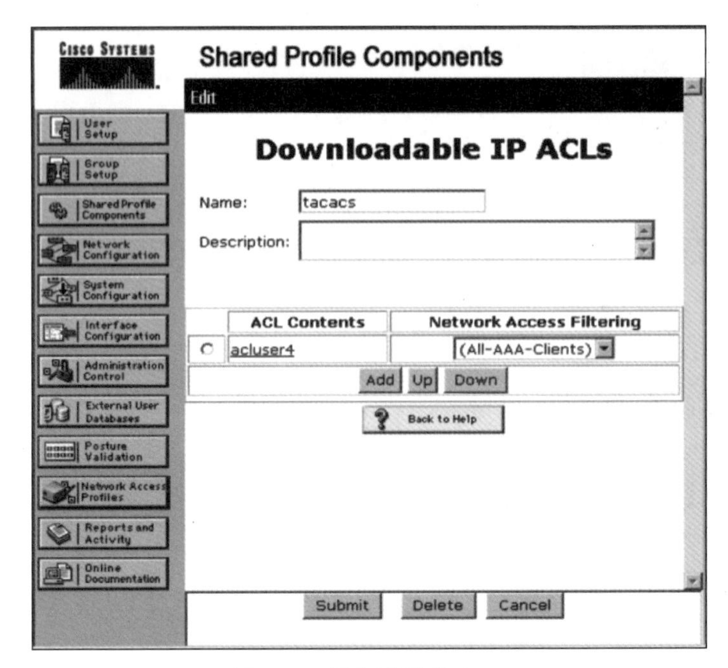

图 8.29 添加可下载 ACL

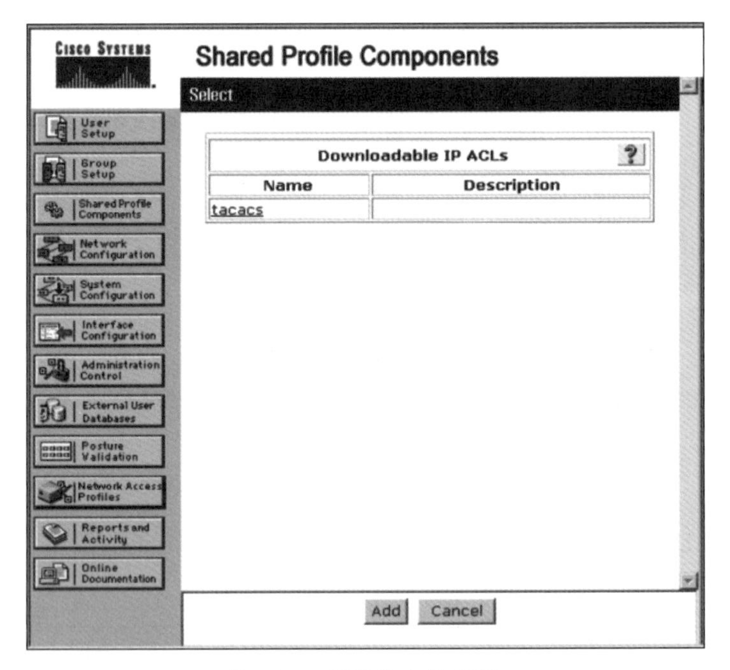

图 8.30 可下载 ACL 列表

所示，勾选复选框后，下拉菜单出现了名称为 tacacs 的可下载 ACL。

当配置了授权流量，但是验证不成功，例如显示错误信息 AAA credentials rejected: reason= Unspecified: server = 133.33.33.5: user = user4 %PIX-6-109008: Authorization denied for user 'user4' from 192.168.9.1/11032 to 10.9.9.1/23 on interface outside。执行以下

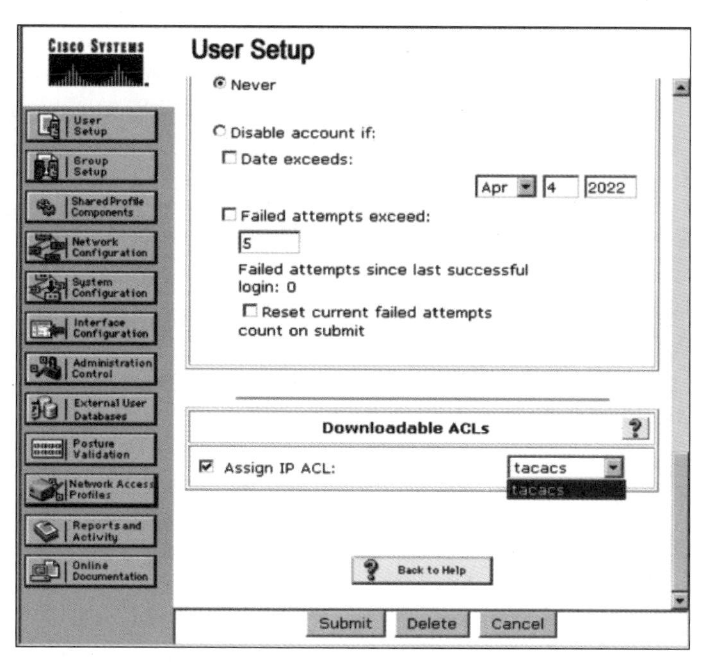

图 8.31　用户选择可下载的 ACL

步骤：其一，查验通信协议是否正确，可下载 ACL 功能不适用于 TACACS+协议，只支持 RADIUS 协议；其二，查验用户可下载 ACL 是否下载到本地。

7）配置用户组

如图 8.32 所示，序号①标注是测试了用户 user4 已认证未授权的情况，序号②标注是测试了用户 user4 已认证已授权的情况。防火墙实现了对每个用户细粒度的安全管控，但用户人数较多时，增加了可下载 ACL 管理和维护的难度，下面介绍 ACS 软件的用户 group 功能。

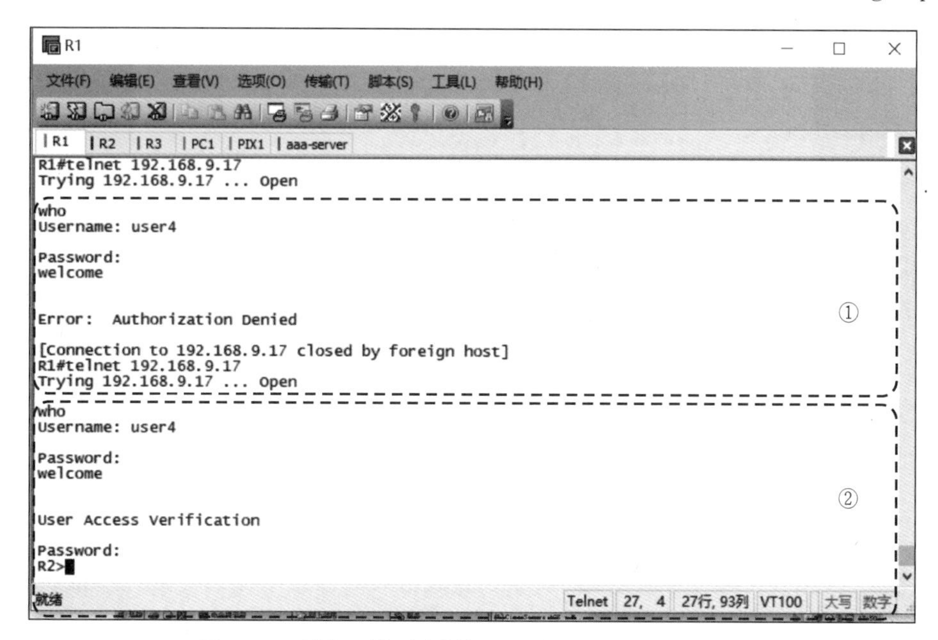

图 8.32　用户已认证未授权和用户已认证已授权访问

如图 8.33 所示，进入用户组管理界面，授权 group4 用户 telnet 访问路由器 R2，要勾选命令，设置命令是 telnet，并设置参数 permit 10.9.9.1。测试 group4 用户组的用户 user4，路由器 R1 执行 telnet 命令，输入 user4 用户成功登录路由器 R2，如图 8.34 所示。

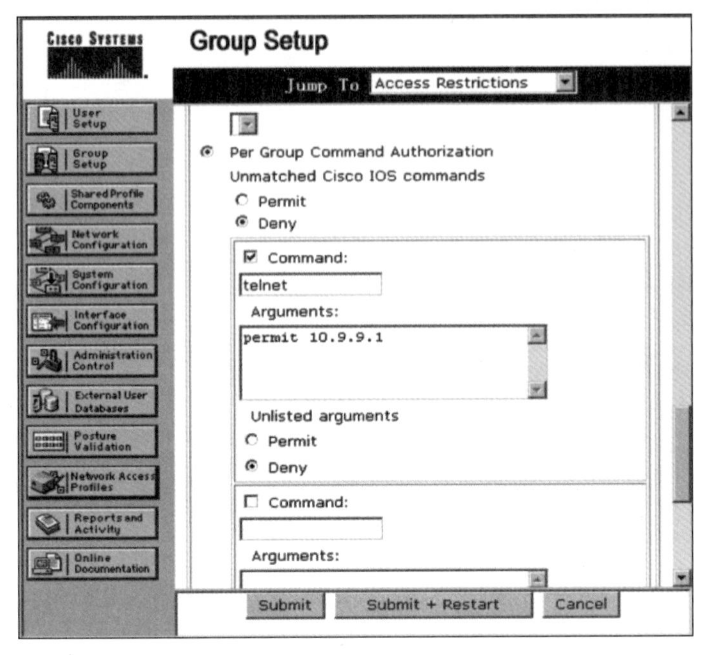

图 8.33　授权访问路由器 R2 的 group 配置

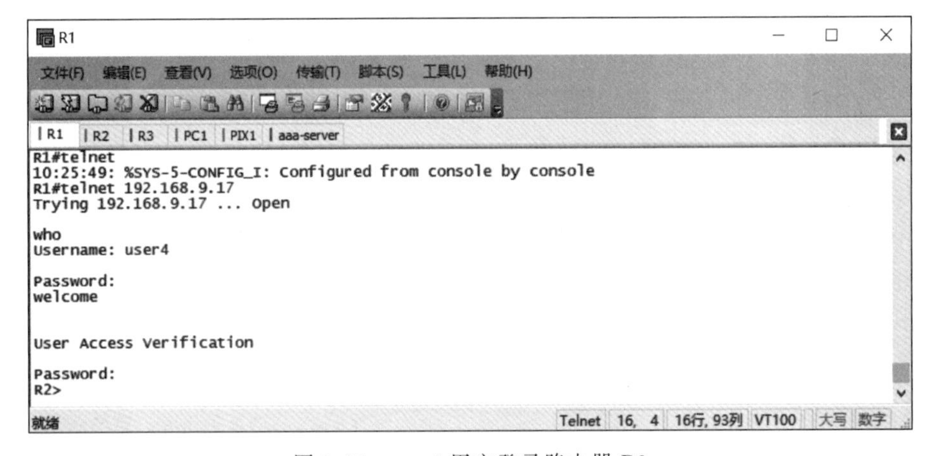

图 8.34　user4 用户登录路由器 R2

如图 8.35 所示，进入用户组管理界面，授权 group2 用户 telnet 访问路由器 R1，要勾选命令，设置命令是 telnet，并设置参数 permit 192.168.9.1。测试 group2 用户组的用户 user2，路由器 R2 执行 telnet 命令，输入 user2 用户成功登录路由器 R1，如图 8.36 所示。

8）查验设备配置

在实验过程中，我们需要通过 show 命令查验防火墙和路由器的配置，随时确认实验配置是否正确，或者用于故障排查。如图 8.37 所示，通过 show run aaa-server 命令、show run

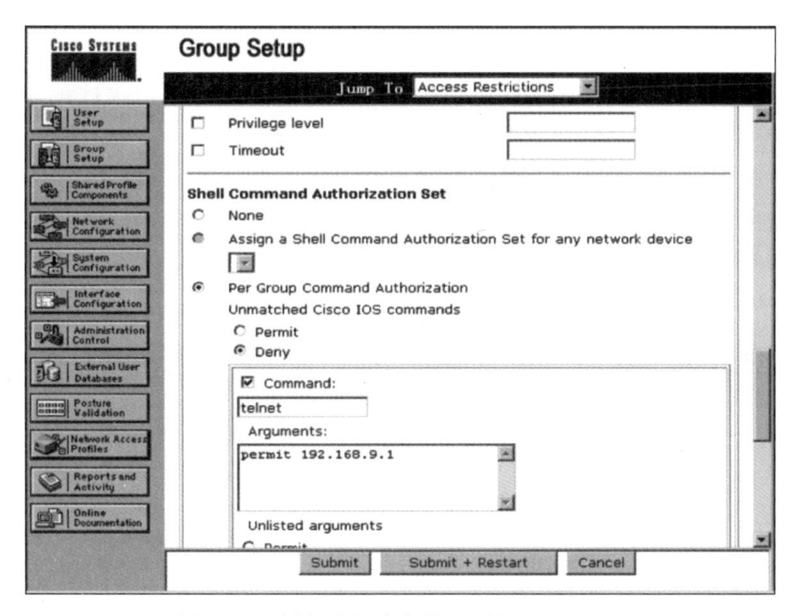

图 8.35　授权访问路由器 R1 的 group 配置

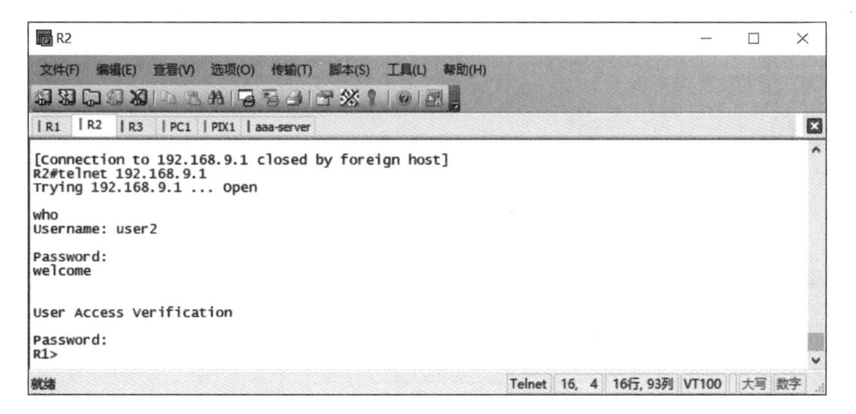

图 8.36　user2 用户登录路由器 R1

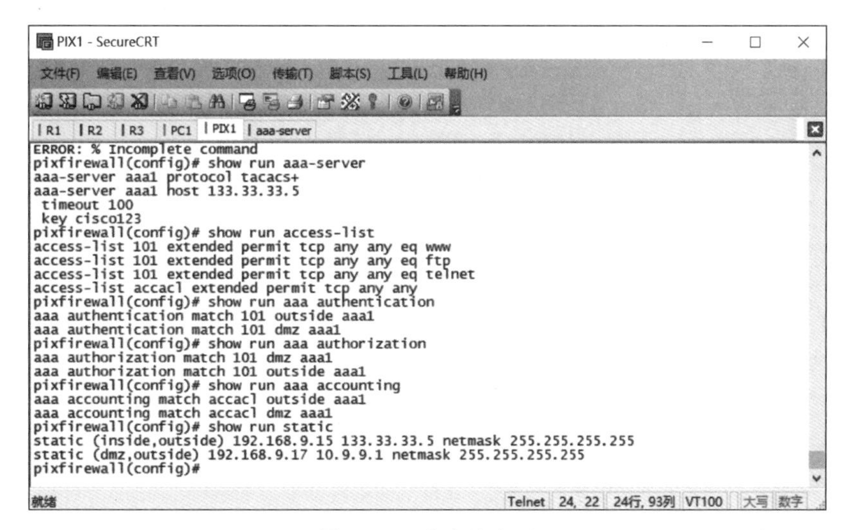

图 8.37　防火墙配置

access-list 命令、show aaa authentication 命令、show run aaa authorization 命令、show run aaa accounting 命令和 show run static 命令进行查看，结果显示了防火墙配置信息，包括了 AAA 服务、访问控制列表、认证、授权、审计和静态地址转换。

在本实验中，路由器 R1 与 R2 的主要功能还是验证防火墙功能配置是否正确，只需要配置接口和路由功能，使用 show ip interface br 命令和 show ip route 命令进行查看，如图 8.38 和图 8.39 所示。

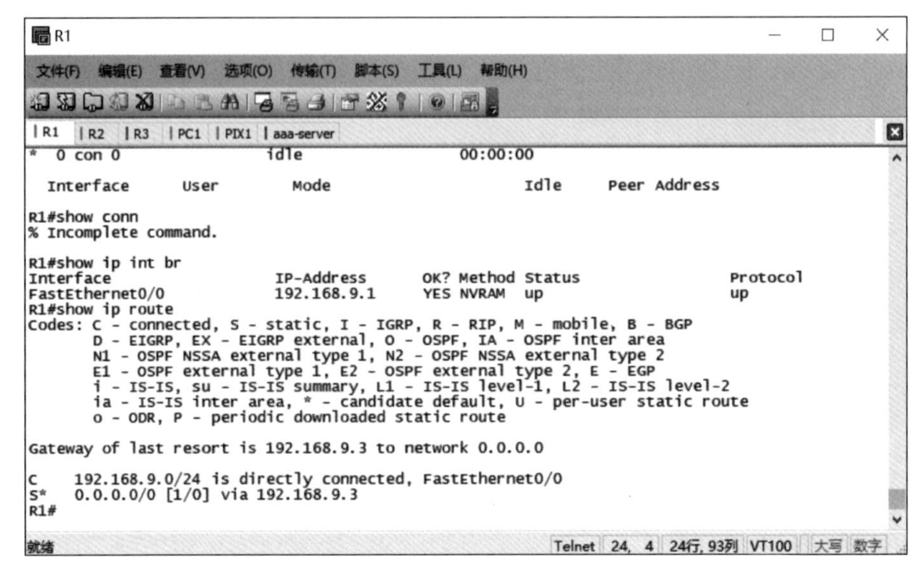

图 8.38 路由器 R1 的配置

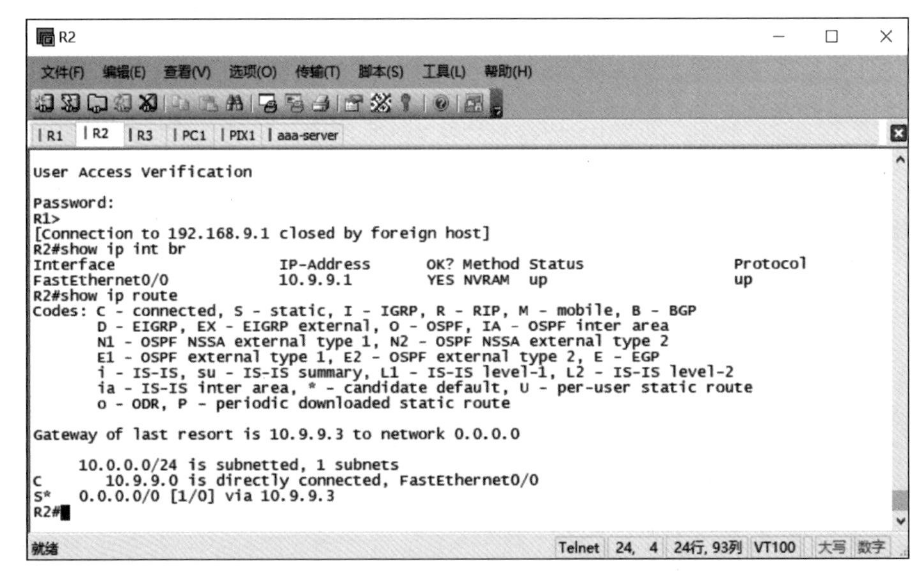

图 8.39 路由器 R2 的配置

3. 防火墙配置显示

通过 show 命令可查看防火墙配置信息，查验防火墙是否配置成功，相关配置的显示格式和内容如下所示：

```
cuitfirewall# show running-config
: Saved
:
PIX Version 8.0(2)
!
hostname cuitfirewall
enable password 8Ry2YjIyt7RRXU24 encrypted
names
!
interface Ethernet0
 nameif outside
 security-level 0
 ip address 192.168.9.3 255.255.255.0
!
interface Ethernet1
 nameif inside
 security-level 100
 ip address 133.33.33.3 255.255.255.0
!
interface Ethernet2
 nameif dmz
 security-level 50
 ip address 10.9.9.3 255.255.255.0
!
interface Ethernet3
 shutdown
 no nameif
 no security-level
 no ip address
!
interface Ethernet4
 shutdown
 no nameif
 no security-level
 no ip address
!
passwd 2KFQnbNIdI.2KYOU encrypted
ftp mode passive
access-list 101 extended permit tcp any any eq www
access-list 101 extended permit tcp any any eq ftp
access-list 101 extended permit tcp any any eq telnet
access-list accacl extended permit tcp any any
pager lines 24
logging console debugging
mtu outside 1500
mtu inside 1500
mtu dmz 1500
```

```
icmp unreachable rate - limit 1 burst - size 1
no asdm history enable
arp timeout 14400
static (inside,outside) 192.168.9.15 133.33.33.5 netmask 255.255.255.255
static (dmz,outside) 192.168.9.17 10.9.9.1 netmask 255.255.255.255
access - group 101 in interface outside
access - group 101 in interface dmz
timeout xlate 3:00:00
timeout conn 1:00:00 half - closed 0:10:00 udp 0:02:00 icmp 0:00:02
timeout sunrpc 0:10:00 h323 0:05:00 h225 1:00:00 mgcp 0:05:00 mgcp - pat 0:05:00
timeout sip 0:30:00 sip_media 0:02:00 sip - invite 0:03:00 sip - disconnect 0:02:00
timeout uauth 0:05:00 absolute
dynamic - access - policy - record DfltAccessPolicy
aaa - server aaa1 protocol tacacs +
aaa - server aaa1 host 133.33.33.5
 timeout 100
 key cisco123
aaa authentication match 101 outside aaa1
aaa authentication match 101 dmz aaa1
aaa authorization match 101 dmz aaa1
aaa authorization match 101 outside aaa1
aaa accounting match accacl outside aaa1
aaa accounting match accacl dmz aaa1
no snmp - server location
no snmp - server contact
snmp - server enable traps snmp authentication linkup linkdown coldstart
auth - prompt prompt who
auth - prompt accept welcome
auth - prompt reject we do not know you
no crypto isakmp nat - traversal
telnet timeout 5
ssh timeout 5
console timeout 0
threat - detection basic - threat
threat - detection statistics access - list
!
!
prompt hostname context
Cryptochecksum:65d2b35cf72f82d63173d9bac1d0a340
: end
```

4. 路由器 R1 的配置

路由器 R1 的配置信息包括接口、路由和密码访问配置，用于验证网络通信是否符合预期，显示格式和内容如下所示：

```
R1 # SHOW running - config
Building configuration...
```

```
Current configuration : 701 bytes
!
version 12.2
service timestamps debug uptime
service timestamps log uptime
no service password-encryption
!
hostname R1
!
enable password cisco
!
ip subnet-zero
no ip icmp rate-limit unreachable
!
!
ip tcp synwait-time 5
no ip domain-lookup
!
ip audit notify log
ip audit po max-events 100
!
call rsvp-sync
!
!
!
!
!
!
!
!
interface FastEthernet0/0
 ip address 192.168.9.1 255.255.255.0
 duplex auto
 speed auto
!
ip classless
ip route 0.0.0.0 0.0.0.0 192.168.9.3
ip http server
!
!
!
dial-peer cor custom
!
!
!
!
!
line con 0
```

```
exec - timeout 0 0
 privilege level 15
 logging synchronous
line aux 0
 exec - timeout 0 0
 privilege level 15
 logging synchronous
line vty 0 4
 password cisco
 login
!
end
```

5. 路由器 R2 的配置

路由器 R2 的配置信息包括接口、路由和密码访问配置，用于验证网络通信是否符合预期，显示格式和内容如下所示：

```
R2 # show running - config
Building configuration...
Current configuration : 695 bytes
!
version 12.2
service timestamps debug uptime
service timestamps log uptime
no service password - encryption
!
hostname R2
!
enable password cisco
!
ip subnet - zero
no ip icmp rate - limit unreachable
!
!
ip tcp synwait - time 5
no ip domain - lookup
!
ip audit notify log
ip audit po max - events 100
!
call rsvp - sync
!
!
!
!
```

```
!
!
!
!
interface FastEthernet0/0
 ip address 10.9.9.1 255.255.255.0
 duplex auto
 speed auto
!
ip classless
ip route 0.0.0.0 0.0.0.0 10.9.9.3
ip http server
!
!
!
dial-peer cor custom
!
!
!
!
!
line con 0
 exec-timeout 0 0
 privilege level 15
 logging synchronous
line aux 0
 exec-timeout 0 0
 privilege level 15
 logging synchronous
line vty 0 4
 password cisco
 login
!
end
```

★本章小结★

本章介绍了认证、授权和审计的概念、步骤和配置命令。并阐述了防火墙启用AAA服务功能后的网络流通信流程。认证和授权提供了用户的安全控制，还可以管控网络设备之间、网络之间的安全访问。

你是谁——通过认证功能，验证试图穿越防火墙的用户的身份。

你可以做什么——通过授权功能，赋予用户访问网络资源的权限，限制网络行为。

你做过了什么——通过审计功能，跟踪、记录用户的网络行为，以备发生安全事件时，可追踪溯源。

复习题

1. 配置防火墙的认证授权审计要使用哪些命令?
2. 认证授权和审计功能是否有前后顺序,如果有请说明?
3. 用户可下载的 ACL 和本地 ACL 的关系是什么?
4. 如何对防火墙配置认证授权和审计功能,与应用服务的区别是什么?

第9章

虚拟防火墙

本章要点

- ◆ 了解虚拟防火墙的意义,以及单模式和多模式的工作原理。
- ◆ 了解安全上下文的概念和配置文件的管理。
- ◆ 理解防火墙和虚拟防火墙的概念和区别,以及启用、配置和管理多个虚拟防火墙。

9.1 安全上下文概述

使用安全上下文(Security Context,SC)构建虚拟防火墙,安全上下文的个数取决于防火墙的许可证。一个物理防火墙可以配置多个虚拟防火墙,每个虚拟防火墙就是一个上下文(Context),可以作为一个独立的防火墙实例运行和管理,这些虚拟防火墙共享物理防火墙的硬件资源,如图 9.1 所示。

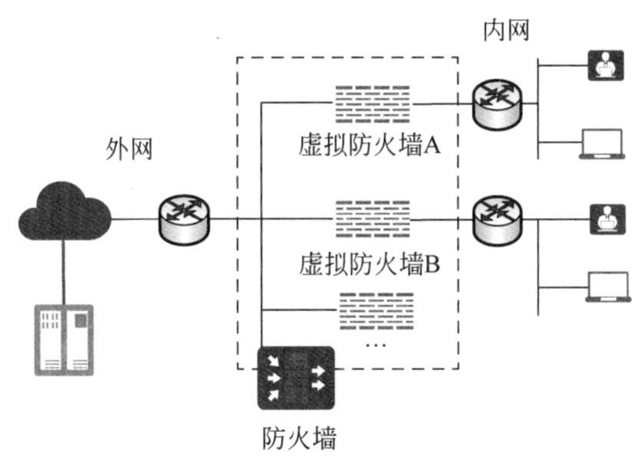

图 9.1 虚拟防火墙示意图

当硬件资源足够处理数据时,配置虚拟防火墙既可以降低成本,还可以对用户流量隔离、实施不安全策略、统一管理。物理防火墙上虚拟化出的多个安全上下文就是虚拟防火墙,虚拟防火墙同样需要配置接口、安全域、安全策略、路由等信息。物理防火墙相当于只有一个安全上下文,启用多个安全上下文意味着划分为了多个虚拟防火墙,物理防火墙从单模式转换为多模式状态,防火墙安全上下文示意如图 9.2 所示。

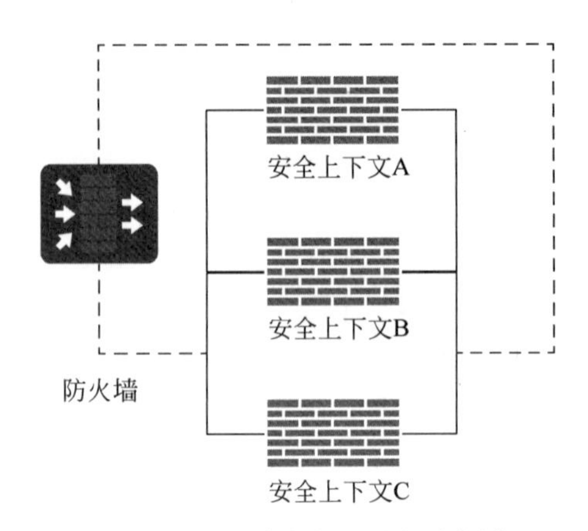

图 9.2 防火墙安全上下文示意图

9.1.1 虚拟防火墙结构

防火墙的安全上下文有两种运行模式，即单模式(single-context)和多模式(multiple-context)。

单模式：一个物理防火墙有且仅有一个上下文，默认运行模式。

多模式：一个物理防火墙配置大于或等于两个上下文。以多模式运行的防火墙包括了系统执行空间、管理上下文和用户上下文。每个虚拟防火墙都有配置文件，需要配置安全域、安全策略、接口等，与物理防火墙配置选项相同。配置独立使用的虚拟防火墙之前，需要通过系统管理员先启用多模式。

(1) 用户上下文：具有独立功能的虚拟防火墙。有自己的安全策略、接口和管理员，多个用户上下文相当于多个独立的防火墙。

(2) 管理上下文：可以作为虚拟防火墙使用，通常配置齐全但不使用，主要用于管理其他的用户上下文，进入管理上下文的用户相当于具有系统管理员权限，可以访问系统执行空间，进入任何一个虚拟防火墙。

(3) 系统执行空间：没有独立的上下文功能，只能在系统执行空间定义上下文，并进行物理资源的分配。启用多模式后，系统会自动创建系统执行空间，继而配置管理上下文和用户上下文。

防火墙启用安全上下文功能后，每个安全上下文都可以作为独立的防火墙使用，虚拟防火墙结构示意图如图 9.3 所示。

虚拟防火墙的主要应用场景是隔离用户流量，是一种增强安全管控的方式，可使用多个安全上下文适配不同安全策略需求，例如多个客户购买防火墙服务，企业不同的职能部门、学校不同的区域和组织希望区分安全策略且相互隔离，但无法采用多个物理防火墙时，虚拟防火墙是一个经济的方式。一个物理防火墙启用多模式运行可充当多个虚拟防火墙。

每个虚拟防火墙被称为安全上下文，是一个功能完备、独立的防火墙。这些虚拟防火墙经配置后，处理数据的硬件资源由物理防火墙提供，防火墙的流量检测和配置相互独立、彼此隔离。当需要增加防火墙时，不一定非要购买新的防火墙硬件，可以增加虚拟防火墙，从

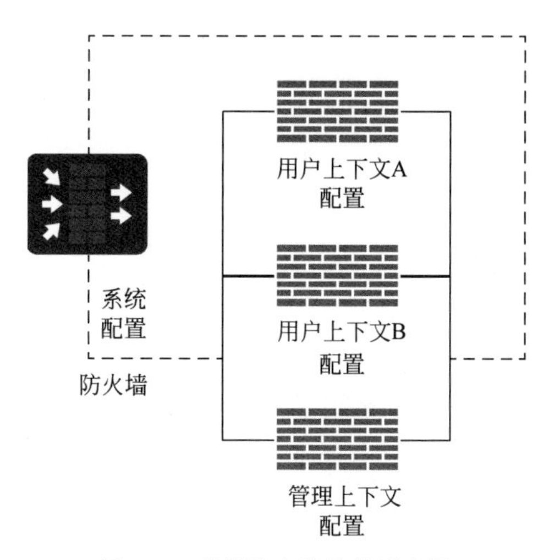

图 9.3　虚拟防火墙结构示意图

而降低防火墙硬件成本，而安全上下文的格式可通过购买许可增加，费用远远低于增加防火墙硬件的费用。局限性就在于增加虚拟防火墙，实际还是只有一台物理防火墙，虚拟防火墙所共享的硬件资源需满足能够适配所有虚拟防火墙流量处理的需求。

9.1.2　配置文件

每个安全上下文都有配置文件，用于保存安全策略、接口和命名等配置信息。默认保存在本地磁盘分区上作为启动配置文件，还可以通过 FTP 将文件下载到本机。防火墙从单模式转换为多模式时，原始运行配置保存为 old_running.cfg 并存储到本地，以备恢复为单模式时作为启动配置文件，同时运行配置转换到系统执行空间和管理上下文保存为 admin.cfg。可以通过命令 dir flash：/查看本地的所有文件信息，如图 9.4 所示。

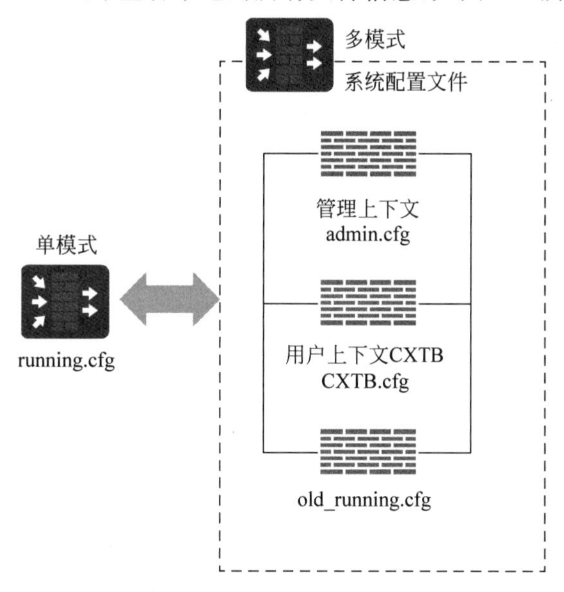

图 9.4　单模式转换为多模式配置文件示意图

通过 show mode 命令可以查看正在运行的安全上下文模式,切换操作命令如下所示。

```
# copy disk0:/old_running.cfg startup - config
# configure terminal
# mode single
```

9.1.3 数据包分类

以单模式运行的防火墙接口收到数据包,只对应一个上下文接口,防火墙判断目的接口进行转发。多模式下的防火墙对应多个上下文接口,虚拟防火墙共享物理防火墙的硬件,防火墙判断目的安全上下文进行转发,采用数据包分类器实现。分类器具有方向性,每个安全域都有一个分类器,例如共享接口位于外部网络,分类器检查收到的外部网络的数据包,决定传递给哪个上下文,监测入站、出站流量。数据包分类器的工作原理就是找到源接口对应的一个上下文,转发给这个上下文接口,之后的工作与单模式相同,就是执行流量监测的功能。

防火墙转换为多模式后,采用 VLAN 技术配置安全上下文,虚拟防火墙 VLAN 模式如图 9.5 所示。

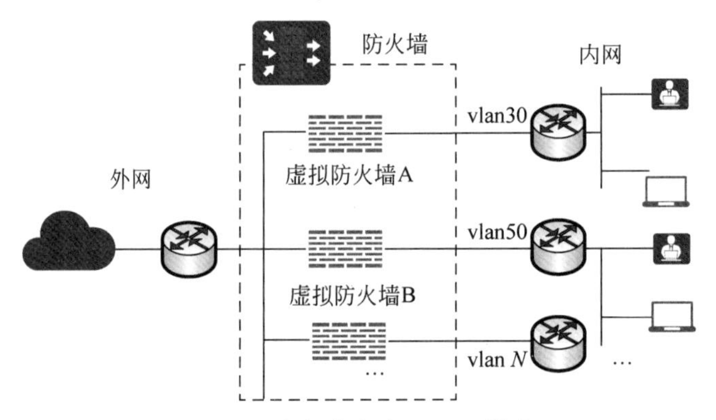

图 9.5 虚拟防火墙 VLAN 模式

通常情况下为了保护内部网络,隔离流量,只会共享外部上下文接口。使用多个虚拟防火墙保护信任网络的进出流量,数据包分类器包括了共享上下文接口和不共享上下文接口两种场景。在本章的实训任务中,外部接口使用共享接口,内部接口采用不共享接口。

(1) 共享接口:多个上下文的外接口共享一个防火墙的接口,为了准确传递数据包,需要查找上下文内接口和外接口的地址映射关系,可以通过 MAC 地址、静态 IP 地址、动态 IP 地址转换列表获取这些信息。

(2) 不共享接口:多个上下文的外接口对应不同的防火墙物理接口、逻辑子接口(例如 VLAN),查找到目的上下文地址。

9.2 多模式配置与管理

防火墙运行在多模式下时,系统执行空间相当于容器,里面有管理上下文和用户上下文,多模式管理示意图如图 9.6 所示。

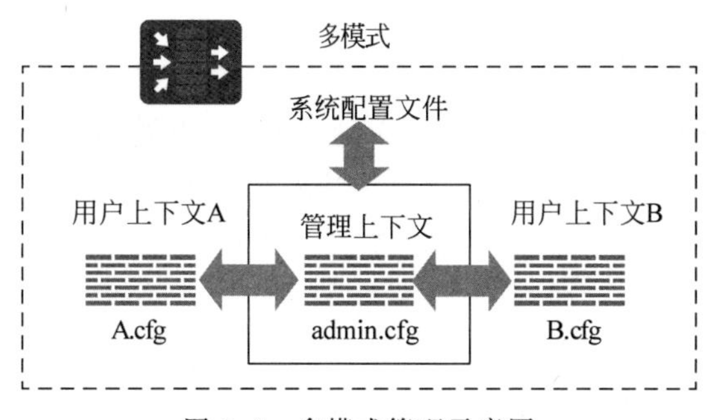

图 9.6 多模式管理示意图

可以将防火墙比作一个快递菜鸟驿站，这个驿站可以为一家快递公司服务，也可以提供服务给不同的快递公司。当为多个快递公司服务时，菜鸟驿站仓库为快递公司划分了货物隔断，货物少的几家快递公司可以共享一个空间，以独立的货架区分。还有个菜鸟驿站的办公区域，可以管控不同公司的快递进出，相当于管理上下文。每个独立的隔断相当于用户上下文，可以独立进行快递派送和签收，相当于独立的虚拟防火墙。这种仓库有统一的菜鸟驿站的管理制度，每个快递公司也有快递收发制度，相当于配置文件。

9.2.1 上下文初始化

切换防火墙模式。防火墙的多模式和单模式可以相互转换，使用命令 mode 实现，noconfirm 命令可以不提示用户对转换进行确认，命令语法格式如下。

```
mode {single | multiple} [noconfirm]
```

虚拟防火墙的初始化，包括设置接口、创建配置文件等。先在全局配置模式下创建安全上下文，使用 context 命令实现。然后进入 context 配置模式，配置安全上下文标识、上下文名称、配置文件 URL、VLAN 和接口等，还可以使用命令 description 对该上下文进行备注。context 命令语法格式如下：

```
context context_name
```

通常透明模式下每个虚拟防火墙都有 2 个接口，默认安全级别高的是内部接口，反之安全级别低的就是外部接口，还可以在路由模式下共享接口，透明模式下不共享接口。接口映射的名称必须由字母部分和数字部分组成。例如，范围 int0-int10 表示 11 个接口，G0/0.100-G0/0.199 表示 100 个接口。配置虚拟防火墙的接口，使用命令 allocate-interface 实现，命令语法格式如下：

```
allocate - interface physical _ interface. subinterface] [map _ name[ - map _ name]] [visible |
invisible]
```

创建、更改虚拟防火墙的配置文件，使用命令 config-url 实现，命令语法格式如下：

```
config - url url
```

处于多模式下运行时，能够在上下文之间进行切换，以便对指定上下文执行管理和配置操作，使用命令 changeto context 实现，命令语法格式如下：

```
changeto context context_name
```

防火墙在多模式下，对配置文件进行编辑、复制和写入，取决于当前处于防火墙安全上下文的位置。在系统执行空间时，只有系统配置；在用户上下文时，只有这个用户上下文的配置文件；无法在用户上下文中更改配置文件的位置，或查看启动配置文件。

示例 9.1：创建上下文名称是 contextid1 的配置文件。

```
# config - url disk0:/contextid1.cfg
```

删除用户上下文。除非删除所有上下文，否则无法删除当前管理上下文，命令语法格式如下：

```
no context name
```

移除所有安全上下文，命令语法格式如下：

```
clear configure context
```

设置防火墙的管理上下文，使用命令 admin-context 实现，可以将任何上下文设置为管理上下文，命令语法格式如下：

```
admin - context context_name
```

切换安全上下文，命令语法格式如下：

```
changeto {system | context name}
```

示例 9.2：切换到名称是 context1 的安全上下文。

```
# changeto context context1
```

从系统执行空间可以查看所有或指定上下文的配置信息，使用命令 show context 实现，命令语法格式如下：

```
show context [context name]
```

9.2.2 上下文配置示例

应用场景实例：企业有两个安全策略需求，分别为研发部和行政部。企业计划将防火墙配置为虚拟防火墙以满足当前研发部流量隔离的安全策略。要求配置一个仅用于管理的安全上下文,一个用于研发部流量保护的虚拟防火墙 vfireA,其他流量都走虚拟防火墙 vfireB。虚拟防火墙网络拓扑图如图 9.7 所示,是一个规划设计流量分离的示意图。请完成虚拟防火墙上下文的初始化和配置。实例配置分析:安全上下文的创建、配置和接口分配,为虚拟防火墙配置内部接口、外部接口名称,以及 IP 地址和安全级别,与物理防火墙的配置过程一样。

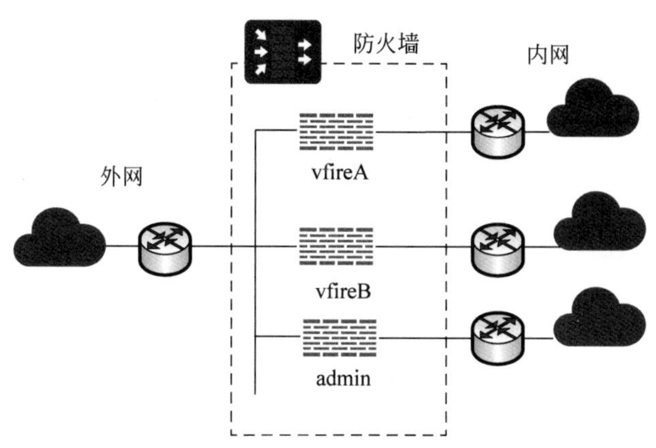

图 9.7　虚拟防火墙网络拓扑图

示例 9.3:要求将防火墙从单模式转换为多模式,创建安全上下文 admin,并指定为管理上下文,分配接口 G0/0 和接口 G1/1.2。

```
# mode multiple
# configure terminal
# context admin
# config - url flash:/admin.cfg
# allocate - interface G0/0
# allocate - interface G1/1.2
# exit
# admin - context admin
```

第 1 条命令,将物理防火墙从安全上下文单模式切换到安全上下文多模式。

第 2 条命令,进入配置。

第 3 条命令,创建安全上下文 admin。

第 4 条命令,创建安全上下文的配置文件。

第 5～6 条命令,给安全上下文分配接口。

第 7 条命令,退出当前配置。

第 8 条命令,指定安全上下文 admin 为管理上下文。

示例 9.4:创建安全上下文 vfireA,接口 G0/0 命名为 intfo,接口 G1/1.3 命名为 intfi,并创建配置文件。

```
# context vfireA
# config - url flash:/ vfireA.cfg
# allocate - interface G0/0 intfo
```

```
# allocate - interface G1/1.3 intfi
# exit
```

第 1 条命令，创建安全上下文 vfireA。

第 2 条命令，创建管理上下文的配置文件。

第 3 条命令，创建描述信息。

第 4～5 条命令，给安全上下文 vfireA 分配接口。

示例 9.5：创建安全上下文 vfireB，接口 G0/0 命名为 intfo，接口 G1/1.4 命名为 intfi，并创建配置文件。

```
# context vfireB
# config - url flash:/ vfireB.cfg
# allocate - interface G0/0 intfo
# allocate - interface G1/1.4 intfi
# exit
```

第 1 条命令，创建安全上下文 vfireB。

第 2 条命令，创建管理上下文的配置文件。

第 3 条命令，创建描述信息。

第 4～5 条命令，给安全上下文 vfireB 分配接口。

示例 9.6：配置管理上下文，配置外部接口 G0/0 的 IP 地址为 192.168.1.11，配置内部接口 G1/1.2 的 IP 地址为 192.168.9.11。

```
# changeto context admin
# show running - config
# configure terminal
# interface G0/0
# nameif outside
# security - level1 0
# ip address 192.168.1.11 255.255.255.0
# no shutdown
# interface G1/1.2
# nameif inside
# security - level 100
# ip address 192.168.9.11 255.255.255.0
# no shutdown
```

第 1 条命令，切换到管理上下文 admin。

第 2 条命令，查看运行配置情况。

第 3 条命令，进入配置。

第 4 条命令，配置接口 G0/0。

第 5 条命令，接口设置命名空间 outside。

第 6 条命令，设置接口安全级别为 0。

第 7 条命令，设置 IP 地址为 192.168.1.11。

第 8 条命令,启动接口。

第 9 条命令,配置接口 G1/1.2。

第 10 条命令,接口设置命名空间 inside。

第 11 条命令,设置接口安全级别为 100。

第 12 条命令,设置 IP 地址为 192.168.9.11。

第 13 条命令,启动接口。

示例 9.7:配置用户上下文 vfireA,配置外部接口 intfo 的 IP 地址为 192.168.1.13,配置内部接口 intfi 的 IP 地址为 192.168.11.13。

```
# changeto context vfireA
# show running - config
# configure terminal
# interface intfo
# nameif outside
# security - level 0
# ip address 192.168.1.13 255.255.255.0
# no shutdown
# interface intfi
# nameif inside
# security - level 100
# ip address 192.168.11.13 255.255.255.0
# no shutdown
```

第 1 条命令,切换到用户上下文 vfireA。

第 2 条命令,查看运行配置情况。

第 3 条命令,进入配置。

第 4 条命令,配置接口 intfo。

第 5 条命令,接口设置命名空间 outside。

第 6 条命令,设置接口安全级别为 0。

第 7 条命令,设置 IP 地址为 192.168.1.13。

第 8 条命令,启动接口。

第 9 条命令,配置接口 intfi。

第 10 条命令,接口设置命名空间 inside。

第 11 条命令,设置接口安全级别为 100。

第 12 条命令,设置 IP 地址为 192.168.11.13。

第 13 条命令,启动接口。

示例 9.8:配置用户上下文 vfireB,配置外部接口 intfo 的 IP 地址为 192.168.1.15,配置内部接口 intfi 的 IP 地址为 192.168.13.15。

```
# changeto context vfireB
# show running - config
# configure terminal
# interface intfo
```

```
# nameif outside
# security - level 0
# ip address 192.168.1.15 255.255.255.0
# no shutdown
# interface intfi
# nameif inside
# security - level 100
# ip address 192.168.13.15 255.255.255.0
# no shutdown
```

第 1 条命令,切换到用户上下文 vfireB。
第 2 条命令,查看运行配置情况。
第 3 条命令,进入配置。
第 4 条命令,配置接口 intfo。
第 5 条命令,接口设置命名空间 outside。
第 6 条命令,设置接口安全级别为 0。
第 7 条命令,设置 IP 地址为 192.168.1.15。
第 8 条命令,启动接口。
第 9 条命令,配置接口 intfi。
第 10 条命令,接口设置命名空间 inside。
第 11 条命令,设置接口安全级别为 100。
第 12 条命令,设置 IP 地址为 192.168.13.15。
第 13 条命令,启动接口。

9.3 虚拟防火墙配置实训

9.3.1 实验目的与任务

1. 实验目的

通过本实验掌握 PIX 虚拟防火墙的配置。实验实施需要防火墙 1 台,路由器若干台,控制线若干,网络连接线若干。

2. 实验任务

本实验主要任务如下:
(1) 配置两个虚拟防火墙;
(2) 验证虚拟防火墙的不同安全策略。

9.3.2 实验拓扑图和设备接口

根据实验任务,规划设计实验的网络拓扑图,如图 9.8 所示。通过网络设备、路由器执行 ping 命令或 telnet 命令,发起位于防火墙不同安全区域网络设备的通信,验证防火墙功能是否配置正确。

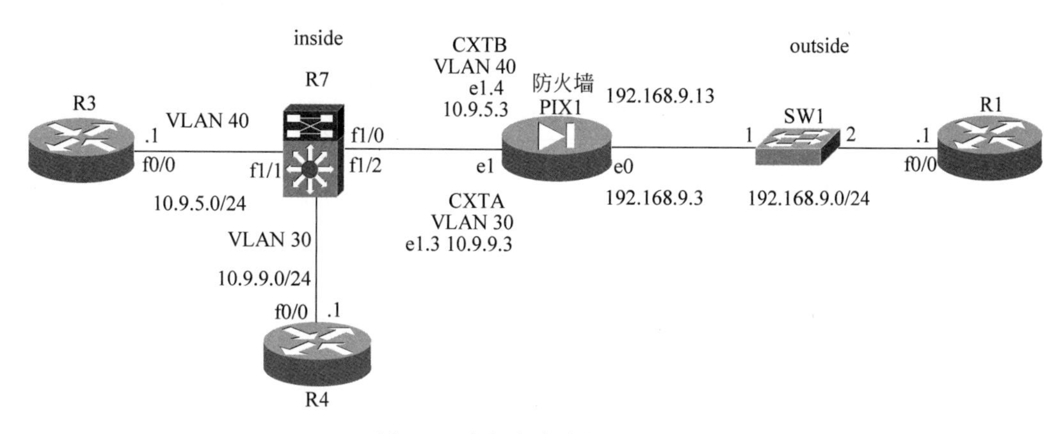

图 9.8 虚拟防火墙实验拓扑图

根据实验任务和实验拓扑图,为每个网络设备及其接口规划相关配置。防火墙接口信息如表 9.1 所示。

表 9.1 防火墙接口信息

名　称	outside(e0)	inside(e1)	VLAN	R7 接入口	检测
admin	192.168.9.5	10.9.1.3(e1.2)	20		
CXTA	192.168.9.3	10.9.9.3(e1.3)	30	f1/2	R4 流量
CXTB	192.168.9.13	10.9.5.3(e1.4)	40	f1/1	R3 流量

本实验创建了三个安全上下文:一个管理上下文和两个用户上下文,实现了虚拟防火墙功能,安全上下文的配置信息如表 9.2 所示。

表 9.2 防火墙安全上下文的配置信息

序号	上下文	interface	Type	nameif	Security level	IP Address
1	admin	e0	☑physical☐logical	outside	0	192.168.9.5
2	CXTB	e0	☑physical☐logical	outside	0	192.168.9.13
3	CXTA	e0	☑physical☐logical	outside	0	192.168.9.3
4	admin	e1.2	☐physical☑logical	inside	100	10.9.1.3
5	CXTB	e1.4	☐physical☑logical	inside	100	10.9.5.3
6	CXTA	e1.3	☐physical☑logical	inside	100	10.9.9.3

在本实验中,R7 是用来模拟交换机实现 VLAN,位于防火墙内部区域的路由器 R7 的配置信息如表 9.3 所示。

表 9.3 路由器 R7 模拟交换机配置信息

序　号	interface	VLAN
1	f1/0	trunk
2	f1/1	VLAN 40
3	f1/2	VLAN 30

位于防火墙外部区域的路由器 R1 的配置信息如表 9.4 所示。

表 9.4 路由器 R1 的配置信息

序　　号	interface	IP Address
1	f0/0	192.168.9.1

位于防火墙内部区域的路由器 R3 的配置信息如表 9.5 所示。

表 9.5 路由器 R3 的配置信息

序　　号	interface	IP Address
1	f0/0	10.9.5.1

位于防火墙内部区域的路由器 R4 的配置信息如表 9.6 所示。

表 9.6 路由器 R4 的配置信息

序　　号	interface	IP Address
1	f0/0	10.9.9.1

9.3.3 实验步骤和命令

下面对实验中配置防火墙使用的主要命令进行说明。

```
# context CXTA
# allocate - interface e0
# config - url flash:/CXTA.cfg
# show run context
# more admin.cfg
```

第 1 条命令,创建安全上下文 CXTA。
第 2 条命令,设置上下文使用的接口,分配防火墙接口 e0。
第 3 条命令,创建安全上下文的配置文件 CXTA.cfg,文件名与安全上下文名称相同。
第 4 条命令,显示当前安全上下文信息。
第 5 条命令,查看配置文件 admin.cfg 的详细内容。

1. 配置步骤

前面的实验都未使用防火墙的高级功能,配置虚拟防火墙功能,需要升级防火墙的许可(license)。在实验当中,根据防火墙镜像版本,使用镜像序号所对应的 Key。在配置界面输入镜像序号和 Key,如图 9.9 所示,再通过 show ver 命令查看当前防火墙开启的功能,如图 9.10 所示。升级 Key 有两种方式:窗口和命令行。

1) 界面输入举例:防火墙的串号是 0x302b6457,界面输入格式是逗号分隔,Key 为:0x8f5bdba6,0x0963cc7f,0xfeffd300,0x9b00f19d

2) 命令行输入举例:命令行输入格式是空格分隔输入 activation-key 0x8f5bdba6 0x0963cc7f 0xfeffd300 0x9b00f19d。先执行命令 wr 保存配置,再停止防火墙设备,最后启动防火墙，才会使 license 生效，此时重新用 show ver 命令查看 license。

节点配置
PIX防火墙
PIX1
PIX1 节点
PIX镜像: F:\ASA\pix\pix802.bin
内存: 128 MiB
网卡数: 6
网卡模块: e1000
Qemu 选项:
Key:)000, 0x00000000, 0x00000000, 0x00000000
串: 0x302b6457
Reset　OK　Cancel　Apply

图 9.9　防火墙镜像序号和 Key 输入界面

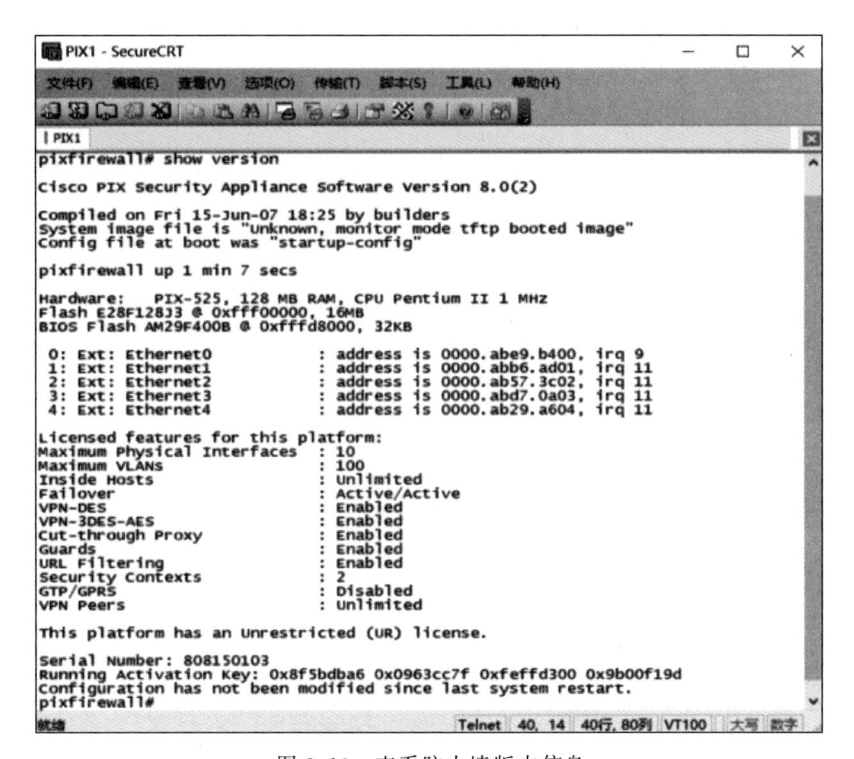

```
pixfirewall# show version

Cisco PIX Security Appliance Software Version 8.0(2)

Compiled on Fri 15-Jun-07 18:25 by builders
System image file is "Unknown, monitor mode tftp booted image"
Config file at boot was "startup-config"

pixfirewall up 1 min 7 secs

Hardware:   PIX-525, 128 MB RAM, CPU Pentium II 1 MHz
Flash E28F128J3 @ 0xfff00000, 16MB
BIOS Flash AM29F400B @ 0xfffd8000, 32KB

 0: Ext: Ethernet0           : address is 0000.abe9.b400, irq 9
 1: Ext: Ethernet1           : address is 0000.abb6.ad01, irq 11
 2: Ext: Ethernet2           : address is 0000.ab57.3c02, irq 11
 3: Ext: Ethernet3           : address is 0000.abd7.0a03, irq 11
 4: Ext: Ethernet4           : address is 0000.ab29.a604, irq 11

Licensed features for this platform:
Maximum Physical Interfaces  : 10
Maximum VLANs                : 100
Inside Hosts                 : Unlimited
Failover                     : Active/Active
VPN-DES                      : Enabled
VPN-3DES-AES                 : Enabled
Cut-through Proxy            : Enabled
Guards                       : Enabled
URL Filtering                : Enabled
Security Contexts            : 2
GTP/GPRS                     : Disabled
VPN Peers                    : Unlimited

This platform has an Unrestricted (UR) license.

Serial Number: 808150103
Running Activation Key: 0x8f5bdba6 0x0963cc7f 0xfeffd300 0x9b00f19d
Configuration has not been modified since last system restart.
pixfirewall#
```

图 9.10　查看防火墙版本信息

如图 9.9 和图 9.10 所示，展示了防火墙镜像序号和 Key 输入界面以及防火墙版本信息，操作中可查看使用的镜像序号和 Key 值，显示信息 Serial Number：808150103；Running Activation Key：0x8f5bdba6 0x0963cc7f 0xfeffd300 0x9b00f19d。

根据图 9.8 的 GNS3 实验拓扑图和虚拟防火墙接口设计，本实验设计了两个虚拟防火墙，共享 outside 外部接口，inside 内部接口采用了划分 VLAN 子接口的方式，实现接入不同的 VLAN 网络。使用命令 HOST PIX 修改了设备显示名称，实验启动了 3 个防火墙接口，执行查看命令 SHOW MODE，可进行模式查看，而使用命令 MODE MULTIPLE 可实现模式转换，提示进入转换过程，并重启防火墙，如图 9.11 所示。

图 9.11 单模式转换为多模式

防火墙转换为多模式后，查看多模式下的目录信息，发现配置文件发生了变化，防火墙原来的运行配置转换为了文件 old_running.cfg，防火墙原来的配置文件直接转换为了文件 admin.cfg 命令如下所示：

```
# dir
Directory of flash:/
9       -rw-   1322        08:28:01 Mar 07 2022   old_running.cfg
10      -rw-   723         08:28:01 Mar 07 2022   admin.cfg
16128000 bytes total (16121344 bytes free)
```

使用命令 more admin.cfg 可以查看配置文件的详情，单模式时配置信息是空的，可以进行简单配置后，对比配置文件的变化。防火墙原来有配置的可以对比，使用命令查看备份配置文件 more old_running.cfg，操作结果如图 9.12 所示。

使用命令 show run context 查看当前安全上下文信息，下面的结果显示了当前是管理上下文，上下文的名称和配置文件存放位置，命令如下所示：

```
cuitfirewall# show run context
admin-context admin
context admin
  config-url flash:/admin.cfg
!
```

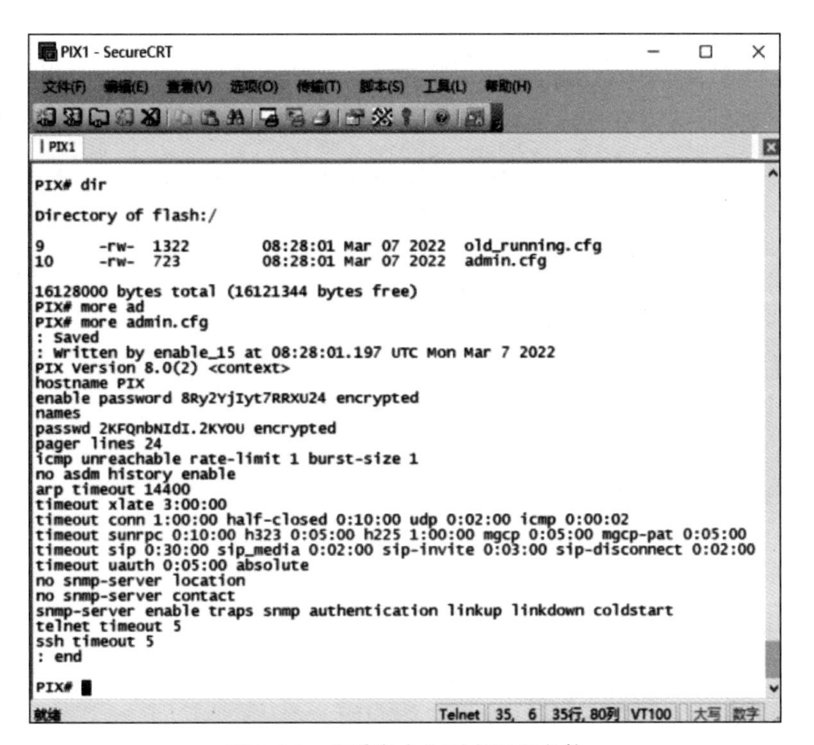

图 9.12　查看安全上下文配置文件

2. 防火墙接口 VLAN 配置

查看防火墙接口 VLAN 的配置信息，命令如下所示：

```
cuitfirewall(config)# show int ip br
cuitfirewall(config)# changeto context system
cuitfirewall(config)# int e1
cuitfirewall(config-if)# int e1.2
cuitfirewall(config-subif)# vlan 20
cuitfirewall(config-subif)# exit
cuitfirewall(config)# int e1
cuitfirewall(config-if)# int e1.3
cuitfirewall(config-subif)# vlan 30
cuitfirewall(config-subif)# exit
cuitfirewall(config)# int e1
cuitfirewall(config-subif)# int e1
cuitfirewall(config-if)# int e1.4
cuitfirewall(config-subif)# vlan 40
cuitfirewall(config-subif)# exit
cuitfirewall(config)#
```

3. 配置用户上下文

1）创建用户上下文 A

创建用户上下文 A 的配置信息，命令如下所示：

```
cuitfirewall# conf t
cuitfirewall(config)# context CXTA
Creating context 'CXTA'... Done. (2)
cuitfirewall(config-ctx)# ALLOCAte-interface E0
cuitfirewall(config-ctx)# ALLOCAte-interface E1.3 INTF1
cuitfirewall(config-ctx)# config-url flash:/CXTA.cfg
WARNING: Could not fetch the URL flash:/CXTA.cfg
INFO: Creating context with default config
cuitfirewall(config-ctx)# show run context
admin-context admin
context admin
  config-url flash:/admin.cfg
!
context CXTA
  allocate-interface Ethernet0 INTF0
  allocate-interface Ethernet1.2 INTF1
  config-url flash:/CXTA.cfg
!
```

2）创建用户上下文 B

创建用户上下文 B 的配置信息，命令如下所示：

```
cuitfirewall(config)# context CXTB
Creating context 'CXTB'... Done. (3)
cuitfirewall(config-ctx)# ALLOCAte-interface E0 INTF0
cuitfirewall(config-ctx)# ALLOCAte-interface E1.4 INTF1
cuitfirewall(config-ctx)# config-url flash:/CXTB.cfg
WARNING: Could not fetch the URL flash:/CXTB.cfg
INFO: Creating context with default config
cuitfirewall(config-ctx)# show run context
admin-context admin
context admin
  config-url flash:/admin.cfg
!
context CXTA
  allocate-interface Ethernet0 INTF0
  allocate-interface Ethernet1.2 INTF1
  config-url flash:/CXTA.cfg
!
context CXTB
  allocate-interface Ethernet0 INTF0
  allocate-interface Ethernet1.3 INTF1
  config-url flash:/CXTB.cfg
!
```

3）增加用户上下文 CXTC

完成用户上下文 CXTA 和 CXTB 的配置后，继续添加用户上下文则失败，原因是用户上下文个数超出了 license 支持的数量，无法创建成功，命令如下所示：

```
cuitfirewall(config)# context CXTC
Creating context 'CXTC'...
Cannot create context 'CXTC': Exceeded licensed limit on maximum number of security contexts...
ERROR: Creation for context 'CXTC' failed
cuitfirewall(config)#
```

4）显示已创建安全上下文

查看防火墙上下文的配置信息，命令如下所示：

```
cuitfirewall(config)# show run context
admin-context admin
context admin
  allocate-interface Ethernet0
  allocate-interface Ethernet1.2
  config-url flash:/admin.cfg
!
context CXTA
  allocate-interface Ethernet0 INTF0
  allocate-interface Ethernet1.3 INTF1
  config-url flash:/CXTA.cfg
!
context CXTB
  allocate-interface Ethernet0 INTF0
  allocate-interface Ethernet1.4 INTF1
  config-url flash:/CXTB.cfg
!
```

5）用户上下文切换和配置

防火墙用户上下文切换和配置信息，命令如下所示：

```
cuitfirewall/CXTA(config)# changeto context CXTB
cuitfirewall/CXTB(config)# INT INTF0
cuitfirewall/CXTB(config-if)# IP ADD 192.168.9.13 255.255.255.0
cuitfirewall/CXTB(config-if)# NAMEIF OUTSIDE
INFO: Security level for "OUTSIDE" set to 0 by default.
cuitfirewall/CXTB(config-if)# EXIT
cuitfirewall/CXTB(config)# INT INTF1
cuitfirewall/CXTB(config-if)# IP ADD 10.9.5.3 255.255.255.0
cuitfirewall/CXTB(config-if)# NAMEIF INSIDE
INFO: Security level for "INSIDE" set to 100 by default.
cuitfirewall/CXTB(config-if)# EXIT
cuitfirewall/CXTB(config)# NAT (INSIDE) 1 0 0
cuitfirewall/CXTB(config)# GLOBAL (OUTSIDE) 1 192.168.9.11
INFO: Global 192.168.9.11 will be Port Address Translated
cuitfirewall/CXTB(config)# EXIT
```

除了进入每个安全上下文保存配置，还可以一次将多个上下文配置保存到文件。配置完毕后，显示配置的上下文信息，可查看运行上下文信息，如图9.13所示。

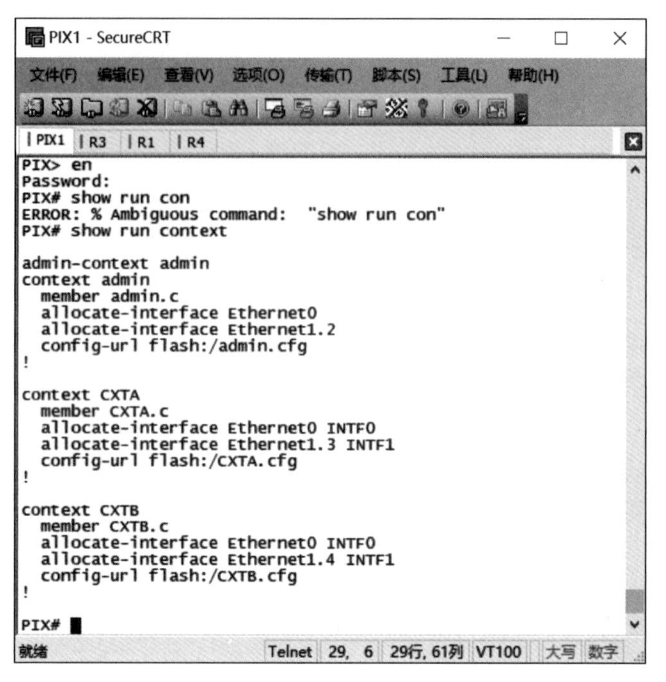

图 9.13 查看运行上下文信息

单独保存需要进入每个安全上下文，执行配置保存命令 wr。一次全部保存，需要使用命令 write memory all，可以依次保存每个安全上下文的配置信息，譬如，可保存防火墙所有配置信息，如图 9.14 所示，还可以通过命令 dir 查看 flash 信息，如图 9.15 所示。

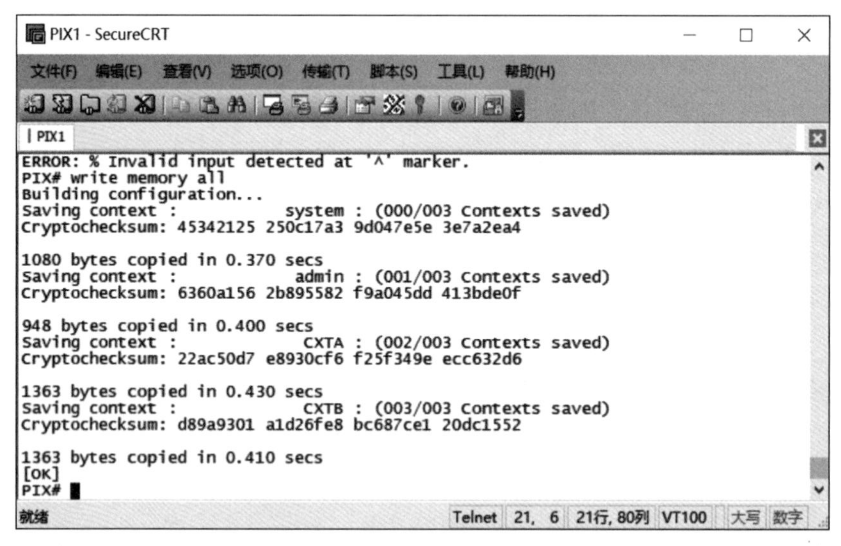

图 9.14 保存防火墙所有配置信息

4. 资源限制配置

为了避免防火墙硬件资源使用不均衡，影响网络会话速度，针对流量数据处理需求的不同，可以通过资源限制配置来解决。虚拟防火墙资源限制配置命令如下所示：

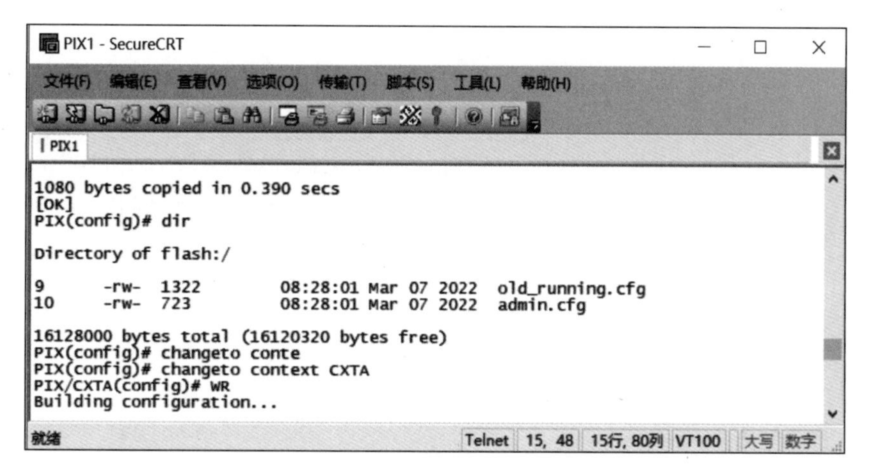
```
1080 bytes copied in 0.390 secs
[OK]
PIX(config)# dir

Directory of flash:/

9      -rw-  1322        08:28:01 Mar 07 2022  old_running.cfg
10     -rw-  723         08:28:01 Mar 07 2022  admin.cfg

16128000 bytes total (16120320 bytes free)
PIX(config)# changeto conte
PIX(config)# changeto context CXTA
PIX/CXTA(config)# WR
Building configuration...
```

图 9.15 查看 flash 信息

```
cuitfirewall(config)# context admin
cuitfirewall(config-ctx)# member admin.c
cuitfirewall(config-ctx)# exit
cuitfirewall(config)# context CXTA
cuitfirewall(config-ctx)# member CXTA.c
cuitfirewall(config-ctx)# exit
cuitfirewall(config)# context CXTB
cuitfirewall(config-ctx)# member CXTB.c
cuitfirewall(config-ctx)# show run context
admin-context admin
context admin
  member admin.c
  allocate-interface Ethernet0
  allocate-interface Ethernet1.2
  config-url flash:/admin.cfg
!
context CXTA
  member CXTA.c
  allocate-interface Ethernet0 INTF0
  allocate-interface Ethernet1.3 INTF1
  config-url flash:/CXTA.cfg
!
context CXTB
  member CXTB.c
  allocate-interface Ethernet0 INTF0
  allocate-interface Ethernet1.4 INTF1
  config-url flash:/CXTB.cfg
!
```

虚拟防火墙配置完毕，由于还没有配置路由器 R7 的 VLAN，网络无法正常连接。接着，在路由配置中，增加了与虚拟防火墙一致的 VLAN 划分后，R3 和 R4 可以 Telnet 路由器 R1，测试虚拟防火墙 CXTA 和虚拟防火墙 CXTB 是否配置成功，操作信息如图 9.16 和

图 9.17 所示。

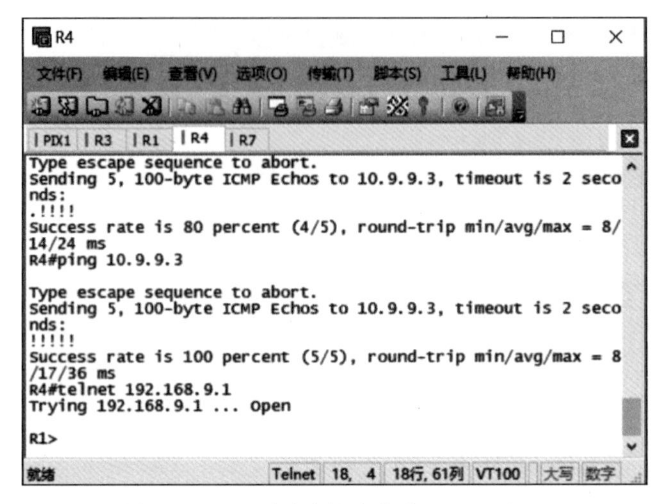

图 9.16 R4 测试虚拟防火墙 CXTA 配置

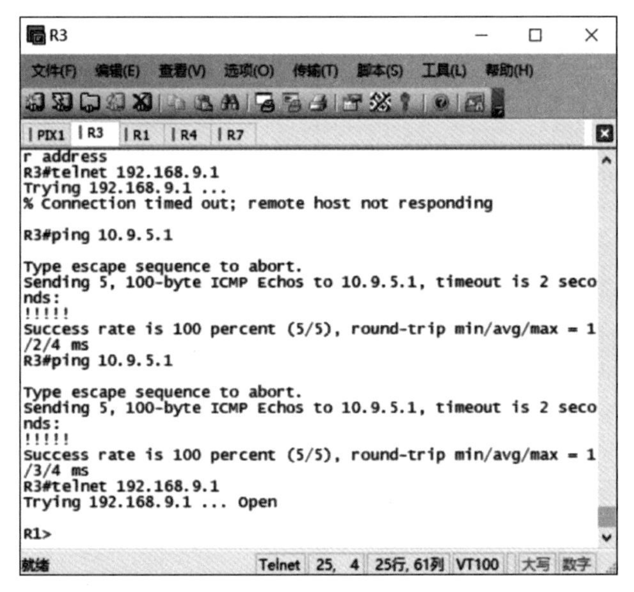

图 9.17 R3 测试虚拟防火墙 CXTB 配置

配置了安全上下文后，通过命令 show run context 查看虚拟防火墙 CXTA 和 CXTB 的接口和配置文件等信息，如图 9.18 所示。

用 show run 命令显示运行配置文件，显示了接口和 VLAN 的信息，如图 9.19 所示。

使用命令 changeto context admin 切换到防火墙管理上下文 admin，使用命令 show interface ip br 查看 CXTA 接口信息，如图 9.20 所示。

使用命令 changeto context CXTA 切换到防火墙安全上下文 CXTA，使用命令 show interface ip br 查看 CXTA 接口信息，如图 9.21 所示。

使用命令 changeto context CXTB 切换到防火墙安全上下文 CXTB，使用命令 show interface ip br 查看 CXTB 接口信息，如图 9.22 所示。

```
PIX# show run context

admin-context admin
context admin
  member admin.c
  allocate-interface Ethernet0
  allocate-interface Ethernet1.2
  config-url flash:/admin.cfg
!

context CXTA
  member CXTA.c
  allocate-interface Ethernet0 INTF0
  allocate-interface Ethernet1.3 INTF1
  config-url flash:/CXTA.cfg
!

context CXTB
  member CXTB.c
  allocate-interface Ethernet0 INTF0
  allocate-interface Ethernet1.4 INTF1
  config-url flash:/CXTB.cfg
!

PIX# show run
: Saved
:
PIX Version 8.0(2) <system>
!
就绪    Telnet  30, 14  30行, 61列  VT100  大写  数字
```

图 9.18　查看上下文信息

```
PIX# show run
: Saved
:
PIX Version 8.0(2) <system>
!
hostname PIX
enable password 8Ry2YjIyt7RRXU24 encrypted
no mac-address auto
!
interface Ethernet0
!
interface Ethernet1
!
interface Ethernet1.2
 vlan 20
!
interface Ethernet1.3
 vlan 30
!
interface Ethernet1.4
 vlan 40
!
interface Ethernet2
!
interface Ethernet3
 shutdown
PIX# ping 10.9.9.1
Type escape sequence to abort.
Sending 5, 100-byte ICMP Echos to 10.9.9.1, timeout is 2 seco
```

图 9.19　查看上下文信息接口信息

```
PIX/admin(config-if)# show int ip br
Interface                     IP-Address      OK? Method Status
                   Protocol
Ethernet0                     192.168.9.5     YES manual up
                   up
Ethernet1.2                   10.9.1.3        YES manual up
                   up
```

图 9.20　管理上下文接口信息

5. 防火墙配置显示

通过 show 命令查看防火墙配置信息，查验命令是否配置成功，相关配置的显示格式和

```
PIX(config)# changeto CONTEXT CXTA
PIX/CXTA(config)# SHOW INT IP BR
Interface                  IP-Address      OK? Method Status
                Protocol
INTF0                      192.168.9.3     YES CONFIG up
                up
INTF1                      10.9.9.3        YES CONFIG up
                up
```

图 9.21　虚拟防火墙 CXTA 接口信息

```
PIX(config)# changeto CONTEXT CXTB
PIX/CXTB(config)# show int ip br
Interface                  IP-Address      OK? Method Status
                Protocol
INTF0                      192.168.9.13    YES CONFIG up
                up
INTF1                      10.9.5.3        YES CONFIG up
                up
```

图 9.22　虚拟防火墙 CXTB 接口信息

内容如下所示：

```
cuitfirewall# show running-config
: Saved
:
PIX Version 8.0(2) <system>
!
hostname cuitfirewall
enable password 8Ry2YjIyt7RRXU24 encrypted
no mac-address auto
!
interface Ethernet0
!
interface Ethernet1
!
interface Ethernet1.2
 vlan 20
!
interface Ethernet1.3
 vlan 30
!
interface Ethernet1.4
 vlan 40
!
interface Ethernet2
!
interface Ethernet3
 shutdown
!
interface Ethernet4
 shutdown
!
class default
  limit-resource All 0
```

```
  limit-resource ASDM 5
  limit-resource SSH 5
  limit-resource Telnet 5
!
class admin.c
  limit-resource Conns 50.0%
  limit-resource SSH 5.0%
!
class CXTA.c
  limit-resource Telnet 5.0%
!
class CXTB.c
  limit-resource Telnet 5.0%
!
ftp mode passive
pager lines 24
no failover
no asdm history enable
arp timeout 14400
console timeout 0
admin-context admin
context admin
  member admin.c
  allocate-interface Ethernet0
  allocate-interface Ethernet1.2
  config-url flash:/admin.cfg
!
context CXTA
  member CXTA.c
  allocate-interface Ethernet0 INTF0
  allocate-interface Ethernet1.3 INTF1
  config-url flash:/CXTA.cfg
!
context CXTB
  member CXTB.c
  allocate-interface Ethernet0 INTF0
  allocate-interface Ethernet1.4 INTF1
  config-url flash:/CXTB.cfg
!
prompt hostname context
Cryptochecksum:23cd43c6b7f8ad571cafe582f05a7631
cuitfirewall# more CXTA.cfg
: Saved
: Written by enable_15 at 12:16:27.203 UTC Mon Mar 7 2022
!
PIX Version 8.0(2) <context>
!
hostname CXTA
enable password 8Ry2YjIyt7RRXU24 encrypted
```

```
names
!
interface INTF0
 nameif OUTSIDE
 security - level 0
 ip address 192.168.9.3 255.255.255.0
!
interface INTF1
 nameif INSIDE
 security - level 100
 ip address 10.9.9.3 255.255.255.0
!
passwd 2KFQnbNIdI.2KYOU encrypted
pager lines 24
mtu OUTSIDE 1500
mtu INSIDE 1500
icmp unreachable rate - limit 1 burst - size 1
no asdm history enable
arp timeout 14400
global (OUTSIDE) 11 192.168.9.111
nat (INSIDE) 11 0.0.0.0 0.0.0.0
timeout xlate 3:00:00
timeout conn 1:00:00 half - closed 0:10:00 udp 0:02:00 icmp 0:00:02
timeout sunrpc 0:10:00 h323 0:05:00 h225 1:00:00 mgcp 0:05:00 mgcp - pat 0:05:00
timeout sip 0:30:00 sip_media 0:02:00 sip - invite 0:03:00 sip - disconnect 0:02:00
timeout uauth 0:05:00 absolute
no snmp - server location
no snmp - server contact
no crypto isakmp nat - traversal
telnet timeout 5
ssh timeout 5
!
class - map inspection_default
 match default - inspection - traffic
!
!
policy - map type inspect dns preset_dns_map
 parameters
  message - length maximum 512
policy - map global_policy
 class inspection_default
  inspect dns preset_dns_map
  inspect ftp
  inspect h323 h225
  inspect h323 ras
  inspect netbios
  inspect rsh
  inspect rtsp
  inspect skinny
```

```
   inspect esmtp
   inspect sqlnet
   inspect sunrpc
   inspect tftp
   inspect sip
   inspect xdmcp
!
service - policy global_policy global
Cryptochecksum:7ae1bba8c86fcfa7fae69f377b504413
cuitfirewall# more CXTB.cfg
: Saved
: Written by enable_15 at 12:16:27.893 UTC Mon Mar 7 2022
!
PIX Version 8.0(2) <context>
!
hostname CXTB
enable password 8Ry2YjIyt7RRXU24 encrypted
names
!
interface INTF0
 nameif OUTSIDE
 security - level 0
 ip address 192.168.9.13 255.255.255.0
!
interface INTF1
 nameif INSIDE
 security - level 100
 ip address 10.9.5.3 255.255.255.0
!
passwd 2KFQnbNIdI.2KYOU encrypted
pager lines 24
mtu OUTSIDE 1500
mtu INSIDE 1500
icmp unreachable rate - limit 1 burst - size 1
no asdm history enable
arp timeout 14400
global (OUTSIDE) 1 192.168.9.11
nat (INSIDE) 1 0.0.0.0 0.0.0.0
timeout xlate 3:00:00
timeout conn 1:00:00 half - closed 0:10:00 udp 0:02:00 icmp 0:00:02
timeout sunrpc 0:10:00 h323 0:05:00 h225 1:00:00 mgcp 0:05:00 mgcp - pat 0:05:00
timeout sip 0:30:00 sip_media 0:02:00 sip - invite 0:03:00 sip - disconnect 0:02:00
timeout uauth 0:05:00 absolute
no snmp - server location
no snmp - server contact
no crypto isakmp nat - traversal
telnet timeout 5
ssh timeout 5
!
```

```
class-map inspection_default
 match default-inspection-traffic
!
!
policy-map type inspect dns preset_dns_map
 parameters
  message-length maximum 512
policy-map global_policy
 class inspection_default
  inspect dns preset_dns_map
  inspect ftp
  inspect h323 h225
  inspect h323 ras
  inspect netbios
  inspect rsh
  inspect rtsp
  inspect skinny
  inspect esmtp
  inspect sqlnet
  inspect sunrpc
  inspect tftp
  inspect sip
  inspect xdmcp
!
service-policy global_policy global
Cryptochecksum:8b1758f5e98034ab12b9bcb69b67a4e7
: end
```

6. 路由器配置

1）无密码 telnet

路由器 R1 配置无密码访问，命令如下所示：

```
R1(config)#LINE VTY 0 4
R1(config-line)#NO LO
R1(config-line)#NO LOGIN
```

路由器模拟交换机，内部网络的接口是共享物理接口，需要划分 VLAN 进行流量隔离，进入不同的虚拟防火墙检测。路由模拟交换机的 trunk 接口 f1/0 与防火墙的物理接口 e1 直连，交换机接口 f1/1 直连 R3 接入 10.9.5.0/24 网段流量，交换机接口 f1/2 直连 R4 接入 10.9.9.0/24 网段流量。不同网络端流量根据用户需求进入不同的虚拟防火墙，配置如下：交换机使接入路由器 R3 的流量进入虚拟防火墙 CXTB 的 VLAN40 接口 e1.4，交换机使接入路由器 R4 的流量进入虚拟防火墙 CXTA 的 VLAN30 接口 e1.3。

2）路由器 R7 的配置

在实验中，使用路由器模拟交换机，实现 VLAN 通信，需要根据分配的接口和 VLAN 信息配置路由器 R7，命令如下所示：

```
R7(config)#vlan 20,30,40
R7(config-vlan)#ex
R7(config)#int f1/1
R7(config-if)#sw mo acc
R7(config-if)#switchport access vlan 40
R7(config-if)#int f1/2
R7(config-if)#switchport mode access
R7(config-if)#switchport access vlan 30
R7(config-if)#int f1/0
R7(config-if)#switchport mode trunk
R7(config-if)#switchport trunk encapsulation dot1q
```

3）路由器 R1 的配置

路由器 R1 的配置信息包括接口、路由和无密码访问配置，用于验证网络通信是否符合预期，命令如下所示：

```
R1#conf t
Enter configuration commands, one per line.  End with CNTL/Z.
R1(config)#int f0/0
R1(config-if)#ip add 192.168.9.1 255.255.255.0
R1(config-if)#no sh
R1(config-if)#ip route 10.9.5.0 255.255.255.0 192.168.9.3
R1(config)#ip route 10.9.9.0 255.255.255.0 192.168.9.3
R1(config)#end
R1# wr
Building configuration...
[OK]
R1#show ip route
Codes: C - connected, S - static, R - RIP, M - mobile, B - BGP
       D - EIGRP, EX - EIGRP external, O - OSPF, IA - OSPF inter area
       N1 - OSPF NSSA external type 1, N2 - OSPF NSSA external type 2
       E1 - OSPF external type 1, E2 - OSPF external type 2
       i - IS-IS, su - IS-IS summary, L1 - IS-IS level-1, L2 - IS-IS level-2
       ia - IS-IS inter area, * - candidate default, U - per-user static route
       o - ODR, P - periodic downloaded static route
Gateway of last resort is not set
C    192.168.9.0/24 is directly connected, FastEthernet0/0
     10.0.0.0/24 is subnetted, 2 subnets
S       10.9.5.0 [1/0] via 192.168.9.3
S       10.9.9.0 [1/0] via 192.168.9.3
R1#show ip int br
Interface                  IP-Address      OK? Method Status                Protocol
FastEthernet0/0            192.168.9.1     YES manual up                    up
R1#CONF T
Enter configuration commands, one per line.  End with CNTL/Z.
R1(config)#LINE VTY 0 4
R1(config-line)#NO LO
R1(config-line)#NO LOGIN
R1(config-line)#wr
```

4）路由器 R3 的配置

路由器 R3 的配置信息包括接口和路由的配置，用于验证网络通信是否符合预期，命令如下所示：

```
R3#conf t
Enter configuration commands, one per line.  End with CNTL/Z.
R3(config)#LINE VTY 0 4
R3(config-line)#NO LOGIN
R3(config)#int f0/0
R3(config-if)#ip add 10.9.5.1 255.255.255.0
R3(config-if)#ip route 192.168.9.0 255.255.255.0 10.9.5.3
R3(config)#end
R3#show ip route
Codes: C - connected, S - static, R - RIP, M - mobile, B - BGP
       D - EIGRP, EX - EIGRP external, O - OSPF, IA - OSPF inter area
       N1 - OSPF NSSA external type 1, N2 - OSPF NSSA external type 2
       E1 - OSPF external type 1, E2 - OSPF external type 2
       i - IS-IS, su - IS-IS summary, L1 - IS-IS level-1, L2 - IS-IS level-2
       ia - IS-IS inter area, * - candidate default, U - per-user static route
       o - ODR, P - periodic downloaded static route

Gateway of last resort is not set
S    192.168.9.0/24 [1/0] via 10.9.5.3
     10.0.0.0/24 is subnetted, 1 subnets
C       10.9.5.0 is directly connected, FastEthernet0/0
R3#wr
Building configuration...
[OK]
```

5）路由器 R4 的配置

路由器 R4 的配置信息包括接口、路由和无密码访问配置，用于验证网络通信是否符合预期，命令如下所示：

```
R4#conf t
Enter configuration commands, one per line.  End with CNTL/Z.
R4(config)#int f0/0
R4(config-if)#ip add 10.9.9.1 255.255.255.0
R4(config-if)#ip route 192.168.9.0 255.255.255.0 10.9.9.3
R4(config)#no sh
R4(config)#LINE VTY 0 4
R4(config-line)#NO LOGIN
R4(config-line)#end
```

6）路由器 R7 的配置结果

在本实验中，通过划分的 VLAN 验证虚拟防火墙彼此独立工作，其难点是路由器 R7 的 VLAN 划分和 trunk 接口配置，实现路由器模拟交换机，通过 SHOW 命令查看路由器 R7 的配置如下所示：

```
R7#SHOW RUN
Building configuration...
Current configuration : 1513 bytes
!
version 12.4
service timestamps debug datetime msec
service timestamps log datetime msec
no service password-encryption
!
hostname R7
!
boot-start-marker
boot-end-marker
!
!
no aaa new-model
memory-size iomem 5
no ip routing
no ip icmp rate-limit unreachable
no ip cef
!
!
!
!
no ip domain lookup
!
multilink bundle-name authenticated
!
!
!
!
!
!
!
!
!
!
!
!
!
!
!
!
!
!
!
!
!
archive
```

```
log config
  hidekeys
!
!
!
!
ip tcp synwait-time 5
!
!
!
!
interface FastEthernet0/0
 no ip address
 no ip route-cache
 shutdown
 duplex auto
 speed auto
!
interface FastEthernet0/1
 no ip address
 no ip route-cache
 shutdown
 duplex auto
 speed auto
!
interface FastEthernet1/0
 switchport mode trunk
!
interface FastEthernet1/1
 switchport access vlan 40
!
interface FastEthernet1/2
 switchport access vlan 30
!
interface FastEthernet1/3
!
interface FastEthernet1/4
!
interface FastEthernet1/5
!
interface FastEthernet1/6
!
interface FastEthernet1/7
!
interface FastEthernet1/8
!
interface FastEthernet1/9
!
interface FastEthernet1/10
```

```
!
interface FastEthernet1/11
!
interface FastEthernet1/12
!
interface FastEthernet1/13
!
interface FastEthernet1/14
!
interface FastEthernet1/15
!
interface Vlan1
 no ip address
 no ip route-cache
!
ip forward-protocol nd
!
!
no ip http server
no ip http secure-server
!
!
!
!
!
!
!
control-plane
!
!
!
!
!
!
!
!
!
!
line con 0
 exec-timeout 0 0
 privilege level 15
 logging synchronous
line aux 0
 exec-timeout 0 0
 privilege level 15
 logging synchronous
line vty 0 4
 login
!
!
end
```

7. 虚拟防火墙配置 ACL 策略

虚拟防火墙 CXTA 配置 ACL 策略，命令如下所示：

```
cuitfirewall(config)# changeto context CXTA
cuitfirewall/CXTA(config)# access-list 101 permit icmp any any echo-reply
cuitfirewall/CXTA(config)# access-group 101 in interface outside
```

先测试防火墙不同安全区域的网络通信，验证虚拟防火墙配置成功，测试路由器 R3 和路由器 R4 可以无密码 telnet 登录路由器 R1，表示内部网络和外部网络的网络通信正常，如图 9.23 所示。

```
R3#telnet 192.168.9.1
Trying 192.168.9.1 ... Open

R1>
```

```
R4#telnet 192.168.9.1
Trying 192.168.9.1 ... Open

R1>
```

图 9.23　路由器 R3 和路由器 R4 登录路由器 R1

接着，测试两个虚拟防火墙分别监测 VLAN 30 和 VLAN 40 的流量，虚拟防火墙使不同 VLAN 的流量隔离并独立工作。将虚拟防火墙 CXTA 做了 ICMP 回显数据包的 ACL 放行策略，而虚拟防火墙 CXTB 不做 ICMP 回显数据包的 ACL 放行策略。其中，虚拟防火墙 CXTB 用于监测 VLAN 40，流量来自路由器 R3；虚拟防火墙 CXTA 用于监测 VLAN 30，流量来自路由器 R4。

路由器 R3 执行 ping 命令，访问路由器 R1，属于 VLAN 40 的流量，由虚拟防火墙 CXTB 处理，出站数据包默认放行，由于没有配置入站的 ACL 策略，路由器 R1 发送的 ICMP 回显数据包则无法穿越虚拟防火墙 CXTB。因此，路由器 R3 无法 ping 通路由器 R1，如图 9.24 所示。

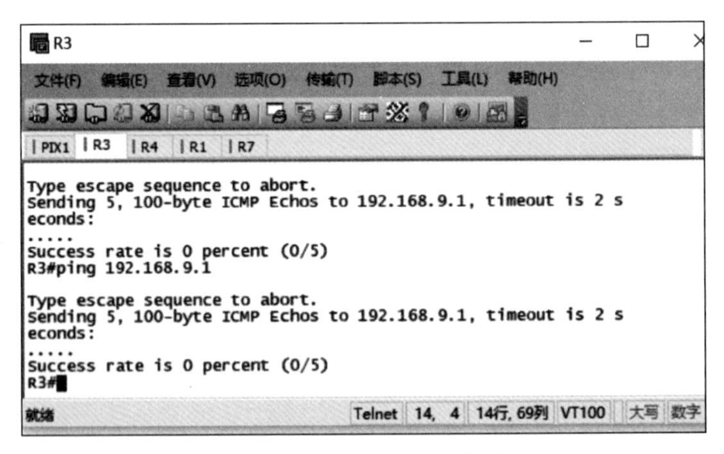

图 9.24　虚拟防火墙 CXTB 拒绝流量

路由器 R4 执行 ping 命令，访问路由器 R1，属于 VLAN 30 的流量，由虚拟防火墙 CXTA 处理，出站数据包默认放行。虚拟防火墙 CXTA 的 outside 接口做了放行 echo-reply 的 ACL 策略，路由器 R1 发送的 ICMP 回显数据包则可以入站。因此，路由器 R4 可以 ping 通路由器 R1，如图 9.25 所示。

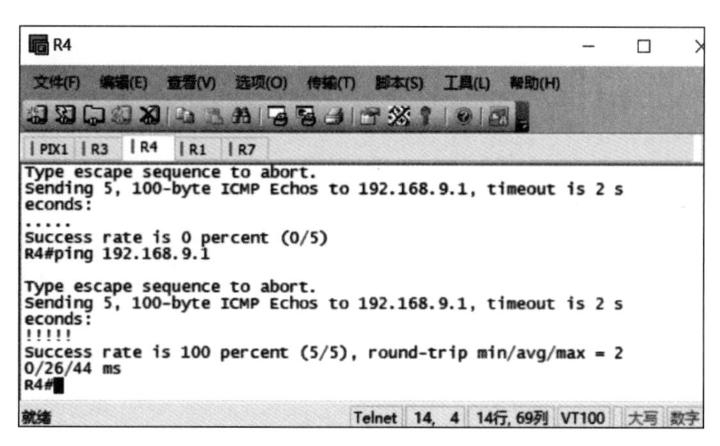

图 9.25 虚拟防火墙 CXTA 放行流量

★本章小结★

本章介绍了虚拟防火墙技术。阐述了如何将物理安全设备分离为多个独立的虚拟防火墙,以及管理和配置命令的使用。虚拟防火墙又称安全上下文,将使用相同安全策略的网络设备划分到相同的 VLAN,一个虚拟防火墙处理一个 VLAN 的网络流,并独立管控和使用。

复习题

1. 虚拟防火墙的功能和优势是什么?
2. 如何理解物理防火墙和虚拟防火墙的关系?
3. 使用哪些命令实现虚拟防火墙?
4. 简述 VLAN 在虚拟防火墙技术中的作用。

第10章

防火墙容错与故障切换

本章要点

◆ 理解防火墙故障切换的概念，以及防火墙 AA 工作模式和 AS 工作模式。

◆ 掌握防火墙故障切换的技术原理和配置命令。

◆ 掌握防火墙故障切换的硬件要求，以及基于 LAN 的故障切换的配置步骤和命令。

10.1 工作模式概述

防火墙出现故障时，启用容错与故障切换功能，以继续提供流量监测和保护。网络中需要有两台防火墙，分别称为主防火墙和备用防火墙，可以是硬件或是虚拟防火墙。正常工作时，主防火墙是执行流量管控功能的活动防火墙；没有执行防火墙功能的是备用防火墙，处于待机状态。主防火墙出现故障时，备用防火墙接管流量管控功能，从待机状态转换成活动状态，这个过程称为防火墙故障切换，从而实现了防火墙容错，如图 10.1 所示。

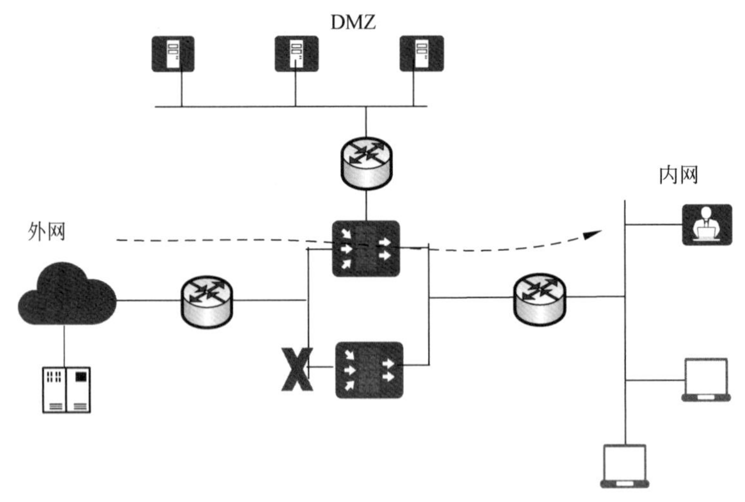

图 10.1 防火墙故障切换示意图

触发防火墙故障切换的场景包括：断电、轮询时间超时、机器重启、资源耗尽和强制转换等。防火墙故障切换发生时，如果主防火墙没有将网络连接的信息传递给备用防火墙，此时会断开所有网络连接，所有通信都要重新建立；如果主防火墙将网络连接的信息传递给备用防火墙，所有通信不需要重新建立，也称为状态故障切换。

防火墙实现故障切换的必要条件为：设备相同，主备两个安全设备完全相同，通过专用故障恢复链路或接口互联。硬件相同，包括模块、接口号、类型、内存等；配置相同，包括运行模式、软件版本、许可等。防火墙容错功能有两种工作模式：主备模式AS和负载均衡模式AA。

主备模式下的两台防火墙，其中一台作为主设备，另一台作为备用设备。主防火墙处于活动状态，执行流量管控的业务，并将连接信息传递到备用防火墙；而备用防火墙并不会处理流量，其运行期间保持与主防火墙的信息同步。为了保持信息同步，主备两台防火墙可以通过网络接口、故障切换专用电缆连接。备用防火墙与主防火墙处于同一个网络中，可以通过不同方式轮询确认主防火墙是在正常有序地处理业务。主防火墙和备用防火墙可以通过下列接口方式执行故障切换。

(1) 电缆：故障切换电缆是专用于故障切换接口连接的硬件，是一条经过修改的RS232串行链路电缆。

(2) LAN：通过专用LAN接口执行故障切换，但是无需使用专用的硬件，数据直接在网络上传递，占有带宽且缺乏安全性，由于对电力损耗的延时检测，还使故障切换的时间较长。

(3) 状态故障切换：具有状态故障切换功能时，主防火墙会与备用防火墙共享每个连接的信息，一旦主防火墙发送故障也不影响已连接的网络通信的正常运行。不排除部分连接会有应用程序在故障切换序列完成之前超时。

当主防火墙发生故障时，备用防火墙先确定是哪个防火墙发生故障。依次使用下面的方式进行故障测试，通过则测试终止，否则进行下一个测试项。

(1) 链路测试：测试链路关闭还是正常工作，当网络电缆、端口不适配或关闭和交换机宕机等情况，则认为链路失效。

(2) 网络测试：测试网络状态是否正常运行，限定时间内是否接收到分组信息，如果接收到响应数据包则认为防火墙正常运行，如果没有接收到流量，则认为防火墙失效。

(3) 地址解析协议(ARP)测试：评估最近获得的10个防火墙的ARP高效缓存。每评估一次，防火墙发送ARP请求到这些高效缓存，防火墙在此后5s内计算接收到的流量。如果接收到流量意味着接口正常运行；如果没有接收到流量，继续发送ARP请求到下一个高效缓存。直至发送到列表末尾还没有收到任何流量，开始进行ping测试。

(4) ping测试：发送广播式ping，限定时间内是否接收到分组信息，如果接收到响应数据包则认为是运行的，如果没有接收到流量，则认为防火墙失效，此测试与ARP测试一起重新开始。

10.2　AA工作模式

负载均衡模式(ActiveActive，AA)利用了防火墙安全上下文的特性，需要两台防火墙均摊执行流量保护业务，每个防火墙上都至少有两个虚拟防火墙；在每个防火墙设备中，都有主防火墙和备用防火墙，是用虚拟防火墙实现的；配置每个防火墙设备中的安全上下文，区分主备功能，从而实现故障切换功能，如图10.2所示。

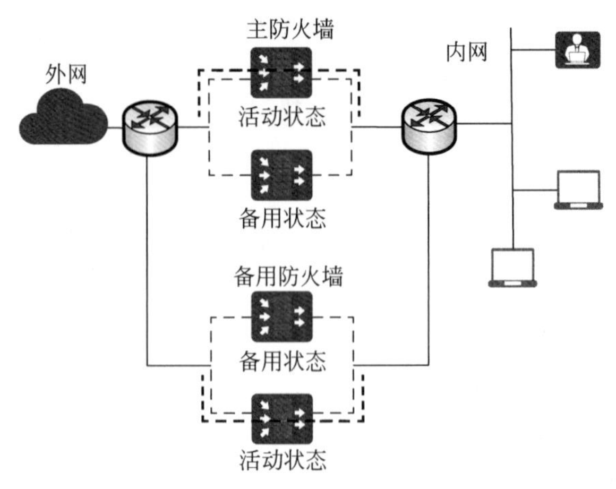

图 10.2 防火墙 AA 工作模式示意图

防火墙在 AA 模式下，不是在防火墙上划分决定处理多少流量，而是通过路由器分配处理的流量。利用多模式安全上下文特性，每个安全上下文都可以配置为主防火墙、备用防火墙的角色。故障切换可以配置为基于设备、基于上下文。两台防火墙设备的组合模式可以是主用-备用、备用-主用两种。每种组合模式称为一个故障切换组。在一个故障切换组中，所有上下文可以处于主用状态或备用状态，意味着另一台防火墙的所有上下文都处于备用状态或主用状态。当处于主用状态的防火墙发生故障时，则会执行防火墙故障切换，处于备用状态的防火墙转换为活动状态，如图 10.3 所示。

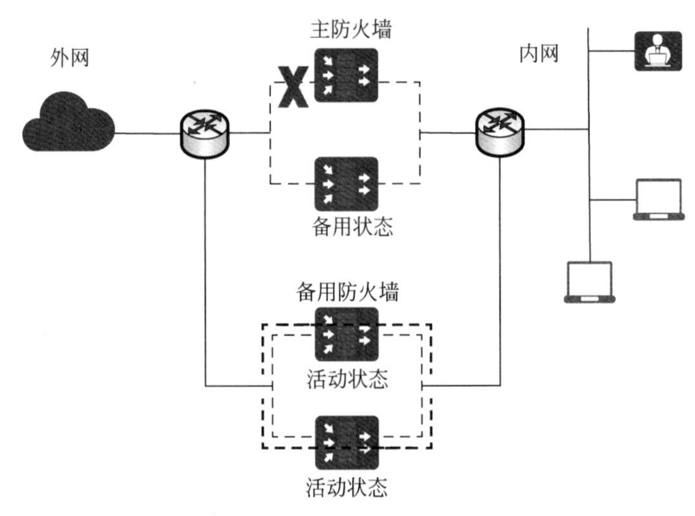

图 10.3 防火墙故障切换 AA 工作模式示意图

10.3 AS 工作模式

主备模式（ActiveStandby，AS）有两台防火墙，一台是主防火墙，另一台是备用防火墙。主防火墙负责流量保护业务，将主防火墙的连接信息传递到备用防火墙进行信息备份；备用防火墙不处理流量，只同步主防火墙的配置和会话信息，防火墙 AS 工作模式如图 10.4 所示。

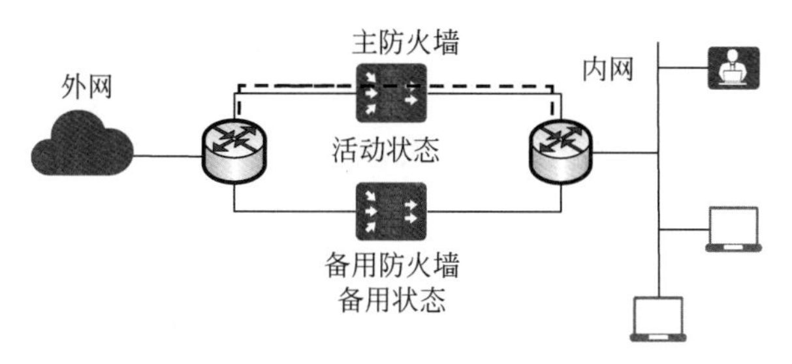

图 10.4　防火墙 AS 工作模式示意图

若主防火墙发生故障，则会执行防火墙故障切换功能。备用防火墙将从备用的防火墙转换为活动状态，主防火墙从活动的防火墙转换为备用状态，防火墙故障切换 AS 工作模式如图 10.5 所示。

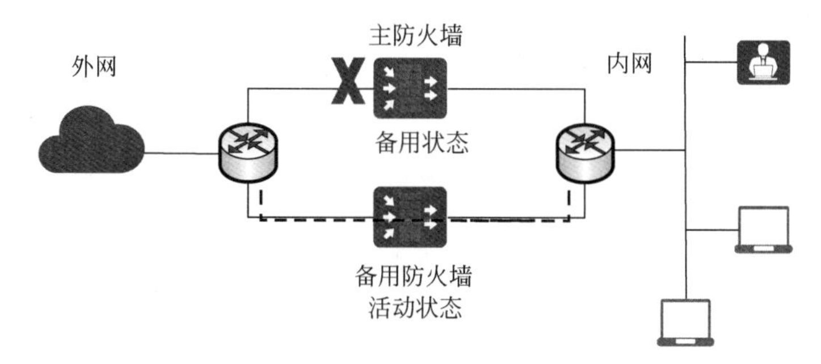

图 10.5　防火墙故障切换 AS 工作模式示意图

10.4　配置和管理

启用故障切换功能，使用命令 failover 实现，命令如下所示：

```
failover
```

关闭故障切换功能，使用命令 no failover 实现，命令如下所示：

```
no failover
```

启用基于 LAN 的故障切换功能，使用命令 failover lan 实现，命令如下所示：

```
failover lan enable
```

删除基于 LAN 的故障切换功能，使用命令 no failover lan 实现，命令如下所示：

```
no failover lan
```

可以使用命令强制将一个防火墙切换到活动状态。在主防火墙故障排除后，从待机状态切换为活动状态，使用命令 failover active 实现，命令如下所示：

```
failover active
```

可以强制将一个防火墙切换到待机状态，使用命令 no failover active 实现，命令如下所示：

```
no failover active
```

可以强制将活动防火墙的配置信息发送给待机防火墙，使用命令 write standby 实现，命令如下所示：

```
write standby
```

可以强制将主防火墙和备用防火墙回到无故障的状态，通常在活动防火墙上使用，使待机防火墙恢复无故障状态，使用命令 failover reset 实现，命令如下所示：

```
failover reset
```

防火墙配置好后可以执行流量保护业务，要启用故障切换功能，还要对故障切换的备用防火墙的信息进行配置，指定接替主防火墙功能的备用防火墙的每个接口地址。备用防火墙必然接入了主防火墙所在的网络中，只是地址不同，需要在主防火墙中指明接替者的 IP 地址信息，使用命令 failover ip address 实现，命令如下所示：

```
failover ip address name_if ip_address
```

防火墙增加故障切换功能，需要指明用于故障切换占用的 LAN 链路，使用命令 failover link 实现，命令如下所示：

```
failover link link_name
```

防火墙增加故障切换功能，备用防火墙会进行轮询，默认时间是 15s，缩短轮询时间可能会导致误操作，为了可以根据实际网络情况调整。使用命令 failover poll 实现，命令如下所示：

```
failover poll time_seconds
```

防火墙执行故障切换功能，对指定命名接口配置 MAC 地址。主防火墙处于活动状态，进行故障切换后，原来的主防火墙 IP 地址和 MAC 地变成了原来配置为备用防火墙的 IP 地址和 MAC 地址；原来的备用防火墙处于活动状态，使用原来主防火墙的接口信息。执行故障切换使活动状态的防火墙和待机状态的防火墙的接口信息发生交换。总之，执行防火墙流量保护功能的防火墙的接口信息是不会改变的，才能使会话信息切换后持续有效。使用命令 failover mac address 实现，删除 MAC 地址使用命令 no failover mac address 实

现,命令如下所示:

```
failover mac address name_if mac_address_active mac_address_standby
```

查看故障切换防火墙的状态,包括主备防火墙的接口、接口状态、防火墙状态和故障切换的时间等,使用命令 show failover 实现,命令语法格式如下。常见接口状态有正常工作(normal)、接口关闭(shutdown)、接口故障(failed)和接口线路协议未启动(linkdown)等。

```
show failover
```

在防火墙基于 LAN 故障切换功能中,设置主防火墙、备用防火墙使用命令 failover lan unit 实现,命令如下所示:

```
failover lan unit primary | secondary
```

在防火墙基于 LAN 故障切换功能中,设置防火墙用于故障切换的接口的名称,使用命令 failover lan interface 实现,命令如下所示:

```
failover lan interface name_if
```

在防火墙基于 LAN 故障切换功能中,防火墙之间的通信都是配置信息的同步和网络会话,这些信息一旦被截获具有很大的安全危害,为了增强网络通信安全性,可以设置 LAN 通信使用共享密钥,使用命令 failover lan key 实现,命令如下所示:

```
failover lan key key_secret
```

10.4.1 配置 AA 模式

AA 模式有两台设备,每台设备有两个虚拟防火墙,每个虚拟防火墙既可以是主防火墙,也可以是备用防火墙。每台设备配置了两个安全上下文,CTXA 和 CTXB。例如:上面设备的安全上下文 CTXA 是主防火墙,下面设备的安全上下文 CTXA 是备用防火墙;上面设备的安全上下文 CTXB 是备用防火墙,下面设备的安全上下文 CTXB 就是主防火墙。防火墙 AA 模式如图 10.6 所示。

未发生故障时,两台设备上都有一个活动状态的虚拟防火墙;在 AA 模式下执行故障切换,仅对发生故障的上下文执行故障切换过程,不会引发其他主备防火墙执行故障切换过程。在上面设备的安全上下文 CTXA 出现故障失效后,虚拟防火墙执行故障切换功能,使下面设备的安全上下文 CTXA 切换到了活动状态,此时,下面设备的安全上下文 CTXA 和 CTXB 都处于活动状态,防火墙 AA 模式故障切换如图 10.7 所示。

通过设置故障切换组,将安全上下文分配到故障切换组。将接口 e0 和 e1 分配给安全上下文 CTXA,将接口 e3 和 e4 分配给安全上下文 CTXB。管理员将 CTXA 加入故障切换组 1,将 CTXB 加入故障切换组 2。必须在活动状态的虚拟防火墙上配置安全上下文的相

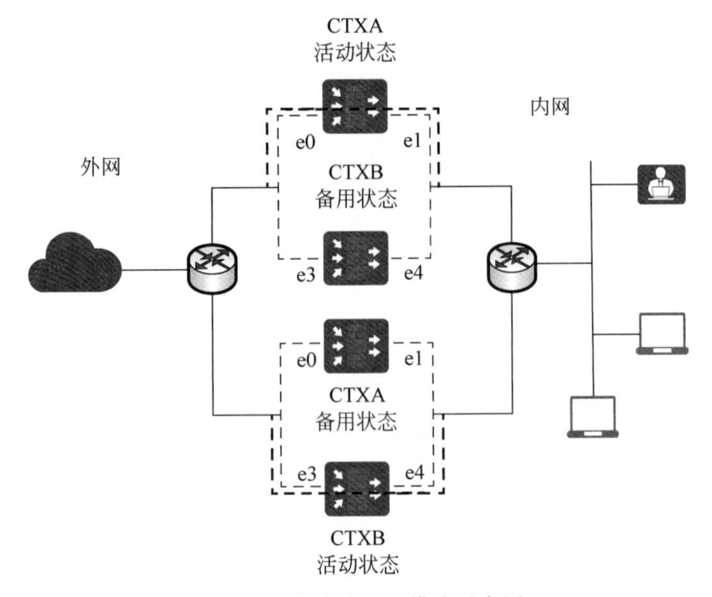

图 10.6　防火墙 AA 模式示意图

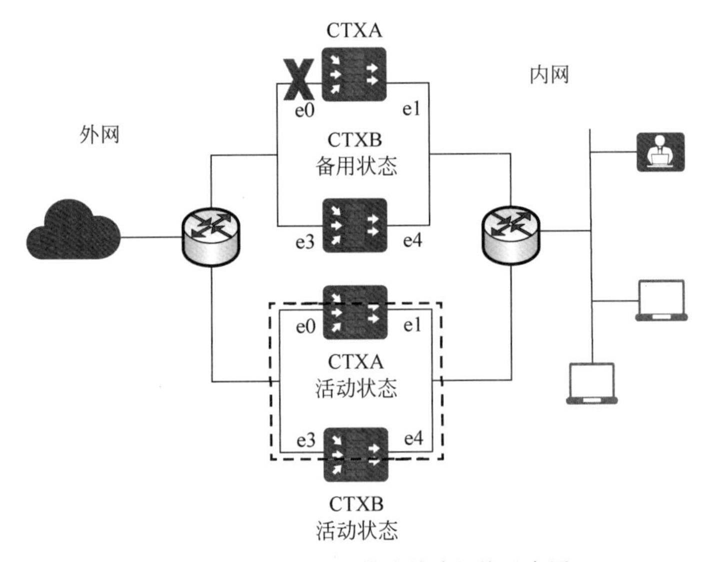

图 10.7　防火墙 AA 模式故障切换示意图

关信息。添加安全上下文到故障切换组的命令如下所示：

```
join-failover-group group_num
```

示例 10.1：设置故障切换防火墙的接口，主防火墙的 IP 地址 172.17.1.1，备用防火墙的 IP 地址 172.17.1.7。当接口处于活动状态时，接口 IP 地址为 172.17.1.1。

```
fw(config)# interface e2
fw(config-if)# no shut
```

```
fw(config)# failover lan interface lanfire e2
fw(config)# failover interface ip lanfire 172.17.1.1 255.255.255.0 standby 172.17.1.7
fw(config)# failover lan enable
fw(config)# failover link lanfire e2
fw(config)# failover lan key secret123
fw(config)# failover group 1
fw(config-fover-group)# primary
fw(config)# failover group 2
fw(config-fover-group)# secondary
```

第 1 条命令，设置防火墙接口 e2。

第 2 条命令，启用防火墙接口 e2。

第 3 条命令，设置防火墙接口 e2 为防火墙基于 LAN 故障切换的专用接口。

第 4 条命令，设置主防火墙接口的 IP 地址是 172.17.1.1，备用防火墙接口的 IP 地址是 172.17.1.7。

第 5 条命令，启用防火墙基于 LAN 故障切换功能。

第 6 条命令，指定防火墙故障切换的 LAN 接口 e2。

第 7 条命令，创建共享密钥 secret123 进行加密通信。

第 8～9 条命令，创建防火墙故障切换组 1，并指定为主故障切换组。

第 10～11 条命令，创建防火墙故障切换组 2，并指定为备用故障切换组。

示例 10.2：配置防火墙安全上下文，创建 CTXA、分配接口 e0 和 e1、创建配置文件，并加入故障切换组 1。

```
fw2(config)# context CTXA
fw2(config-ctx)# allocate-interface e0
fw2(config-ctx)# allocate-interface e1
fw2(config-ctx)# config-url flash:/CTXA.cfg
fw2(config-ctx)# join-failover-group 1
```

第 1 条命令，创建防火墙安全上下文 CTXA。

第 2 条命令，为防火墙安全上下文 CTXA 分配接口 e0。

第 3 条命令，为防火墙安全上下文 CTXA 分配接口 e1。

第 4 条命令，创建防火墙安全上下文 CTXA 配置文件 CTXA.cfg。

第 5 条命令，将防火墙安全上下文 CTXA 加入故障切换组 1。

示例 10.3：配置防火墙安全上下文，创建 CTXB、分配接口 e3 和 e4、创建配置文件，并加入故障切换组 2。

```
fw2(config)# context CTXB
fw2(config-ctx)# allocate-interface e3
fw2(config-ctx)# allocate-interface e4
fw2(config-ctx)# config-url flash:/CTXB.cfg
fw2(config-ctx)# join-failover-group 2
```

第 1 条命令，创建防火墙安全上下文 CTXB。

第 2 条命令,为防火墙安全上下文 CTXB 分配接口 e3。

第 3 条命令,为防火墙安全上下文 CTXB 分配接口 e4。

第 4 条命令,创建防火墙安全上下文 CTXB 配置文件 CTXB.cfg。

第 5 条命令,将防火墙安全上下文 CTXB 加入故障切换组 2。

示例 10.4:配置防火墙安全上下文 CTXA 的外部接口 e0,主 IP 地址 192.168.1.13 和备用 IP 地址 192.168.1.15,内部接口 e1,主 IP 地址 10.9.9.13 和备用 IP 地址 10.9.9.15。

```
fw2(config)# changeto context CTXA
fw2/ctx1(config)# interface e0
fw2/ctx1(config-if)# ip address 192.168.1.13 255.255.255.0 standby 192.168.1.15
fw2/ctx1(config-if)# nameif outside
fw2/ctx1(config)# interface e1
fw2/ctx1(config-if)# ip address 10.9.9.13 255.255.255.0 standby 10.9.9.15
fw2/ctx1(config-if)# nameif inside
```

第 1 条命令,切换到防火墙安全上下文 CTXA。

第 2 条命令,设置防火墙外部接口 e0。

第 3 条命令,设置外部接口的主 IP 地址 192.168.1.13,以及备用 IP 地址 192.168.1.15。

第 4 条命令,设置防火墙接口名称为 outside。

第 5 条命令,设置防火墙内部接口 e1。

第 6 条命令,设置内部接口的主 IP 地址 10.9.9.13,以及备用 IP 地址 10.9.9.15。

第 7 条命令,设置防火墙接口名称 inside。

10.4.2 配置 AS 模式

由于电缆故障切换方式使主防火墙和备用防火墙之间的距离受限于电缆的长度,基于 LAN 的防火墙故障切换方式则消除了距离限制,但需要占用防火墙的一个接口专供 LAN 通信使用,通过交换机、集线器、VLAN 接入相同的子网络。这个连接主备防火墙的 LAN 接口要足够处理相应的通信流量。防火墙作为网络安全设备,为了保护内部网络安全部署了安全策略,尤其是防火墙本身的基本配置也是自身安全的重要信息,这些信息都是敏感信息。为了实现防火墙容错与故障切换功能,这些信息势必在网络中传输,因此要保障传输数据的安全性。那么,专用电缆方式显然比基于 LAN 的故障切换方式更安全。因此,在基于 LAN 的故障切换方式中,通过设置通信的共享密钥,实现了通信数据的加密和认证,增强了传输数据的安全性。

防火墙有一个接口专用于故障切换功能,网络接口连接网络电缆,主备防火墙属于同一子网,IP 地址不同。为了使防火墙能够具备状态故障切换功能,配置包括防火墙基本配置、LAN 接口配置、故障切换相关配置。

示例 10.5:配置主防火墙的外部接口 e0,主 IP 地址 192.168.5.5,备用 IP 地址 192.168.5.9;内部接口 e1,主 IP 地址 10.9.9.5,备用 IP 地址 10.9.9.9。LAN 专用接口 e2,主 IP 地址 172.19.9.5,备用 IP 地址 172.19.9.9。

```
# interface e0
# nameif outside
# ip address 192.168.5.5 255.255.255.0 standby 192.168.5.9
# no shutdown
# interface e1
# nameif inside
# ip address 10.9.9.5 255.255.255.0 standby 10.9.9.9
# no shutdown
# interface e2 100full
# ip address 172.19.9.5 255.255.255.0 standby 172.19.9.9
# no shutdown
```

第 1 条命令,设置防火墙接口 e0。

第 2 条命令,设置防火墙接口 e0 名称为 outside。

第 3～4 条命令,设置防火墙接口 e0 的主 IP 地址 192.168.5.5,备用 IP 地址是 192.168.5.9,启动接口 e0。

第 5 条命令,设置防火墙接口 e1。

第 6 条命令,设置防火墙接口 e1 名称为 inside。

第 7～8 条命令,设置防火墙接口 e1 的主 IP 地址 10.9.9.5,备用 IP 地址是 10.9.9.9,启动接口 e1。

第 9 条命令,设置防火墙接口 e2。

第 10～11 条命令,设置防火墙接口 e2 命令为 outside。设置防火墙接口 e2 的主 IP 地址 172.19.9.5,备用 IP 地址是 172.19.9.9,启动接口 e2。

示例 10.6:配置主防火墙的故障切换功能。要求 LAN 接口命名 lanfire3,其中主 IP 地址是 172.19.9.5,备用 IP 地址是 172.19.9.9,故障切换的共享密钥是 secret123。

```
# interface e3
# no shut
# failover lan interface lanfire3 e3
# failover interface ip lanfire3 172.19.9.5 255.255.255.0 standby 172.19.9.9
# failover lan enable
# failover lan unit primary
# failover key secret123
# failover
# failover poll 10
# write memory
```

第 1 条命令,配置防火墙接口 e3。

第 2 条命令,启用防火墙接口 e3。

第 3 条命令,设置防火墙专用 LAN 接口 e3,命名为 lanfire3。

第 4 条命令,设置防火墙接口 e3 的主 IP 地址 172.19.9.5,备用 IP 地址是 172.19.9.9。

第 5～6 条命令,配置为基于 LAN 的主防火墙。

第 7 条命令,创建保障数据传输安全性使用的共享密钥 secret123。

第 8 条命令,启动防火墙基于 LAN 的故障切换。

第 9 条命令，启动防火墙故障切换，轮询时间为 10 秒。

第 10 条命令，防火墙配置写进内存。

示例 10.7：配置备用防火墙的故障切换功能。要求 LAN 接口命名 lanfire3，其中主 IP 地址是 172.19.9.5，备用 IP 地址是 172.19.9.9，故障切换的共享密钥是 secret123。

```
# interface e3
# no shut
# failover lan interface lanfire3 e3
# failover interface ip lanfire3 172.19.9.5 255.255.255.0 standby 172.19.9.9
# failover lan unit secondary
# failover lan key secret123
# failover lan enable
# failover
# write memory
# reload
```

第 1 条命令，配置防火墙接口 e3。

第 2 条命令，启用防火墙接口 e3。

第 3 条命令，设置防火墙专用 LAN 接口 e3，命名为 lanfire3。

第 4 条命令，设置防火墙接口 e3 的主 IP 地址 172.19.9.5，备用 IP 地址是 172.19.9.9。

第 5 条命令，设置为备用防火墙。

第 6 条命令，创建保障数据传输安全性使用的共享密钥 secret123。

第 7 条命令，启动防火墙基于 LAN 的故障切换。

第 8 条命令，启动防火墙故障切换。

第 10 条命令，重启备用防火墙。

10.5 防火墙 LAN 故障切换实训

10.5.1 实验目的与任务

1. 实验目的

通过本实验掌握 PIX/ASA 防火墙 AS 模式故障切换的原理及配置过程。实验实施需要防火墙 2 台，交换机 2 台，路由器 2 台，网络连接线若干，PC 机若干。

2. 实验任务

本实验主要任务如下：

(1) 配置防火墙 AS 模式的故障切换；

(2) 通过人工切换，验证故障切换功能是否配置正确。

10.5.2 实验拓扑图和设备接口

根据实验任务，规划设计实验的网络拓扑图，如图 10.8 所示。在本实验中，将主防火墙和备用防火墙都配置成基于LAN的故障切换模式，使用命令 failover active 人工将待机防火墙配置成活动防火墙，此时，活动防火墙切换到待机状态，测试基于LAN的故障切换功能，验证防火墙功能是否配置正确。

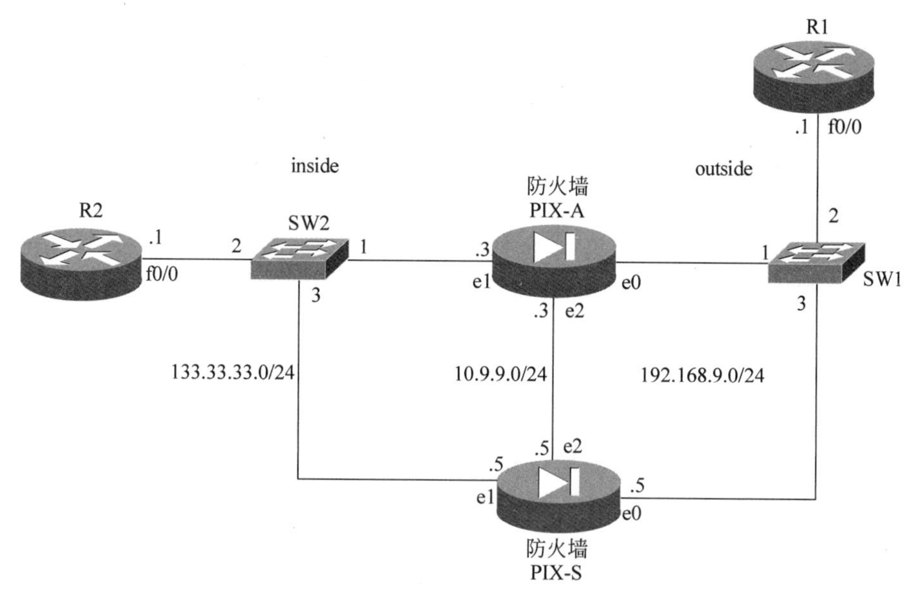

图10.8　基于LAN的防火墙故障切换实验拓扑图

根据实验任务和实验拓扑图，为每个网络设备及其接口规划相关配置。主防火墙 PIX-A 的配置信息如表10.1所示。

表10.1　主防火墙 PIX-A 的配置信息

序号	interface	Type	nameif	Security level	IP Address
1	e0	☑physical☐logical	outside	0	192.168.9.3
2	e1	☑physical☐logical	inside	100	133.33.33.3
3	e2	☑physical☐logical	dmz	50	10.9.9.3

备用防火墙 PIX-S 的配置信息如表10.2所示。

表10.2　备用防火墙 PIX-S 的配置信息

序号	interface	Type	nameif	Security level	IP Address
1	e0	☑physical☐logical	outside	0	192.168.9.5
2	e1	☑physical☐logical	inside	100	133.33.33.5
3	e2	☑physical☐logical	dmz	50	10.9.9.5

位于防火墙外部区域的路由器 R1 的配置信息如表10.3所示。

表10.3　路由器 R1 的配置信息

序　号	interface	IP Address
1	f0/0	192.168.9.1

位于防火墙内部区域的路由器 R2 的配置信息如表 10.4 所示。

表 10.4 路由器 R2 的配置信息

序　　号	interface	IP Address
1	f0/0	133.33.33.1

10.5.3 实验步骤和命令

实验要使用防火墙的高级功能，需要先进行升级许可的操作，输入 activation-key 后，先使用 wr 命令，再停止防火墙设备，最后启动防火墙，升级才会生效。重新 show version 查看 license。

在 GNS3 模拟器中搭建本实验的网络拓扑，用于故障切换的两个防火墙必须具有相同的型号、activation-key 类型、接口数量、软件版本和硬件参数等。

分别对主防火墙和备用防火墙的接口 e0、e1 和 e2 等基本信息完成配置，再配置基于 LAN 的故障切换功能，并保存配置信息。重点是故障切换的两个防火墙用于 LAN 接口 e2 的配置，要指定全双工通信模式和通信速度，不能使用默认配置。

配置了故障切换功能的两个防火墙会执行同步操作，为了避免出现错误，在配置过程中，不要让两个防火墙设备同时接入网络，直到全部配置完成，保存后重启，再将两个防火墙同时接入网络，就可以测试防火墙故障切换功能了。

下面对实验中配置防火墙使用的主要命令进行说明。

```
# failover interface ip FAILAS 10.9.9.3 255.255.255.0 standby 10.9.9.5
# failover lan enable
# failover lan unit primary
# failover lan unit secondary
# failover key cuit123
# failover link FAILAS
# ip add 133.33.33.3 255.255.255.0 standby 133.33.33.5
```

第 1 条命令，设置防火墙故障切换主 IP 地址 10.9.9.3，备用 IP 地址 10.9.9.5。

第 2 条命令，启用基于 LAN 的故障切换。

第 3 条命令，指定故障切换的主防火墙。

第 4 条命令，指定故障切换的备用防火墙。

第 5 条命令，设置两个防火墙一起使用的密钥。

第 6 条命令，指定防火墙用于故障切换的 LAN 接口名称。

第 7 条命令，配置防火墙每个接口 e0、e1 时，设置主 IP 地址和备用 IP 地址，此处指定主 IP 地址 133.33.33.3，备用 IP 地址 133.33.33.5。

下面对主防火墙、备用防火墙和路由器分别配置。

1. 主防火墙配置

主防火墙接口配置与前面介绍的命令相同，重点是 LAN 接口 e2 的配置，要指定全双工通信模式和通信速度。host 命令修改设备名称、升级许可的操作、接口配置和故障切换功能配置命令如下所示：

```
cuitfirewall(config)# HOST PIX-A
PIX-A(config)# end
PIX-A# activation-key  0x8f5bdba6 0x0963cc7f 0xfeffd300 0x9b00f19d
The following features available in flash activation key are NOT
available in new activation key:
Failover is different.
   flash activation key: Restricted(R)
   new activation key: Unrestricted(UR)
Proceed with update flash activation key? [confirm]
The following features available in running activation key are NOT
available in new activation key:
Failover is different.
   running activation key: Restricted(R)
   new activation key: Unrestricted(UR)
WARNING: The running activation key was not updated with the requested key.
The flash activation key was updated with the requested key, and will
become active after the next reload.
PIX-A# show ver
Cisco PIX Security Appliance Software Version 8.0(2)
Compiled on Fri 15-Jun-07 18:25 by builders
System image file is "Unknown, monitor mode tftp booted image"
Config file at boot was "startup-config"
PIX-A up 2 mins 50 secs
Hardware:   PIX-525, 128 MB RAM, CPU Pentium II 1 MHz
Flash E28F128J3 @ 0xfff00000, 16MB
BIOS Flash AM29F400B @ 0xfffd8000, 32KB
 0: Ext: Ethernet0           : address is 0000.abba.5400, irq 9
 1: Ext: Ethernet1           : address is 0000.ab0a.a201, irq 11
 2: Ext: Ethernet2           : address is 0000.ab96.fe02, irq 11
 3: Ext: Ethernet3           : address is 0000.ab6c.a603, irq 11
 4: Ext: Ethernet4           : address is 0000.ab39.ab04, irq 11
Licensed features for this platform:
Maximum Physical Interfaces  : 10
Maximum VLANs                : 100
Inside Hosts                 : Unlimited
Failover                     : Active/Active
VPN-DES                      : Enabled
VPN-3DES-AES                 : Enabled
Cut-through Proxy            : Enabled
Guards                       : Enabled
URL Filtering                : Enabled
Security Contexts            : 2
GTP/GPRS                     : Disabled
VPN Peers                    : Unlimited
This platform has an Unrestricted (UR) license.
Serial Number: 808150103
```

```
Running Activation Key: 0x8f5bdba6 0x0963cc7f 0xfeffd300 0x9b00f19d
Configuration has not been modified since last system restart.
PIX - A# conf t
PIX - A(config) # int e0
PIX - A(config - if) # no sh
PIX - A(config - if) # nameif outside
INFO: Security level for "outside" set to 0 by default.
PIX - A(config - if) # exit
PIX - A(config) # int e1
PIX - A(config - if) # no sh
PIX - A(config - if) # nameif inside
INFO: Security level for "inside" set to 100 by default.
PIX - A(config - if) # ip add 133.33.33.3 255.255.255.0 standby 133.33.33.5
PIX - A(config - if) # exit
PIX - A(config) # int e0
PIX - A(config - if) # sh
PIX - A(config - if) # no sh
PIX - A(config - if) # ip add 192.168.9.3 255.255.255.0 standby 192.168.9.5
PIX - A(config - if) # end
PIX - A# show int ip br
Interface          IP - Address     OK? Method Status               Protocol
Ethernet0          192.168.9.3      YES manual up                   up
Ethernet1          133.33.33.3      YES manual up                   up
Ethernet2          unassigned       YES unset  administratively down up
Ethernet3          unassigned       YES unset  administratively down up
Ethernet4          unassigned       YES unset  administratively down up
PIX - A# show nameif
Interface          Name             Security
Ethernet0          outside            0
Ethernet1          inside           100
PIX - A# conf t
PIX - A(config) # int e2
PIX - A(config - if) # no sh
PIX - A(config - if) # speed 100
PIX - A(config - if) # duplex FULL
PIX - A(config - if) # failover lan interface FAILAS e2
INFO: Non - failover interface config is cleared on Ethernet2 and its sub - interfaces
PIX - A(config) # failover interface ip FAILAS 10.9.9.3 255.255.255.0 standby 10.9.9.5
PIX - A(config) # failover lan enable
PIX - A(config) # failover lan unit primary
PIX - A(config) # failover key cuit123
PIX - A(config) # failover link FAILAS
PIX - A(config) # failover
PIX - A(config) # SHOW FAilover
Failover On
Cable status: N/A - LAN - based failover enabled
Failover unit Primary
Failover LAN Interface: FAILAS Ethernet2 (up)
Unit Poll frequency 15 seconds, holdtime 45 seconds
```

```
Interface Poll frequency 5 seconds, holdtime 25 seconds
Interface Policy 1
Monitored Interfaces 2 of 250 maximum
Version: Ours 8.0(2), Mate Unknown
Last Failover at: 12:51:43 UTC Mar 11 2022
        This host: Primary - Active
                Active time: 0 (sec)
                  Interface outside (192.168.9.3): Normal (Waiting)
                  Interface inside (133.33.33.3): Normal (Waiting)
        Other host: Secondary - Not Detected
                Active time: 0 (sec)
                  Interface outside (192.168.9.5): Unknown (Waiting)
                  Interface inside (133.33.33.5): Unknown (Waiting)
Stateful Failover Logical Update Statistics
        Link : FAILAS Ethernet2 (up)
        Stateful Obj    xmit       xerr       rcv        rerr
        General         0          0          0          0
        sys cmd         0          0          0          0
        up time         0          0          0          0
        RPC services    0          0          0          0
        TCP conn        0          0          0          0
        UDP conn        0          0          0          0
        ARP tbl         0          0          0          0
        Xlate_Timeout   0          0          0          0
        VPN IKE upd     0          0          0          0
        VPN IPSEC upd   0          0          0          0
        VPN CTCP upd    0          0          0          0
        VPN SDI upd     0          0          0          0
        VPN DHCP upd    0          0          0          0
        SIP Session     0          0          0          0
       Logical Update Queue Information
       Cur      Max      Total
        Recv Q:         0        0       0
        Xmit Q:         0        0       0
```

2. 备用防火墙配置

备用防火墙接口配置命令与前面介绍的命令相同，重点是LAN接口e2的配置，要指定全双工通信模式和通信速度，配置命令如下所示：

```
cuitfirewall# CONF T
cuitfirewall(config)# INT E2
cuitfirewall(config-if)# NO SH
cuitfirewall(config-if)# SPEEd 100
cuitfirewall(config-if)# DUplex FULL
cuitfirewall(config-if)# FAilover LAN INTerface FAILAS E2
INFO: Non-failover interface config is cleared on Ethernet2 and its sub-interfaces
cuitfirewall(config)# FAilover INterface IP FAILAS 10.9.9.3 255.255.255.0 standby 10.9.9.5
```

```
cuitfirewall(config)# FAilover LAN UNit SEcondary
cuitfirewall(config)# FAilover LAN KEY cuit123
cuitfirewall(config)# failover link FAILAS
cuitfirewall(config)# failover lan enable
cuitfirewall(config)# failover
cuitfirewall(config)# end
cuitfirewall# wr
cuitfirewall# show failover
Failover On
Cable status: N/A - LAN-based failover enabled
Failover unit Secondary
Failover LAN Interface: FAILAS Ethernet2 (up)
Unit Poll frequency 15 seconds, holdtime 45 seconds
Interface Poll frequency 5 seconds, holdtime 25 seconds
Interface Policy 1
Monitored Interfaces 0 of 250 maximum
Version: Ours 8.0(2), Mate Unknown
Last Failover at: 13:01:27 UTC Mar 11 2022
        This host: Secondary - Negotiation
                Active time: 0 (sec)
        Other host: Secondary - Not Detected
                Active time: 0 (sec)
Stateful Failover Logical Update Statistics
        Link : FAILAS Ethernet2 (up)
        Stateful Obj    xmit       xerr       rcv        rerr
        General         0          0          0          0
        sys cmd         0          0          0          0
        up time         0          0          0          0
        RPC services    0          0          0          0
        TCP conn        0          0          0          0
        UDP conn        0          0          0          0
        ARP tbl         0          0          0          0
        Xlate_Timeout   0          0          0          0
        VPN IKE upd     0          0          0          0
        VPN IPSEC upd   0          0          0          0
        VPN CTCP upd    0          0          0          0
        VPN SDI upd     0          0          0          0
        VPN DHCP upd    0          0          0          0
        SIP Session     0          0          0          0
        Logical Update Queue Information
        Cur     Max     Total
        Recv Q:         0       0       0
        Xmit Q:         0       0       0
```

3. 路由器 R1 的配置

路由器 R1 的配置信息包括接口和路由的配置，用于验证网络通信是否符合预期，测试故障切换前和故障切换后可以通信，命令如下所示：

```
Connected to Dynamips VM "R1" (ID 0, type c3600) - Console port
Press ENTER to get the prompt.
R1#conf t
Enter configuration commands, one per line.  End with CNTL/Z.
R1(config)#int fastEthernet 0/0
R1(config-if)#ip add 192.168.9.1
 % Incomplete command.
R1(config-if)#ip add 192.168.9.1 255.255.255.0
R1(config-if)#no sh
R1(config-if)#
 *Mar  1 00:24:40.043: %LINK-3-UPDOWN: Interface FastEthernet0/0, changed state to up
 *Mar  1 00:24:41.043: %LINEPROTO-5-UPDOWN: Line protocol on Interface FastEthernet0/0,
changed state to up
R1(config-if)#ip route 0.0.0.0 0.0.0.0 192.168.9.3
R1(config)#end
R1#wr
Building configuration...
[OK]
R1#show
 *Mar  1 00:25:11.175: %SYS-5-CONFIG_I: Configured from console by console
R1#show ip int br
Interface                  IP-Address      OK? Method Status                Protocol
FastEthernet0/0              192.168.9.1      YES manual up                    up
FastEthernet1/0              unassigned       YES unset  administratively down down
R1#show ip route
Codes: C - connected, S - static, R - RIP, M - mobile, B - BGP
       D - EIGRP, EX - EIGRP external, O - OSPF, IA - OSPF inter area
       N1 - OSPF NSSA external type 1, N2 - OSPF NSSA external type 2
       E1 - OSPF external type 1, E2 - OSPF external type 2
       i - IS-IS, su - IS-IS summary, L1 - IS-IS level-1, L2 - IS-IS level-2
       ia - IS-IS inter area, * - candidate default, U - per-user static route
       o - ODR, P - periodic downloaded static route
Gateway of last resort is 192.168.9.3 to network 0.0.0.0
C     192.168.9.0/24 is directly connected, FastEthernet0/0
S*     0.0.0.0/0 [1/0] via 192.168.9.3
R1#
```

4. 路由器 R2 的配置

路由器 R2 的配置信息包括接口和路由的配置，用于验证网络通信是否符合预期，测试故障切换前和故障切换后可以通信，命令如下所示：

```
Connected to Dynamips VM "R2" (ID 1, type c3600) - Console port
Press ENTER to get the prompt.
R2#CONF T
Enter configuration commands, one per line.  End with CNTL/Z.
R2(config)#INT FastEthernet 0/0
R2(config-if)#IP ADD 133.33.33.1 255.255.255.0
```

```
R2(config-if)#NO SH
R2(config-if)#
*Mar  1 00:27:11.267: %LINK-3-UPDOWN: Interface FastEthernet0/0, changed state to up
*Mar  1 00:27:12.267: %LINEPROTO-5-UPDOWN: Line protocol on Interface FastEthernet0/0,
changed state to up
R2(config-if)#IP ROUTE 0.0.0.0 0.0.0.0 133.33.33.3
R2(config)#END
R2#WR
Building configuration...
[OK]
R2#
*Mar  1 00:27:35.263: %SYS-5-CONFIG_I: Configured from console by console
R2#SHOW IP INT BR
Interface                  IP-Address      OK? Method Status                Protocol
FastEthernet0/0            133.33.33.1     YES manual up                    up
FastEthernet1/0            unassigned      YES unset  administratively down down
R2#SHOW ROUTE
R2#SHOW IP ROUTE
Codes: C - connected, S - static, R - RIP, M - mobile, B - BGP
       D - EIGRP, EX - EIGRP external, O - OSPF, IA - OSPF inter area
       N1 - OSPF NSSA external type 1, N2 - OSPF NSSA external type 2
       E1 - OSPF external type 1, E2 - OSPF external type 2
       i - IS-IS, su - IS-IS summary, L1 - IS-IS level-1, L2 - IS-IS level-2
       ia - IS-IS inter area, * - candidate default, U - per-user static route
       o - ODR, P - periodic downloaded static route
Gateway of last resort is 133.33.33.3 to network 0.0.0.0
     133.33.0.0/24 is subnetted, 1 subnets
C       133.33.33.0 is directly connected, FastEthernet0/0
S*   0.0.0.0/0 [1/0] via 133.33.33.3
R2#
```

上述配置完成后，使用命令 wr 保存 PIX-A 的配置信息，停止防火墙设备；再使用命令 wr 保存 PIX-S 的配置信息，停止防火墙设备，将备用设备接入到网络中；然后，启动防火墙设备 PIX-A，再次确认启用 FAILOVER 功能。主防火墙检测到备用防火墙接入，备用防火墙开始同步，备用防火墙同步完成，如图 10.9 所示。

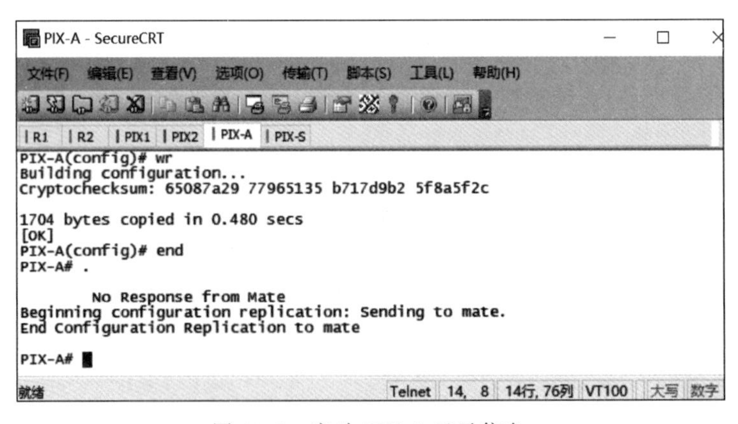

图 10.9　启动 PIX-A 显示信息

备用防火墙检测到主防火墙设备后进行配置同步，主防火墙输出信息，启动 PIX-S 显示的各类信息如图 10.10 所示。

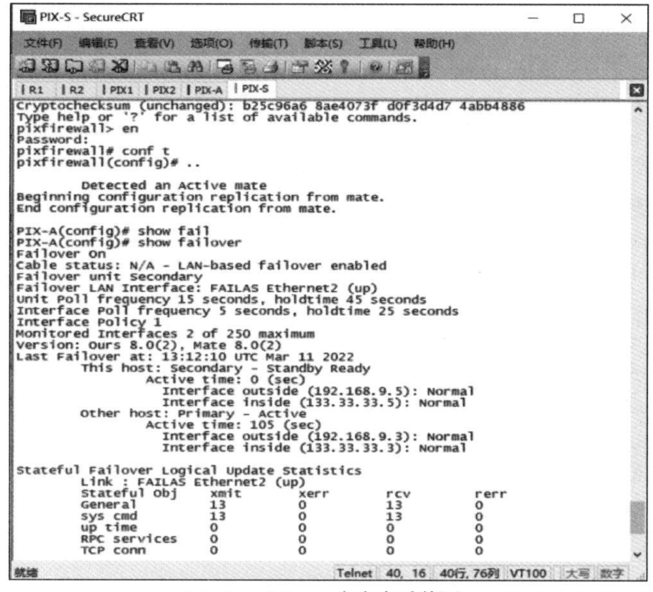

(a) show failover 命令查看截图1

```
PIX-S - SecureCRT
文件(F) 编辑(E) 查看(V) 选项(O) 传输(T) 脚本(S) 工具(L) 帮助(H)
R1 | R2 | PIX1 | PIX2 | PIX-A | PIX-S
Version: Ours 8.0(2), Mate 8.0(2)
Last Failover at: 13:12:10 UTC Mar 11 2022
        This host: Secondary - Standby Ready
                Active time: 0 (sec)
                  Interface outside (192.168.9.5): Normal
                  Interface inside (133.33.33.5): Normal
        Other host: Primary - Active
                Active time: 105 (sec)
                  Interface outside (192.168.9.3): Normal
                  Interface inside (133.33.33.3): Normal

Stateful Failover Logical Update Statistics
        Link : FAILAS Ethernet2 (up)
        Stateful Obj    xmit       xerr       rcv        rerr
        General         13         0          13         0
        sys cmd         13         0          13         0
        up time         0          0          0          0
        RPC services    0          0          0          0
        TCP conn        0          0          0          0
        UDP conn        0          0          0          0
        ARP tbl         0          0          0          0
        Xlate_Timeout   0          0          0          0
        VPN IKE upd     0          0          0          0
        VPN IPSEC upd   0          0          0          0
        VPN CTCP upd    0          0          0          0
        VPN SDI upd     0          0          0          0
        VPN DHCP upd    0          0          0          0
        SIP Session     0          0          0          0

        Logical Update Queue Information
                        Cur     Max     Total
        Recv Q:         0       1       117
        Xmit Q:         0       1       13
PIX-A(config)#
PIX-A(config)#
就绪    Telnet  35, 16  35行, 76列  VT100  大写  数字
```

(b) show failover 命令查看截图2

图 10.10　启动 PIX-S 显示信息

使用 show failover 命令查看备用防火墙信息，命令如下所示：

```
cuitfirewall > en
Password:
cuitfirewall # conf t
```

```
cuitfirewall(config)# ..

          Detected an Active mate
Beginning configuration replication from mate.
End configuration replication from mate.

PIX-A(config)# show failover
Failover On
Cable status: N/A - LAN-based failover enabled
Failover unit Secondary
Failover LAN Interface: FAILAS Ethernet2 (up)
Unit Poll frequency 15 seconds, holdtime 45 seconds
Interface Poll frequency 5 seconds, holdtime 25 seconds
Interface Policy 1
Monitored Interfaces 2 of 250 maximum
Version: Ours 8.0(2), Mate 8.0(2)
Last Failover at: 13:12:10 UTC Mar 11 2022
          This host: Secondary - Standby Ready
                    Active time: 0 (sec)
                      Interface outside (192.168.9.5): Normal
                      Interface inside (133.33.33.5): Normal
          Other host: Primary - Active
                    Active time: 105 (sec)
                      Interface outside (192.168.9.3): Normal
                      Interface inside (133.33.33.3): Normal
Stateful Failover Logical Update Statistics
          Link : FAILAS Ethernet2 (up)
          Stateful Obj    xmit      xerr      rcv       rerr
          General         13        0         13        0
          sys cmd         13        0         13        0
          up time         0         0         0         0
          RPC services    0         0         0         0
          TCP conn        0         0         0         0
          UDP conn        0         0         0         0
          ARP tbl         0         0         0         0
          Xlate_Timeout   0         0         0         0
          VPN IKE upd     0         0         0         0
          VPN IPSEC upd   0         0         0         0
          VPN CTCP upd    0         0         0         0
          VPN SDI upd     0         0         0         0
          VPN DHCP upd    0         0         0         0
          SIP Session     0         0         0         0
          Logical Update Queue Information
                         Cur      Max      Total
          Recv Q:        0        1        117
          Xmit Q:        0        1        13
```

★本章小结★

本章介绍了防火墙故障切换的概念，防火墙的AA工作模式和AS工作模式，以及防火墙故障切换功能的相关配置命令。故障切换功能要求两个防火墙的硬件、软件和版本等参数保持一致。

复习题

1. 防火墙故障切换的功能是什么？
2. 故障切换有哪些工作模式？
3. 简述AA模式的工作原理是什么。

第11章

防火墙IPSec功能

防火墙
VPN配置

本章要点

◆ 理解 IPSec 和安全设备虚拟专用网络(Virtual Private Networks,VPNs)的基础知识,以及安全设备网关到安全设备网关 VPN 通信的两次参数协商过程。

◆ 掌握在防火墙上配置 VPN 连接参数,实现防火墙启用安全 VPN 通信。

◆ 掌握防火墙端到端之间配置 VPN 的命令和关键步骤。

11.1 VPN 概述

通过租用专线的方式实现加密通信,由于成本较高无法广泛使用;通过 VPN 技术利用公共网络基础设施实现加密通信,减少了成本且部署方便,成为了越来越多有通信安全需求的用户的首选。通过认证、加密等措施,VPN 为用户通信数据穿越互联网提供了安全可靠的网络通信服务。既可以摆脱地理环境的约束,又降低了部署开销,满足了用户远程办公、敏感数据访问、分支机构数据共享等安全需求。防火墙作为网络安全设备,也可以支持 VPN 服务,具有高性能、符合开放标准、易于配置等优点。VPN 的拓扑结构和模式包括在公共访问的 Internet 上构建的专用、加密通信通道,还有在企业或者组织内部的专用、加密通信通道,以及在两个或多个不同的实体构建的专用、加密通信通道。后面两种数据流可以跨越 WAN、Internet,也可以不跨越。VPN 类型如图 11.1 所示,分公司访问总公司的共享数据,合作企业共享数据和员工远程办公都是常见的 VPN 形式。

互联网安全协议(Internet Protocol Security,IPSec)是一个协议簇、协议框架。通过对 IP 协议分组进行加密和认证来保护数据。IPSec 主要由以下协议组成:

(1) 认证头(Authentication Header,AH):IP 协议号是 51,为 IP 数据包提供无连接数据完整性、消息认证以及防重放攻击保护;承担数字签名和消息认证工作,以确保整个 IP 数据包和数据载荷未篡改。通常与封装安全载荷(Encapsulate Security Payload,ESP)联合使用,也可以单独用于数据加密和解密。

(2) ESP:IP 协议号是 50,可以对 IP 数据包和数据载荷进行加密,并协同 AH 提供数据机密性保护、数据源认证、完整性、防重放。包括数据包内容的保密性和有限的流量保密性。

(3) 安全关联(Security Association,SA):提供算法和数据包,是一组用来保护信息的策略和密钥的方案。AH 和 ESP 都使用了安全关联,所有 AH 和 ESP 的实现都必须支持安

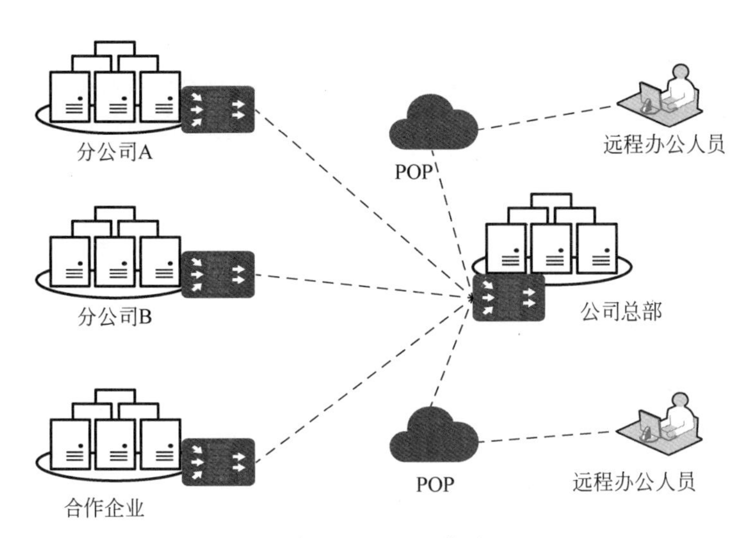

图 11.1　VPN 类型

全关联。安全关联提供 AH、ESP 操作所需的参数。

(4) 网络密钥交换协议(Internet Key Exchange,IKE):提供建立、交换和共享密钥的模式。IPSec 使用 IKE 来协商安全关联。支持对等端之间的加密通信,能够在网络层加密,确保数据机密性、完整性、可扩展性和可认证性。

防火墙使用行业标准的 IPSec 协议簇,实现全面完整的 VPN 功能。IPSec 协议簇是一种数据安全保护服务,是保障数据安全传输的机制,即使依托不受保护的网络,也可以实现数据传输的真实性、机密性和完整性,还可以检测和拒绝重播的数据包,防止欺骗和中间人攻击。

(1) 数据真实性(Data Authentication):验证数据源真实可靠,通过对数据包的发送源身份进行认证。

(2) 数据保密性(Data Confidentiality):网络中传输的是通信内容密文,在数据包发送前进行数据加密。

(3) 数据完整性(Data Integrity):验证数据准确正确,保障接收到的数据与发送的数据完全相同,防止数据篡改。

11.2　站点到站点 VPN 概念

IPSec 需要在两端建立一条逻辑连接,这就要使用一个称为 SA 的信令协议。IPSec 需要无连接的 IP 协议在安全运行之前成为面向连接的协议。SA 连接是在源点和终点之间的单向连接,若要建立双向连接,就要两个 SA 连接,每个方向一个,一个入站流量,另一个出站流量。SA 为所有流量提供安全性。两端协商安全服务,每一端 VPN 的设备信息将保存到安全策略数据库(Security Policy Database,SPD)中。VPN 设备通过安全参数索引(Security Parameter Index,SPI)对 SA 进行索引,将 SPI 插入 ESP 中。IPSec 对端接收到数据包时,在 SA 数据库中查找目标 IP 地址、IPSec 协议和 SPI,然后根据 SPD 的算法处理数据包。

教师和学生远程访问图书馆、异地子公司办公室访问总公司的内部系统，只要能够接入互联网使用 VPN 服务，就可以实现具有安全保护的数据传输和资源共享。远程站点连接到中心站点的 VPN 配置，是通过两个防火墙配置 VPN 实现安全通信的，图 11.2 展示了防火墙端到端 VPN 网络拓扑图。

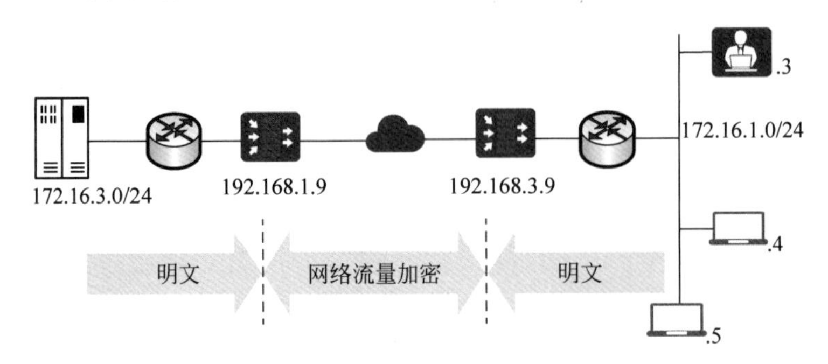

图 11.2 防火墙端到端 VPN 网络拓扑图

采用预先共享密钥的方式，配置两个站点的防火墙，实现基于 IPSec 的 VPN 服务。两个防火墙的配置过程相似，主要任务是配置 IKE 参数和 IPSec 参数，并将两个站点的策略应用到防火墙的接口。操作过程如下：

(1) 根据安全需求，规划 VPN 服务的安全策略。确定 IKE 策略，包括了认证方式、密钥交换方式、加密算法。获取对等站点的接口、IP 地址和名称等信息，确定 IPSec 策略，包括加密流量类型、变换集和有效期等。

(2) 安全管理员根据规划中选择的 IKE 参数和 IPSec 参数，对两端站点的防火墙外部接口配置 VNP 功能，当然，这些操作是建立在站点与站点之间可以正常通信的基础上。

(3) 安全管理员对 VPN 服务进行测试和验证，还可以查验两端站点的安全策略协商过程，以及对数据包加密和解密等情况。

11.3 第 1 步协商 IKE 策略

11.3.1 IKE 策略

IKE 阶段的任务就是使 VPN 两端协商 IKE 参数、算法、策略等安全服务内容，并达成一致，即两端防火墙的 IKE 策略集必须是完全一样的，如图 11.3 所示的 IKE 协商策略，意味着左边防火墙和右边防火墙配置的认证方式、加密算法、散列算法、密钥交换方式和 IKE SA 的有效期等参数是完全相同的。如果无法正常提供 VPN 服务，这也是首先要查验的内容。

协商 IKE 策略集的任务是匹配到与对端相同的策略集，可见每个站点都可以设置多个优先级不同的策略集，也只有找到相同 IKE 策略集时，两端的站点才可以继续协商 IPSec 参数。那么，这个相同的 IKE 策略集的任务就是保护后续协商 IPSec 参数的安全。DH 密钥交换是一种公钥交换方法，也是建立共享密钥的一种方法。通过 DH 算法共享密钥信息，还要验证 VPN 隧道对端的身份，站点到站点 VPN 采用预共享密钥进行身份验证，命令里

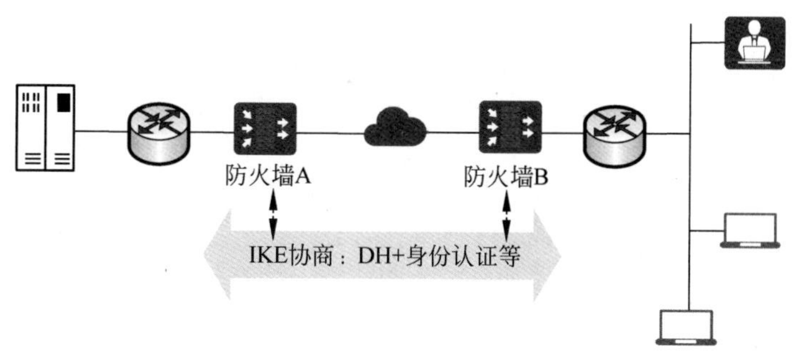

图 11.3　IKE 协商示意图

要设置密钥。

11.3.2　配置 IKE

防火墙默认未启用 VPN 功能，配置防火墙 VPN 服务，需要启用 isakmp 功能，通过命令 isakmp enable 实现，否则防火墙即使配置了 VPN，功能也无效，命令如下所示：

```
isakmp enable interface_name
```

关闭 VPN 的命令如下所示：

```
no isakmp enable interface - name
```

示例 11.1：防火墙启用 outside 接口 isakmp 功能。

```
# isakmp enable outside
```

在 IKE 策略中，认证方式可以是共享密钥方式(pre-share)或者 RSA 签名方式(rsa-sig)，命令如下所示：

```
isakmp policy priority_num authentication pre - share| rsa - sig
```

在 IKE 策略中，配置 IKE 预共享密钥，两端的密钥值 key_secret 需完全一样，当设置对端 IP 地址和掩码为 0.0.0.0 时，意味着与多个对端的共享密钥相同，建议为每个对端分别配置预共享密钥且各不相同，命令如下所示：

```
isakmp key key_secret address peer_address [netmask peer_netmask]
```

通过命令 isakmp key 实现了与对端共享密钥值的配置，会自动生成下面 3 条命令，意味着用下面 3 条命令与用 isakmp key 命令的结果相同，配置了 VPN 隧道组。第 1 条命令是配置隧道组的名称(name)和隧道类型(type_name)，通常用对端 IP 地址命名，远程访问隧道类型包括了 SSL VPN、IPSec 和 ipsec-l2l 等。第 2 条命令是配置隧道 ipsec-attributes 属性。第 3 条命令是 ipsec-attributes 子命令下，继续配置预共享密钥。命令如下所示：

```
tunnel - group name type type_name
tunnel - group name [general - attributes | ipsec - attributes]
pre - shared - key key_secret
```

示例 11.2：配置认证方式，指定对端类型是 ipsec lan2lan，指定 ipsec 的策略 attitude 是预共享密钥，预共享的密钥值 cuit123。

```
cuitfirewall(config)# tunnel - group 202.115.5.115 type ipsec - l2l
cuitfirewall(config)# tunnel - group 202.115.5.115 ipsec - attributes
cuitfirewall(config - ipsec)# pre - shared - key cuit123
```

执行完 isakmp key 后，通过命令查验 tunnel-group 的配置，命令如下所示：

```
show run tunnel - group
```

示例 11.3：防火墙设置了与对端 202.115.5.115 预共享的密钥值 cuit123，命令如下所示：

```
isakmp key cuit123 address 202.115.5.115
```

在 IKE 策略中，根据安全强度的需求，选择不同位数的 DES 算法或 AES 算法，命令如下所示：

```
isakmp policy priority_num encryption aes|aes - 192|aes - 256|des|3des
```

在 IKE 策略中，选择密钥交换参数，有 3 组不同位数的 D-H 组可使用，命令如下所示：

```
isakmp policy priority_num group 1| 2| 5
```

在 IKE 策略中，指明消息完整性算法，可以是 MD5 算法或 SHA 算法，命令如下所示：

```
isakmp policy priority_num hash md5|sha
```

在 IKE 策略中，指明 IKE SA 的有效期，默认是 86400，单位是秒，命令如下所示：

```
isakmp policy priority_num lifetime seconds_nums
```

示例 11.4：创建 IKE 策略，配置优先级为 10 的 IKE 策略，指定加密算法 DES，散列算法 SHA，共享密钥值，选择 group1 的 DH 算法，生存时间 1 天，命令如下所示：

```
# isakmp policy 10 encryption des
# isakmp policy 10 hash sha
# isakmp policy 10 authentication pre - share
# isakmp policy 10 group 1
# isakmp policy 10 lifetime 86400
```

保存配置通过 write terminal 命令实现，配置过程中管理员可以查验 IKE 策略的配置情况，以及缺省的方式，命令如下所示：

```
show run crypto isakmp
```

11.4　第 2 步协商 IPSec 策略

这一步的任务是协商 VPN 两端的 IPSec 参数，建立 IPSec 策略集，保护两端通信传递的数据和消息，如图 11.4 所示的 IPSec 协商策略，通过命令 lifetime type 设置协商策略集的有效期类型，指定为时间或传输流量的大小，在有效期范围内，密钥和安全关联等都保持活动状态，过了有效期，将删除该隧道策略集，重新进行策略集协商。从安全性而言，有效时间越长，越容易受到攻击，最好定期更改 IPSec 安全关联。

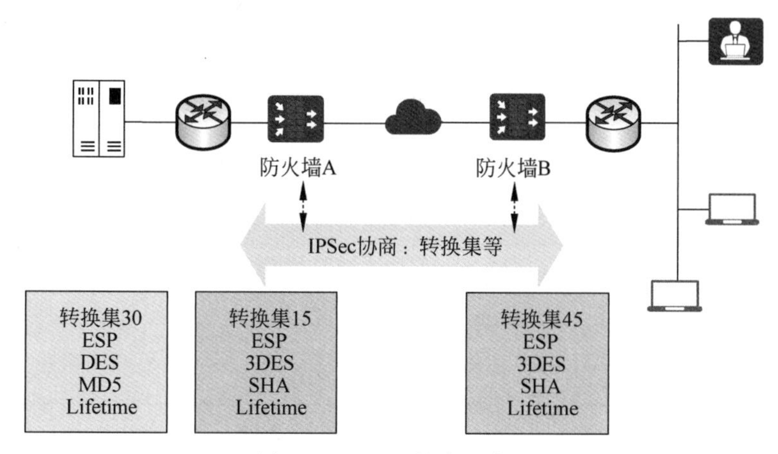

图 11.4　IPSec 协商示意图

11.4.1　IPSec 策略

VPN 两端先协商 IPSec 安全关联，再利用安全服务进行数据和消息传输。两端的设备建立 IPSec 会话，流量通过安全隧道，根据 IPSec 策略集中的参数提供安全服务，对数据流进行加密和解密。当隧道删除、超时将终止 IPSec 会话。IPSec 参数阶段的主要任务是利用 IKE 策略集协商成果，将 IPSec 参数应用到防火墙接口上。协商保护 IPSec 隧道的 IPSec 安全参数，该过程包括以下几个方面：

(1) 保护的数据流。先要指明穿越防火墙的流量当中，需要通过 IPSec 保护的流量列表，指明被保护数据包的源 IP 地址、目标 IP 地址、协议类型等具体范围，因此，这些流量禁止网络地址转换，通过命令 nat 0 实现。通过命令 show run sysopt 查验 VPN 配置时，如果显示有 sysopt connection permit-vpn，则说明已经放行 VPN 流量。还可以通过命令 access-list 实现放行加密的数据包，这个配置同样需要两端对应，而不是相同。

(2) IPSec 变换集。用于两端通信流量的数据包保护时，IPSec 变换集包括了数据包认证方式、数据认证方式和传输模式等参数，这些算法和策略将用于保护加密 ACL 指定的数据包。在两端协商 IPSec 参数过程中，需要找到与对端一样的变换集。

(3) IPSec 加密图集合。创建加密图，组合 IPSec 策略的参数，建立起安全关联来保护数据流。先将加密图与加密 ACL 绑定，明确要保护流量的过滤规则，设置接收加密流量的对端 IP 地址，最后将加密图应用到本地接口上，发送或接收数据包时，根据加密 ACL 定义加密解密数据包，实现数据流保护。

(4) 有效期和测试验证。防火墙中的部分参数预设了缺省值，当没有使用命令配置策略参数时，直接使用缺省值。通过查验 IKE 策略集和 IPSec 策略集的参数，检查管理员配置，显示当前定义的参数，进行管理和维护。还可以定义数据连接的生存周期及密钥刷新的有效期。

IPSec 变换集有不同的类型和不同需求的组合，变换类型如表 11.1 所示，包括加密算法、认证算法。

表 11.1 IPSec 的变换类型

变换名称	说明
esp-des	DES 密码的 ESP 变换(56 bits)
esp-3des	3DES 密码的 ESP 变换 (168 bits)
esp-aes	AES 密码的 ESP 变换 (128 bits)
esp-aes-192	AES 密码的 ESP 变换 (192 bits)
esp-aes-256	AES 密码的 ESP 变换 (256 bits)
esp-md5-hmac	HMAC-MD5 认证的 ESP 变换
esp-sha-hmac	HMAC-SHA 认证的 ESP 变换
esp-none	不认证的 ESP 变换
esp-null	不加密的 ESP 变换

IPSec 的变换集使用场景的示例如表 11.2 所示。

表 11.2 IPSec 的变换集使用场景的示例

需求	示例
高性能加密	esp-des
认证无加密	ah-md5-hmac
认证+加密	esp-3des,esp-md5-hmac
认证+加密	ah-sha-hmac,esp-3des,esp-sha-hmac

11.4.2 配置 IPSec

每个入站和出站数据包，包括两种情况：应用 IPSec 以密文发送和绕过 IPSec 以明文发送。利用 VPN 设备识别需要保护的流量。确定使用 VPN 保护哪些流量，安全策略用于确定需要保护的流量。

在协商 IPSec 参数过程中，配置 VPN 保护的流量命名为 acl_id，列表行号 line_num，协议可以是 IP、TCP、UDP 和 ICMP 等，发送数据包的 IP 地址（src_addr）、掩码（src_mask）。用加密 ACL 控制定义 IPSec 要保护的 IP 流，命令如下所示：

```
access - list acl_id [line line_num] deny|permit protocol src_addr src_mask [operator port
[port_num]] dst_addr dst_mask operator port [port_num]
```

在协商 IPSec 参数过程中，另一端的配置 src_addr 和 src_mask 正好与之对应，命令如下所示：

```
access - list acl_id [line line_num] deny|permit protocol dst_addr dst_mask [operator port
[port_num]] src_addr src_mask operator port [port_num]
```

在协商 IPSec 参数过程中，VPN 保护流量不做转换，若转换则无法建立 IPSec 通信。使用 ACL 列表实现 VPN 流量不转换地址，两端都要配置，且 nat 0 命令不需要配 global 命令，命令如下所示：

```
nat (interface_name) 0 access - list acl_id
```

在协商 IPSec 参数过程中，创建名称为 map_name 的加密图集合，指定序号是 seq_num，序号不同但是名称不同的加密图属于一个集合，序号值小的优先级高。可以使用选项 ipsec-isakmp，建立使用 IKE 的 IPSec 安全关联；或者使用选项 ipsec-manual，建立不使用 IKE 的 IPSec 安全关联。实现加密图的创建，命令如下所示：

```
crypto map map_name seq_num {ipsec - isakmp|ipsec - manual}
```

在协商 IPSec 参数过程中，将加密图与加密 ACL 相互绑定，命令如下所示：

```
crypto mapmap_name seq_num match address acl_name
```

在协商 IPSec 参数过程中，设置了对端的主机名、IP 地址，指明了这些加密保护的流量要去的另一端，命令如下所示：

```
crypto mapmap_name seq_num set peer {host_name|ip_address}
```

定义安全关联的有效期，单位是秒，命令如下所示：

```
crypto ipsec security - association lifetime {seconds seconds_num}
```

在协商 IPSec 参数过程中，设置该加密图安全关联的有效期，单位是秒，命令如下所示：

```
crypto ipsec security - association lifetime {seconds seconds_num}
```

创建名称为 transform_set_name 的变换集，列出多个变换集时，需要以优先级从高到低进行排列，空格分隔，命令如下所示：

```
crypto ipsec transform - set transform_set_name transform_name
```

示例 11.5：同时采用加密和认证算法。

```
# crypto ipsec transform - set t1s esp - des esp - md5 - hmac
# crypto ipsec transform - set t1s esp - des
# crypto ipsec transform - set t1s ah - md5 - hmac
# crypto ipsec transform - set t1s esp - 3des esp - md5 - hmac
# crypto ipsec transform - set t1s ah - sha - hmac esp - 3des esp - sha - hmac
```

在协商 IPSec 参数过程中，设置该加密图使用的变换集 transform_set_name，多个变换集名以空格分隔，需要以优先级从高到低进行排列，命令如下所示：

```
crypto map map_name seq_num set transform - set transform_set_name
```

在协商 IPSec 参数过程中，将加密图绑定到指定接口 interface_name，一个接口只能分配一个加密图集合，意味着激活了 IPSec 策略，命令如下所示：

```
crypto map map_name interface interface_name
```

示例 11.6：配置名称为 FW1MAP，序号为 5 的加密图集合，使用变换集 setpix5，保护流量转发到 IP 地址 192.168.9.11，有效期为 28 800s，应用到外部接口，命令如下所示：

```
# crypto map FW1MAP 5 match address acl15
# crypto map FW1MAP 5 set peer 192.168.9.11
# crypto map FW1MAP 5 set transform - set setpix5
# crypto map FW1MAP 5 set security - association lifetime seconds 28800
# crypto map FW1MAP interface outside
```

11.5 第 3 步验证 VPN 配置

示例 11.7：查验防火墙的 VPN 配置，包括加密 ACL、IKE 策略、隧道组、变换集和加密图配置，命令如下所示：

```
# show run access - list
# show run isakmp
# show run tunnel - group
# show run ipsec transform - set
# show run crypto map
```

示例 11.8：清除 VPN 相关配置。包括清除 IPSec SA、isakmp，或者进入 debug 模式排错，命令如下所示：

```
#clear crypto ipsec sa
#clear crypto isakmp
#debug crypto ipsec
#debug crypto isakmp
```

11.6　配置 VPN 流量示例

确保网络不加密的情况下正常工作，实现基本连接。允许 IPSec 数据包绕过防火墙访问控制列表(ACL)、访问组。用 ACL 控制定义了 IPSec 将保护的 IP 流。VPN 流量拓扑图如图 11.5 所示。

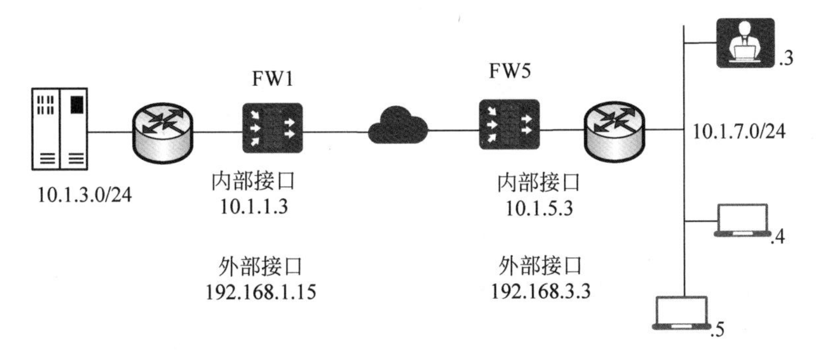

图 11.5　VPN 流量拓扑结构图

规划 VPN 左端防火墙 FW1 的配置信息，如表 11.3 所示。

表 11.3　左端防火墙的配置信息

名　　称	要　　求
接口 e0	速度 100M，全双工通信
接口 e1	速度 100M，全双工通信
防火墙名称	FW1
外部接口地址	192.168.1.15
内部接口地址	10.1.1.3

规划 VPN 右端防火墙 FW5 的配置信息，如表 11.4 所示。

表 11.4　右端防火墙的配置信息

名　　称	要　　求
接口 e0	速度 100M，全双工通信
接口 e1	速度 100M，全双工通信
防火墙名称	FW5
外部接口地址	192.168.3.3
内部接口地址	10.1.5.3

规划 VPN 参数信息，防火墙两端上 IKE 策略内容保持一致，才可以实现防火墙端到端

的 VPN 加密通信,参数如表 11.5 所示。

表 11.5 防火墙两端上 IKE 策略参数

参　　数	左　　端	右　　端
加密算法	DES	DES
散列算法	SHA	SHA
认证方式	pre-share	pre-share
密钥交换	768 位 D-H 组	768 位 D-H 组
IKE SA 有效期	86 400s	86 400s
IPSec 对端 IP 地址	192.168.3.3	192.168.1.15

规划 VPN 参数信息,防火墙两端上 IPSec 策略内容保持一致,才可以实现防火墙端到端的 VPN 加密通信,参数如表 11.6 所示。

表 11. 6 防火墙两端上 IPSec 策略参数

参　　数	左　　端	右　　端
变换集	esp-3des	esp-3des
IPSec 模式	隧道	隧道
哈希算法	SHA	SHA
对端名称	FW5	FW1
对端接口	e0	e0
对端 IP 地址	192.168.3.3	192.168.1.15
保护的网段	10.1.1.0/24	10.1.5.0/24
加密数据流类型	TCP	TCP
安全关联建立方式	ipsec-isakmp	ipsec-isakmp

为了确保防火墙设备是空配置,可以先使用 write erase 命令删除所有原来的配置。下面给出了关键步骤及其命令,两端防火墙进行 VPN 通信,其特点是两阶段策略的参数相同,通信参数对称。

(1) 防火墙 FW1 配置 IKE 策略。设置了优先级、加密算法、哈希算法、认证方式,还指定了 VPN 通信对端的密钥、地址、IKE 策略使用的密钥交换参数、有效时间和启动 IKE 协商的防火墙接口,VPN 通信对端地址是防火墙 FW5 外部接口的 IP 地址。

```
# isakmp policy 10 encryption des
# isakmp policy 10 hash sha
# isakmp policy 10 authentication pre - share
# isakmp key cuit123 address 192.168.3.3 netmask 255.255.255.255
# isakmp policy 10 group 1
# isakmp policy 10 lifetime 86400
# isakmp anable outside
```

(2) 防火墙 FW5 配置 IKE 策略。同样设置了优先级、加密算法、哈希算法、认证方式,还指定了 VPN 通信对端的密钥、地址、IKE 策略使用的密钥交换参数、有效时间和启动 IKE 协商的防火墙接口。VPN 通信对端地址是防火墙 FW1 外部接口的 IP 地址,其他的命

令相同。

```
# isakmp policy 10 encryption des
# isakmp policy 10 hash sha
# isakmp policy 10 authentication pre - share
# isakmp key cuit123 address 192.168.1.15 netmask 255.255.255.255
# isakmp policy 10 group 1
# isakmp policy 10 lifetime 86400
# isakmp anable outside
```

(3) 防火墙FW1配置VPN保护流量。通过配置ACL命令，匹配源地址到目的地址方向要保护的通信，VPN流量的源地址不做NAT操作，直接使用源IP地址。

```
#access - list 101 permit ip 10.1.3.0 255.255.255.0 10.1.7.0 255.255.255.0
```

(4) 防火墙FW5配置VPN保护流量。在另一端防火墙，同样需要配置ACL命令，匹配源地址到目的地址方向要保护的通信，源地址和目的地址正好对称。

```
#access - list 101 permit ip 10.1.7.0 255.255.255.0 10.1.3.0 255.255.255.0
```

(5) 防火墙FW1关闭VPN的地址转换。加密ACL列表中的流量，不做IP地址转换。

```
# nat (inside) 0 access - list 101
```

(6) 防火墙FW5关闭VPN的地址转换。加密ACL列表中的流量，不做IP地址转换，ACL标识可以设置不同。

```
# nat (inside) 0 access - list 101
```

(7) 防火墙FW1配置IPSec策略。设置了加密图名称、序号、加密ACL列表、对端IP地址、变换集、使用IKE建立IPSec和加密图应用的防火墙接口，对端IP地址是防火墙FW5外部接口的IP地址。

```
# crypto map FW1MAP 10 match address 101
# crypto map FW1MAP 10 set peer 192.168.3.3
# crypto ipsec transform - set fw5 esp - 3des
# crypto map FW1MAP 10 set transform - set fw5
# crypto map FW1MAP 10 ipsec - isakmp
# crypto map FW1MAP interface outside
```

(8) 防火墙FW5配置IPSec策略。同样设置了加密图名称、序号、加密ACL列表、对端IP地址、变换集、使用IKE建立IPSec和加密图应用的防火墙接口，对端IP地址是防火墙FW1外部接口的IP地址，其他的命令相同。

```
# crypto map FW1MAP 10 match address 101
# crypto map FW1MAP 10 set peer 192.168.1.15
# crypto ipsec transform - set fw5 esp - 3des
# crypto map FW1MAP 10 set transform - set fw1
# crypto map FW1MAP 10 ipsec - isakmp
# crypto map FW1MAP interface outside
```

(9) 验证和测试。通过 show 命令可以查看 IKE、保护流量、交换集和加密图配置，如下所示：

```
# show isakmp
# show isakmp policy
# show access - list 101
# show crypto ipsec transform - set
# show crypto map
```

11.7 站点到站点 VPN 配置实训

11.7.1 实验目的与任务

1. 实验目的

通过本实验掌握防火墙 IPSec 与 VPN 的配置。实验实施需要 PIX 防火墙 2 台，路由器 3 台，网络连接线若干，Wireshark 软件。

2. 实验任务

本实验主要任务如下：

(1) 配置防火墙 IPSec；

(2) 配置防火墙站点到站点 VPN；

(3) 通过 Wireshark 软件查看采用的协议和数据加密情况，验证两端通信。

11.7.2 实验拓扑图和设备接口

根据实验任务，规划设计实验的网络拓扑图，如图 11.6 所示。通过网络设备、路由器执行 ping 命令或 telnet 命令，发起位于防火墙不同安全区域网络设备的通信，验证防火墙功能是否配置正确。

为每个网络设备及其接口规划相关配置，下面是实验拓扑图中每个设备的基本配置说明。左端防火墙 PIX1 的配置信息如表 11.7 所示。

表 11.7 防火墙 PIX1 的配置信息

序号	interface	Type	nameif	Security level	IP Address
1	e0	☑physical☐logical	inside	100	133.33.33.3
2	e1	☑physical☐logical	outside	0	192.168.3.3

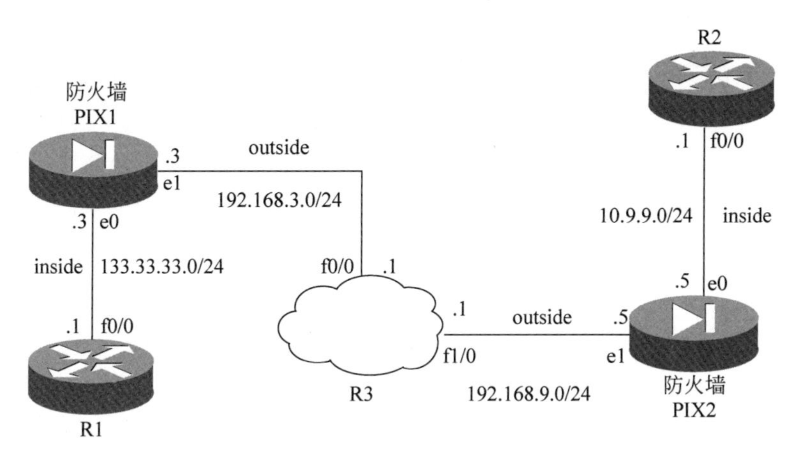

图 11.6　防火墙站点到站点 VPN 配置实验拓扑图

右端防火墙 PIX2 的配置信息如表 11.8 所示。

表 11.8　防火墙 PIX2 的配置信息

序号	interface	Type	nameif	Security level	IP Address
1	e0	☑physical☐logical	inside	100	10.9.9.5
2	e1	☑physical☐logical	outside	0	192.168.9.5

防火墙 PIX1 内部区域的路由器 R1 的配置信息如表 11.9 所示。

表 11.9　路由器 R1 的配置信息

序　　号	interface	IP Address
1	f0/0	133.33.33.1

防火墙 PIX2 内部区域的路由器 R2 的配置信息如表 11.10 所示。

表 11.10　路由器 R2 的配置信息

序　　号	interface	IP Address
1	f0/0	10.9.9.1

在本实验中,用路由器 R3 模拟外部网络环境,为使拓扑图结构清晰,将路由器图标改用云图标显示,路由器 R3 的配置信息如表 11.11 所示。

表 11.11　路由器 R3 的配置信息

序　　号	interface	IP Address
1	f0/0	192.168.3.1
2	f1/0	192.168.9.1

11.7.3　实验步骤和命令

实验要使用防火墙的高级功能,先进行升级许可的操作,重新用 show ver 命令查看许可。

本实验配置步骤较为复杂,先介绍几个核心命令块。配置过程可以查验相关策略,显示命令包括 show run tunnel-group、show run isakmp 和 show run crypto,更改之前要先删除,使用命令 clear configure tunnel-group 192.168.9.5 完成。下面对防火墙 ACL 策略配置和两次策略协商的核心命令进行说明。

防火墙 PIX1 配置 ACL 策略的主要命令如下所示:

```
#access-list 101 permit ip 133.33.33.0 255.255.255.0 10.9.9.0 255.255.255.0
#access-list aclvpn permit tcp host 10.9.9.1 host 133.33.33.1 eq telnet
#access-list aclvpn permit icmp any any
```

第 1 条命令,配置通过 ACL 指定防火墙 PIX1 要保护的网络流。

第 2 条和第 3 条命令,配置 VPN 通信的防火墙 PIX1 放行的流量,用于实验的验证。

防火墙 PIX2 配置 ACL 策略的主要命令如下所示:

```
#access-list 101 permit ip 10.9.9.0 255.255.255.0 133.33.33.0 255.255.255.0
#access-list aclvpn permit tcp host 133.33.33.1 host 10.9.9.1 eq telnet
#access-list aclvpn permit icmp any any
```

第 1 条命令,配置通过 ACL 指定防火墙 PIX2 要保护的网络流。

第 2 条和第 3 条命令,配置 VPN 通信的防火墙 PIX2 放行的流量,用于实验的验证。

防火墙 PIX1 配置 IKE 策略和防火墙 PIX2 配置 IKE 策略的参数要保持一致,才可以实现防火墙端到端的加密通信,防火墙 PIX1 的主要命令如下所示:

```
#isakmp policy 10
#group 1
#lifetime 86400
#encryption des
#authentication pre-share
#hash sha
#isakmp key cuit123 address 192.168.9.5
#isakmp enable outside
```

第 1 条命令,配置 IKE 策略的优先级。

第 2 条命令,配置密钥交换方式是 group 1。

第 3 条命令,配置 IKE 安全管理有效期是 86 400s。

第 4 条命令,配置加密算法是 DES。

第 5 条命令,配置认证方式是预先配置共享密钥方式。

第 6 条命令,配置 IKE 策略采用的哈希算法是 SHA。

第 7 条命令,配置预先共享密钥是 cuit123,对端的 IP 地址是 192.168.9.5。

第 8 条命令,配置 outside 接口启用 IKE 策略。

防火墙 PIX1 配置 IPSec 策略和防火墙 PIX2 配置 IPSec 策略的参数要保持一致,才可以实现防火墙端到端的加密通信,防火墙 PIX1 的主要命令如下所示:

```
#crypto map fw1 10 ipsec-isakmp
#crypto map fw1 10 match address 101
#crypto map fw1 10 set peer 192.168.9.5
#crypto ipsec transform-set fw5 esp-3des
#crypto map fw1 10 set transform-set fw5
#crypto map fw1 interface outside
```

第1条命令，指定在IPSec的isakmp模式下创建加密图fw1，序号为10。

第2条命令，配置加密图要匹配的ACL名称为101。

第3条命令，配置对端的IP地址192.168.9.5。

第4条命令，定义变换集名称为fw5，使用ESP和3DES配置IPSec变换集。

第5条命令，指定加密图使用的变换集是fw5。

第6条命令，指定加密图应用到防火墙outside接口。

1. 防火墙PIX1的配置

防火墙PIX1的配置信息主要包括接口的基本配置、访问控制策略配置、IKE策略配置和IPSec策略配置。在实验过程中，利用两端路由器R1和路由器R2通信，进行多次测试验证，通过show命令显示多次通信后加密和解密的字节数等信息的变化。命令如下所示：

```
cuitfirewall> en
Password:
cuitfirewall# conf t
cuitfirewall(config)# int e0
cuitfirewall(config-if)# ip add 133.33.33.3 255.255.255.0
cuitfirewall(config-if)# no sh
cuitfirewall(config-if)# nameif inside
INFO: Security level for "inside" set to 100 by default.
cuitfirewall(config-if)# exit
cuitfirewall(config)# int e1
cuitfirewall(config-if)# ip add 192.168.3.3 255.255.255.0
cuitfirewall(config-if)# no sh
cuitfirewall(config-if)# nameif outside
INFO: Security level for "outside" set to 0 by default.
cuitfirewall(config-if)# end
cuitfirewall# show ip
System IP Addresses:
Interface        Name        IP address      Subnet mask      Method
Ethernet0        inside      133.33.33.3     255.255.255.0    manual
Ethernet1        outside     192.168.3.3     255.255.255.0    manual
Current IP Addresses:
Interface        Name        IP address      Subnet mask      Method
Ethernet0        inside      133.33.33.3     255.255.255.0    manual
Ethernet1        outside     192.168.3.3     255.255.255.0    manual
cuitfirewall# show int ip br
```

```
Interface        IP-Address      OK? Method Status                  Protocol
Ethernet0        133.33.33.3     YES manual up                      up
Ethernet1        192.168.3.3     YES manual up                      up
Ethernet2        unassigned      YES unset  administratively down up
Ethernet3        unassigned      YES unset  administratively down up
Ethernet4        unassigned      YES unset  administratively down up
cuitfirewall# wr
cuitfirewall(config)# access-list 101 permit ip 133.33.33.0 255.255.255.0 10.9.9.0 255.
255.255.0
cuitfirewall(config)# access-list aclvpn permit tcp host 10.9.9.1 host 133.33.33.1
eq telnet
cuitfirewall(config)#access-list aclvpn permit icmp any any
cuitfirewall(config)# access-group aclvpn in interface outside
cuitfirewall(config)# nat (inside) 0 access-list 101
cuitfirewall(config)# isakmp policy 10
cuitfirewall(config-isakmp-policy)# group 1
cuitfirewall(config-isakmp-policy)# lifetime 86400
cuitfirewall(config-isakmp-policy)# encryption des
cuitfirewall(config-isakmp-policy)# authentication pre-share
cuitfirewall(config-isakmp-policy)# hash sha
cuitfirewall(config-isakmp-policy)# exit
cuitfirewall(config)# isakmp enable outside
INFO: It is recommended that you enable sysopt connection permit-vpn when enabling ISAKMP
cuitfirewall(config)# clear configure tunnel-group 192.168.9.5
cuitfirewall(config)# isakmp key cuit123 address 192.168.9.5
cuitfirewall(config)# show run tunnel-group
tunnel-group 192.168.9.5 type ipsec-l2l
tunnel-group 192.168.9.5 ipsec-attributes
pre-shared-key *
cuitfirewall(config)# show run isakmp
crypto isakmp enable outside
crypto isakmp policy 10
authentication pre-share
encryption des
hash sha
group 1
lifetime 86400
no crypto isakmp nat-traversal
cuitfirewall(config)# crypto map fw1 10 match address 101
cuitfirewall(config)# crypto map fw1 10 set peer 192.168.9.5
cuitfirewall(config)# crypto ipsec transform-set fw5 esp-3des
cuitfirewall(config)# crypto map fw1 10 set transform-set fw5
cuitfirewall(config)# crypto map fw1 10 ipsec-isakmp
cuitfirewall(config)# crypto map fw1 interface outside
cuitfirewall(config)# no sysopt connection permit-vpn
pix1(config)# show run crypto
crypto ipsec transform-set fw5 esp-3des esp-none
crypto map fw1 10 match address 101
crypto map fw1 10 set peer 192.168.9.5
```

```
crypto map fw1 10 set transform - set fw5
crypto map fw1 interface outside
crypto isakmp enable outside
crypto isakmp policy 10
authentication pre - share
encryption des
hash sha
group 1
lifetime 86400
no crypto isakmp nat - traversal
pix1(config)# show run nat
nat (inside) 0 access - list 101
nat (inside) 1 0.0.0.0 0.0.0.0
pix1(config)# show run global
global (outside) 1 interface
pix1(config)# show run access - group
access - group aclvpn in interface outside
pix1(config)# show access - list
access - list cached ACL log flows: total 0, denied 0 (deny - flow - max 4096)
            alert - interval 300
access - list 101; 1 elements
access - list 101 line 1 extended permit ip 133.33.33.0 255.255.255.0 10.9.9.0 255.255.255.0
(hitcnt = 26) 0x8bb03730
access - list aclvpn; 2 elements
access - list aclvpn line 1 extended permit icmp any any (hitcnt = 0) 0x6dbf3124
access - list aclvpn line 2 extended permit tcp host 10.9.9.1 host 133.33.33.1 eq telnet
(hitcnt = 1) 0x41d3b41f
pix1(config)# show crypto ipsec sa
interface: outside
    Crypto map tag: fw1, seq num: 10, local addr: 192.168.3.3
      access - list 101 permit ip 133.33.33.0 255.255.255.0 10.9.9.0 255.255.255.0
      local ident (addr/mask/prot/port): (133.33.33.0/255.255.255.0/0/0)
      remote ident (addr/mask/prot/port): (10.9.9.0/255.255.255.0/0/0)
      current_peer: 192.168.9.5
#pkts encaps: 120, #pkts encrypt: 120, #pkts digest: 0
#pkts decaps: 115, #pkts decrypt: 115, #pkts verify: 0
#pkts compressed: 0, #pkts decompressed: 0
#pkts not compressed: 120, #pkts comp failed: 0, #pkts decomp failed: 0
#pre - frag successes: 0, #pre - frag failures: 0, #fragments created: 0
#PMTUs sent: 0, #PMTUs rcvd: 0, #decapsulated frgs needing reassembly: 0
#send errors: 0, #recv errors: 0
      local crypto endpt.: 192.168.3.3, remote crypto endpt.: 192.168.9.5
      path mtu 1500, ipsec overhead 46, media mtu 1500
      current outbound spi: 9A77307A
    inbound esp sas:
      spi: 0x5014830E (1343521550)
         transform: esp - 3des esp - none none
         in use settings = {L2L, Tunnel, }
pix1(config)# show crypto ipsec sa
```

```
interface: outside
    Crypto map tag: fw1, seq num: 10, local addr: 192.168.3.3
      access-list 101 permit ip 133.33.33.0 255.255.255.0 10.9.9.0 255.255.255.0
      local ident (addr/mask/prot/port): (133.33.33.0/255.255.255.0/0/0)
      remote ident (addr/mask/prot/port): (10.9.9.0/255.255.255.0/0/0)
      current_peer: 192.168.9.5
#pkts encaps: 127, #pkts encrypt: 127, #pkts digest: 0
#pkts decaps: 120, #pkts decrypt: 120, #pkts verify: 0
#pkts compressed: 0, #pkts decompressed: 0
#pkts not compressed: 127, #pkts comp failed: 0, #pkts decomp failed: 0
#pre-frag successes: 0, #pre-frag failures: 0, #fragments created: 0
#PMTUs sent: 0, #PMTUs rcvd: 0, #decapsulated frgs needing reassembly: 0
#send errors: 0, #recv errors: 0
      local crypto endpt.: 192.168.3.3, remote crypto endpt.: 192.168.9.5
      path mtu 1500, ipsec overhead 46, media mtu 1500
      current outbound spi: 9A77307A
    inbound esp sas:
      spi: 0x5014830E (1343521550)
         transform: esp-3des esp-none none
         in use settings ={L2L, Tunnel, }
pix1(config)# show crypto ipsec sa
interface: outside
    Crypto map tag: fw1, seq num: 10, local addr: 192.168.3.3
      access-list 101 permit ip 133.33.33.0 255.255.255.0 10.9.9.0 255.255.255.0
      local ident (addr/mask/prot/port): (133.33.33.0/255.255.255.0/0/0)
      remote ident (addr/mask/prot/port): (10.9.9.0/255.255.255.0/0/0)
      current_peer: 192.168.9.5
      #pkts encaps: 135, #pkts encrypt: 135, #pkts digest: 0
      #pkts decaps: 127, #pkts decrypt: 127, #pkts verify: 0
      #pkts compressed: 0, #pkts decompressed: 0
      #pkts not compressed: 135, #pkts comp failed: 0, #pkts decomp failed: 0
      #pre-frag successes: 0, #pre-frag failures: 0, #fragments created: 0
      #PMTUs sent: 0, #PMTUs rcvd: 0, #decapsulated frgs needing reassembly: 0
      #send errors: 0, #recv errors: 0
      local crypto endpt.: 192.168.3.3, remote crypto endpt.: 192.168.9.5
      path mtu 1500, ipsec overhead 46, media mtu 1500
      current outbound spi: 9A77307A
    inbound esp sas:
      spi: 0x5014830E (1343521550)
         transform: esp-3des esp-none none
         in use settings ={L2L, Tunnel, }
```

2. 防火墙 PIX2 的配置

防火墙 PIX2 的配置同样是包括接口的基本配置、访问控制策略配置、IKE 策略配置和 IPSec 策略配置，配置要点是 IKE 策略参数和 IPSec 策略参数与防火墙 PIX1 一致。同样使用 show 命令显示多次通信后加密和解密的字节数等信息的变化。命令如下所示：

```
cuitfirewall> en
Password:
cuitfirewall# conf t
cuitfirewall(config)# int e0
cuitfirewall(config-if)# ip add 10.9.9.5 255.255.255.0
cuitfirewall(config-if)# no sh
cuitfirewall(config-if)# nameif inside
INFO: Security level for "inside" set to 100 by default.
cuitfirewall(config-if)# exit
cuitfirewall(config)# int e1
cuitfirewall(config-if)# ip add 192.168.9.5 255.255.255.0
cuitfirewall(config-if)# nameif outside
cuitfirewall(config-if)# no sh
cuitfirewall(config-if)# end
cuitfirewall# show ip
System IP Addresses:
Interface        Name           IP address      Subnet mask      Method
Ethernet0        inside         10.9.9.5        255.255.255.0    manual
Ethernet1        192.168.9.5    255.255.255.0   manual
Current IP Addresses:
Interface        Name           IP address      Subnet mask      Method
Ethernet0        inside         10.9.9.5        255.255.255.0    manual
Ethernet1                       192.168.9.5     255.255.255.0    manual
cuitfirewall# show int ip br
Interface          IP-Address       OK? Method Status                   Protocol
Ethernet0          10.9.9.5         YES manual up                       up
Ethernet1          unassigned       YES manual up                       up
Ethernet2          unassigned       YES unset  administratively down up
Ethernet3          unassigned       YES unset  administratively down up
Ethernet4          unassigned       YES unset  administratively down up
cuitfirewall# conf t
cuitfirewall(config)# int e1
cuitfirewall(config-if)# nameif outside
INFO: Security level for "outside" set to 0 by default.
cuitfirewall(config-if)# end
cuitfirewall# show int ip br
Interface          IP-Address       OK? Method Status                   Protocol
Ethernet0          10.9.9.5         YES manual up                       up
Ethernet1          192.168.9.5      YES manual up                       up
Ethernet2          unassigned       YES unset  administratively down up
Ethernet3          unassigned       YES unset  administratively down up
Ethernet4          unassigned       YES unset  administratively down up
cuitfirewall# wr
cuitfirewall(config)# access-list 101 permit ip 10.9.9.0 255.255.255.0 133.33.33.0 255.
255.255.0
cuitfirewall(config)# access-list aclvpn permit tcp host 133.33.33.1 host 10.9.9.1
eq telnet
cuitfirewall(config)# access-list aclvpn permit icmp any any
cuitfirewall(config)# access-group aclvpn in interface outside
cuitfirewall(config)# nat (inside) 0 access-list 101
```

```
cuitfirewall(config)# isakmp policy 10
cuitfirewall(config-isakmp-policy)# group 1
cuitfirewall(config-isakmp-policy)# lifetime 86400
cuitfirewall(config-isakmp-policy)# encryption des
cuitfirewall(config-isakmp-policy)# authentication pre-share
cuitfirewall(config-isakmp-policy)# hash sha
cuitfirewall(config-isakmp-policy)# exit
cuitfirewall(config)# isakmp enable outside
INFO: It is recommended that you enable sysopt connection permit-vpn when enabling ISAKMP
cuitfirewall(config)# clear configure tunnel-group 192.168.3.3
cuitfirewall(config)# isakmp key cuit123 address 192.168.3.3
cuitfirewall(config)# show run tunnel-group
tunnel-group 192.168.9.3 type ipsec-121
tunnel-group 192.168.9.3 ipsec-attributes
 pre-shared-key *
cuitfirewall(config)# show run isakmp
crypto isakmp enable outside
crypto isakmp policy 10
 authentication pre-share
 encryption des
 hash sha
 group 1
 lifetime 86400
no crypto isakmp nat-traversal
cuitfirewall(config)# crypto map fw1 10 match address 101
cuitfirewall(config)# crypto map fw1 10 set peer 192.168.3.3
cuitfirewall(config)# crypto ipsec transform-set fw5 esp-3des
cuitfirewall(config)# crypto map fw1 10 set transform-set fw5
cuitfirewall(config)# crypto map fw1 10 ipsec-isakmp
cuitfirewall(config)# crypto map fw1 interface outside
cuitfirewall(config)# no sysopt connection permit-vpn
pix2(config)# show run crypto
crypto ipsec transform-set fw5 esp-3des esp-none
crypto map fw1 10 match address 101
crypto map fw1 10 set peer 192.168.3.3
crypto map fw1 10 set transform-set fw5
crypto map fw1 interface outside
crypto isakmp enable outside
crypto isakmp policy 10
 authentication pre-share
 encryption des
 hash sha
 group 1
 lifetime 86400
no crypto isakmp nat-traversal
pix2(config)# show run access-group
access-group aclvpn in interface outside
pix2(config)# show access-list
access-list cached ACL log flows: total 0, denied 0 (deny-flow-max 4096)
            alert-interval 300
```

```
access - list 101; 1 elements
access - list 101 line 1 extended permit ip 10.9.9.0 255.255.255.0 133.33.33.0 255.255.255.0
(hitcnt = 11) 0xd35bb23b
access - list aclvpn; 2 elements
access - list aclvpn line 1 extended permit icmp any any (hitcnt = 0) 0x6dbf3124
access - list aclvpn line 2 extended permit tcp host 133.33.33.1 host 10.9.9.1 eq telnet
(hitcnt = 1) 0x47783d1d
pix2(config)# show run nat
nat (inside) 0 access - list 101
nat (inside) 1 0.0.0.0 0.0.0.0
pix2(config)# show run global
global (outside) 1 interface
pix2(config)# show crypto ipsec sa
interface: outside
    Crypto map tag: fw1, seq num: 10, local addr: 192.168.9.5
      access - list 101 permit ip 10.9.9.0 255.255.255.0 133.33.33.0 255.255.255.0
      local ident (addr/mask/prot/port): (10.9.9.0/255.255.255.0/0/0)
      remote ident (addr/mask/prot/port): (133.33.33.0/255.255.255.0/0/0)
      current_peer: 192.168.3.3
      #pkts encaps: 127, #pkts encrypt: 127, #pkts digest: 0
      #pkts decaps: 135, #pkts decrypt: 135, #pkts verify: 0
      #pkts compressed: 0, #pkts decompressed: 0
      #pkts not compressed: 127, #pkts comp failed: 0, #pkts decomp failed: 0
      #pre - frag successes: 0, #pre - frag failures: 0, #fragments created: 0
      #PMTUs sent: 0, #PMTUs rcvd: 0, #decapsulated frgs needing reassembly: 0
      #send errors: 0, #recv errors: 0
      local crypto endpt.: 192.168.9.5, remote crypto endpt.: 192.168.3.3
      path mtu 1500, ipsec overhead 46, media mtu 1500
      current outbound spi: 5014830E
    inbound esp sas:
      spi: 0x9A77307A (2591502458)
         transform: esp - 3des esp - none none
         in use settings = {L2L, Tunnel, }
         slot: 0, conn_id: 4096, crypto - map: fw1
         sa timing: remaining key lifetime (kB/sec): (4274992/26161)
         IV size: 8 bytes
         replay detection support: N
    outbound esp sas:
      spi: 0x5014830E (1343521550)
         transform: esp - 3des esp - none none
         in use settings = {L2L, Tunnel, }
         slot: 0, conn_id: 4096, crypto - map: fw1
         sa timing: remaining key lifetime (kB/sec): (4274992/26159)
         IV size: 8 bytes
         replay detection support: N
```

配置完成后，查看防火墙的配置信息，先配置防火墙 PIX1。PIX1 的接口和路由信息如图 11.7 所示。

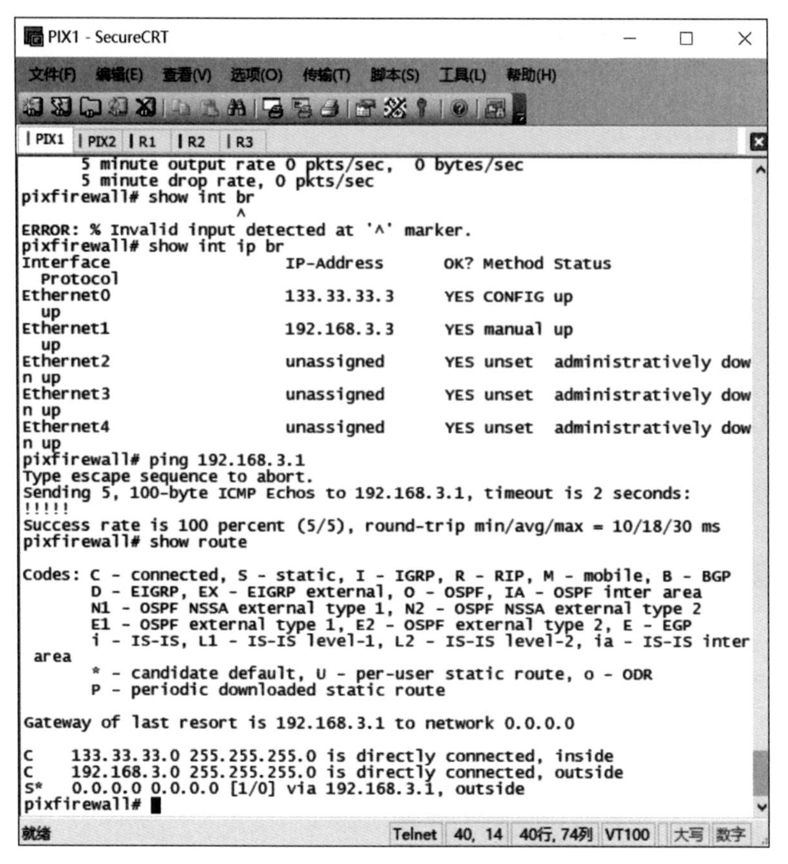

图 11.7 PIX1 的接口和路由信息

然后，配置协商策略，PIX1 的阶段 1 和阶段 2 协商策略如图 11.8 所示；PIX1-ACL 策略如图 11.9 所示。

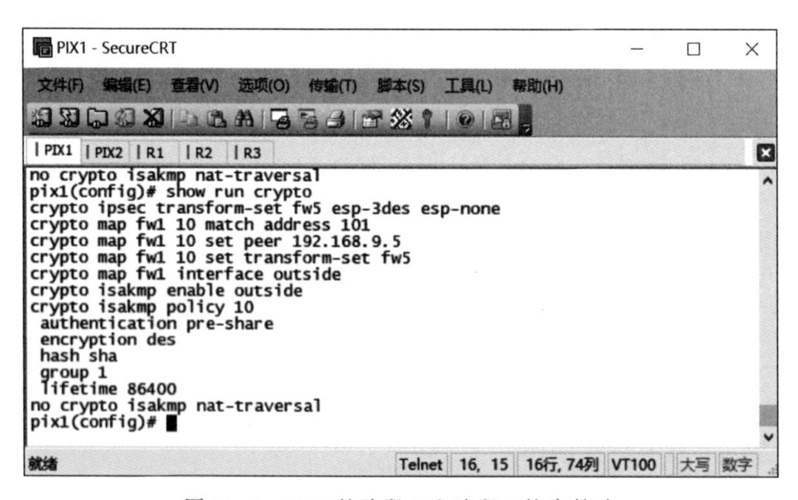

图 11.8 PIX1 的阶段 1 和阶段 2 协商策略

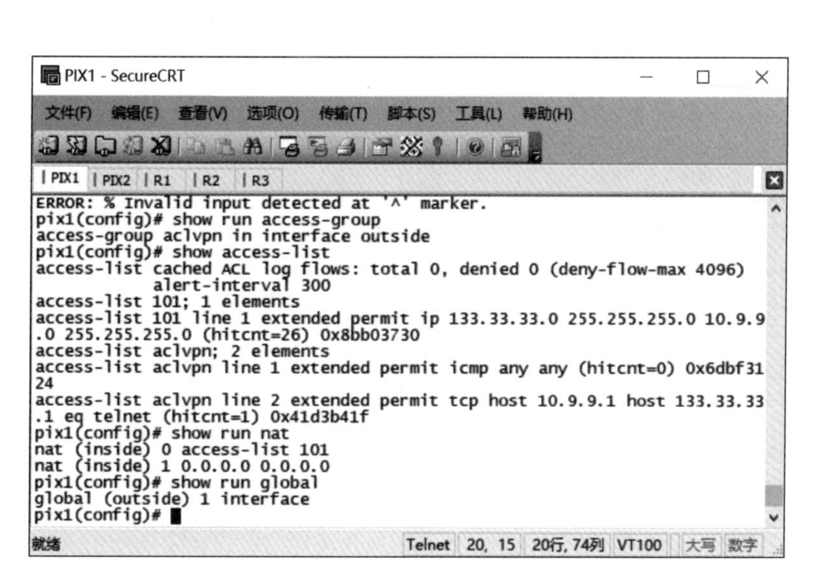

图 11.9　PIX1-ACL 策略

接着，配置防火墙 PIX2，PIX2 的接口和路由配置信息如图 11.10 所示；PIX2-IKE 和 IPSec 策略的配置信息如图 11.11 所示，PIX2-ACL 策略的配置信息如图 11.12 所示。

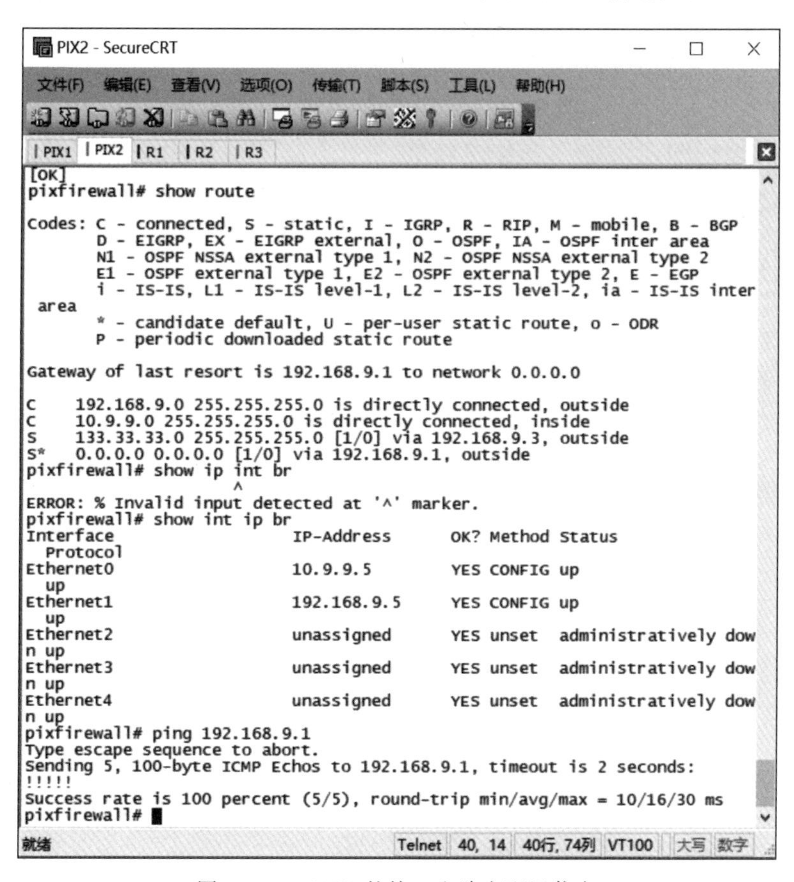

图 11.10　PIX2 的接口和路由配置信息

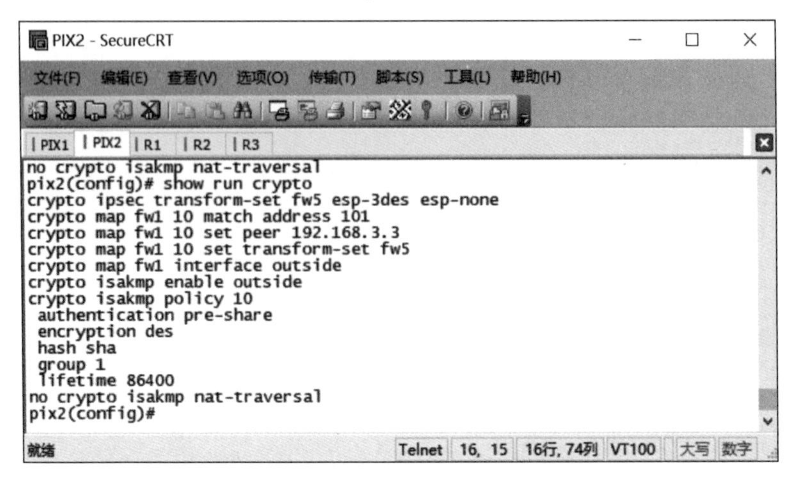
```
no crypto isakmp nat-traversal
pix2(config)# show run crypto
crypto ipsec transform-set fw5 esp-3des esp-none
crypto map fw1 10 match address 101
crypto map fw1 10 set peer 192.168.3.3
crypto map fw1 10 set transform-set fw5
crypto map fw1 interface outside
crypto isakmp enable outside
crypto isakmp policy 10
 authentication pre-share
 encryption des
 hash sha
 group 1
 lifetime 86400
no crypto isakmp nat-traversal
pix2(config)#
```

图 11.11 PIX2-IKE 和 IPSec 策略的配置信息

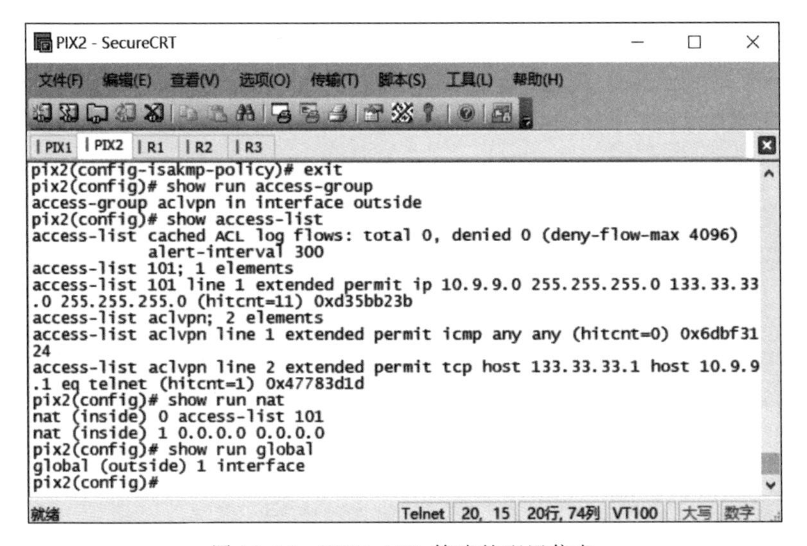
```
pix2(config-isakmp-policy)# exit
pix2(config)# show run access-group
access-group aclvpn in interface outside
pix2(config)# show access-list
access-list cached ACL log flows: total 0, denied 0 (deny-flow-max 4096)
            alert-interval 300
access-list 101; 1 elements
access-list 101 line 1 extended permit ip 10.9.9.0 255.255.255.0 133.33.33
.0 255.255.255.0 (hitcnt=11) 0xd35bb23b
access-list aclvpn; 2 elements
access-list aclvpn line 1 extended permit icmp any any (hitcnt=0) 0x6dbf31
24
access-list aclvpn line 2 extended permit tcp host 133.33.33.1 host 10.9.9
.1 eq telnet (hitcnt=1) 0x47783d1d
pix2(config)# show run nat
nat (inside) 0 access-list 101
nat (inside) 1 0.0.0.0 0.0.0.0
pix2(config)# show run global
global (outside) 1 interface
pix2(config)#
```

图 11.12 PIX2-ACL 策略的配置信息

3. 路由器 R1 的配置

路由器 R1 的配置信息包括接口和路由的配置，用于验证网络通信是否符合预期，命令如下所示：

```
R1(config)#int f0/0
R1(config-if)#ip add 133.33.33.1 255.255.255.0
R1(config-if)#no sh
R1(config-if)#show ip
R1(config)#ip route 0.0.0.0 0.0.0.0 133.33.33.3
R1(config)#end
R1#sh
*Mar  1 00:01:48.327: %SYS-5-CONFIG_I: Configured from console by console
R1#show ip route
```

```
Codes: C - connected, S - static, R - RIP, M - mobile, B - BGP
       D - EIGRP, EX - EIGRP external, O - OSPF, IA - OSPF inter area
       N1 - OSPF NSSA external type 1, N2 - OSPF NSSA external type 2
       E1 - OSPF external type 1, E2 - OSPF external type 2
       i - IS-IS, su - IS-IS summary, L1 - IS-IS level-1, L2 - IS-IS level-2
       ia - IS-IS inter area, * - candidate default, U - per-user static route
       o - ODR, P - periodic downloaded static route
Gateway of last resort is 133.33.33.3 to network 0.0.0.0
     133.33.0.0/24 is subnetted, 1 subnets
C       133.33.33.0 is directly connected, FastEthernet0/0
S*    0.0.0.0/0 [1/0] via 133.33.33.3
R1#ping 10.9.9.1
Type escape sequence to abort.
Sending 5, 100-byte ICMP Echos to 10.9.9.1, timeout is 2 seconds:
!!!!!
Success rate is 100 percent (5/5), round-trip min/avg/max = 72/92/116 ms
R1#telnet 10.9.9.1
Trying 10.9.9.1 ... Open
R2>q
[Connection to 10.9.9.1 closed by foreign host]
R1#wr
Building configuration...
```

通过 show 命令可查验路由器 R1 的配置信息，路由器 R1 的接口信息如图 11.13 所示。

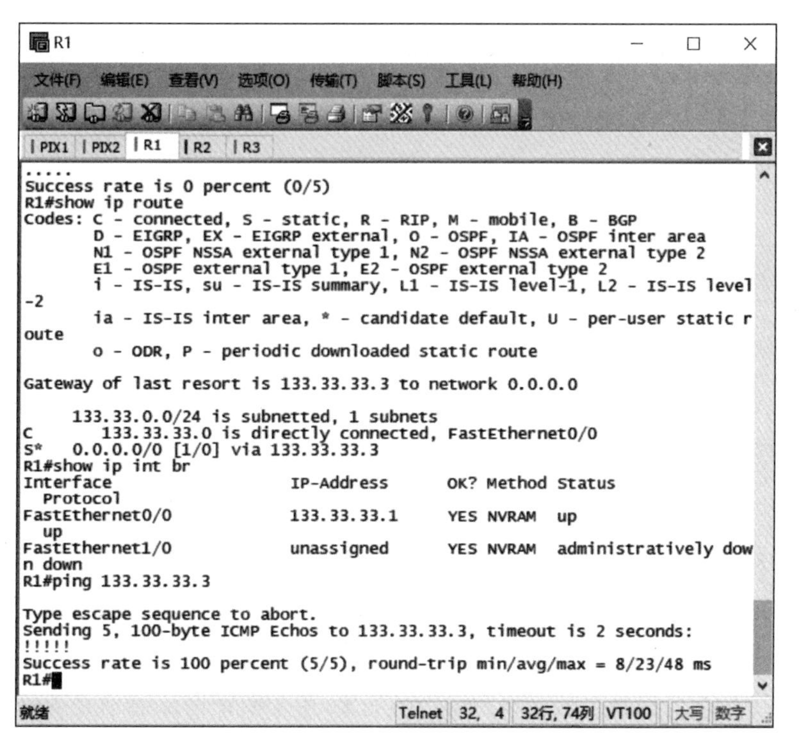

图 11.13 路由器 R1 的接口信息

4. 路由器 R2 的配置

路由器 R2 的配置信息包括接口和路由的配置，用于验证网络通信是否符合预期，命令如下所示：

```
R2#conf t
Enter configuration commands, one per line.  End with CNTL/Z.
R2(config)#int f0/0
R2(config-if)#ip add 10.9.9.1 255.255.255.0
R2(config-if)#no sh
R2(config-if)#ip route 0.0.0.0 0.0.0.0 10.9.9.5
R2(config)#end
R2#show i
*Mar  1 00:02:39.599: %SYS-5-CONFIG_I: Configured from console by console
R2#show ip int br
Interface                  IP-Address      OK? Method Status                Protocol
FastEthernet0/0            10.9.9.1        YES manual up                    up
FastEthernet1/0            unassigned      YES unset  administratively down down
R2#show ip route
Codes: C - connected, S - static, R - RIP, M - mobile, B - BGP
       D - EIGRP, EX - EIGRP external, O - OSPF, IA - OSPF inter area
       N1 - OSPF NSSA external type 1, N2 - OSPF NSSA external type 2
       E1 - OSPF external type 1, E2 - OSPF external type 2
       i - IS-IS, su - IS-IS summary, L1 - IS-IS level-1, L2 - IS-IS level-2
       ia - IS-IS inter area, * - candidate default, U - per-user static route
       o - ODR, P - periodic downloaded static route
Gateway of last resort is 10.9.9.5 to network 0.0.0.0

     10.0.0.0/24 is subnetted, 1 subnets
C       10.9.9.0 is directly connected, FastEthernet0/0
S*   0.0.0.0/0 [1/0] via 10.9.9.5
R2#wr
Building configuration...
[OK]
R2#ping 133.33.33.1
Type escape sequence to abort.
Sending 5, 100-byte ICMP Echos to 133.33.33.1, timeout is 2 seconds:
.!!!!
Success rate is 80 percent (4/5), round-trip min/avg/max = 60/74/92 ms
R2#telnet 133.33.33.1
Trying 133.33.33.1 ... Open
R1>
```

通过 show 命令可查验路由器 R2 的配置信息，路由器 R2 的接口信息如图 11.14 所示。

5. 路由器 R3 的配置

路由器 R3 的配置信息包括接口和路由的配置，用于验证网络通信是否符合预期，命令如下所示：

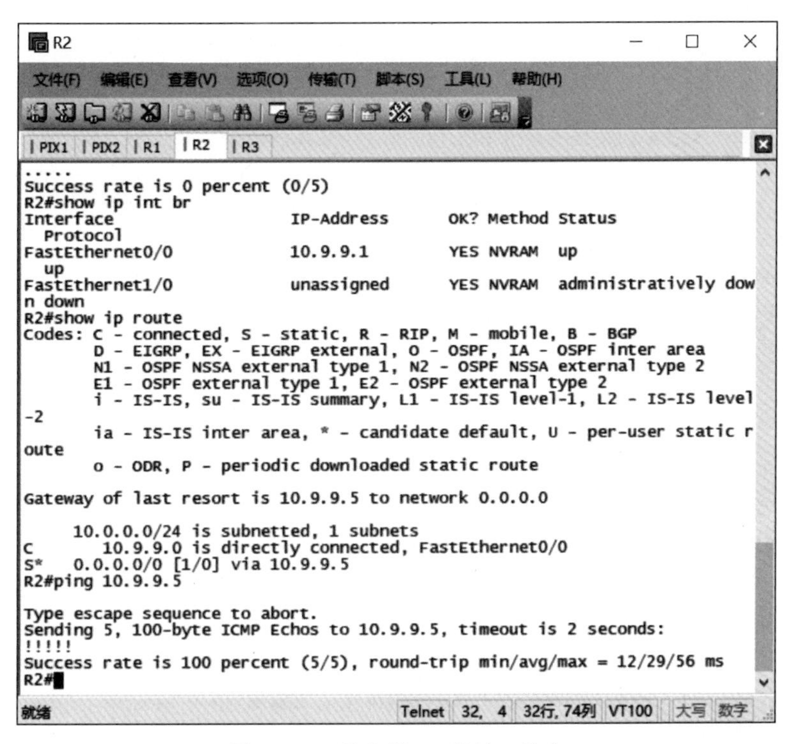

图 11.14　路由器 R2 的接口信息

```
R3(config)# int f0/0
R3(config-if)# ip add 192.168.3.1 255.255.255.0
R3(config-if)# no sh
R3(config-if)# end
R3(config)# int f1/0
R3(config-if)# ip add 192.168.9.1 255.255.255.0
R3(config-if)# no sh
R3(config-if)# end
R3# show ip int br
Interface                IP-Address      OK? Method Status              Protocol
FastEthernet0/0          192.168.3.1     YES manual up                  up
FastEthernet1/0          192.168.9.1     YES manual up                  up
R3# show ip route
Codes: C - connected, S - static, R - RIP, M - mobile, B - BGP
       D - EIGRP, EX - EIGRP external, O - OSPF, IA - OSPF inter area
       N1 - OSPF NSSA external type 1, N2 - OSPF NSSA external type 2
       E1 - OSPF external type 1, E2 - OSPF external type 2
       i - IS-IS, su - IS-IS summary, L1 - IS-IS level-1, L2 - IS-IS level-2
       ia - IS-IS inter area, * - candidate default, U - per-user static route
       o - ODR, P - periodic downloaded static route
Gateway of last resort is not set
C    192.168.9.0/24 is directly connected, FastEthernet1/0
C    192.168.3.0/24 is directly connected, FastEthernet0/0
```

```
R3#wr
R3#ping 192.168.3.3
Type escape sequence to abort.
Sending 5, 100-byte ICMP Echos to 192.168.3.3, timeout is 2 seconds:
!!!!!
Success rate is 100 percent (5/5), round-trip min/avg/max = 8/23/52 ms
R3#ping 192.168.9.5
Type escape sequence to abort.
Sending 5, 100-byte ICMP Echos to 192.168.9.5, timeout is 2 seconds:
!!!!!
Success rate is 100 percent (5/5), round-trip min/avg/max = 4/20/56 ms
```

通过 show 命令查验路由器 R3 的配置信息，路由器 R3 的接口信息如图 11.5 所示。

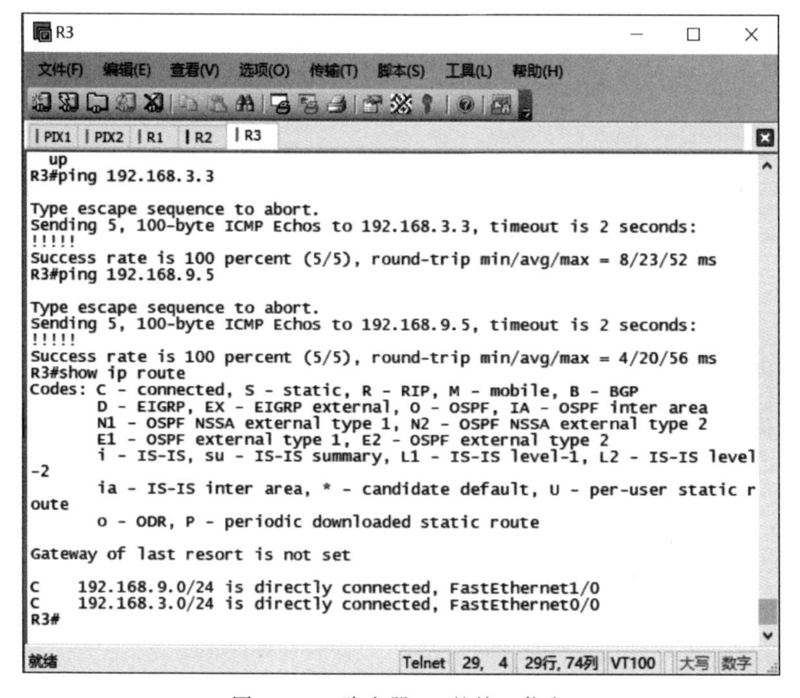

图 11.15 路由器 R3 的接口信息

通过 show run crypto ipsec sa 命令查验防火墙 PIX1 的 VPN 通信，包括发送数据包和接收数据包等情况。PIX1 的加密解密数据包信息如图 11.16 所示。

通过 show run crypto ipsec sa 命令查验 PIX2 的 VPN 通信，包括发送数据包和接收数据包等情况。PIX2 的加密解密数据包信息如图 11.17 所示。

配置成功的两端的数量、加密和解密信息就是一样的，还可以通过 Wireshark 软件查看 VPN 流量的协议，PIX1 和 PIX2 的 Wireshark 流量截图分别如图 11.18 和图 11.19 所示。

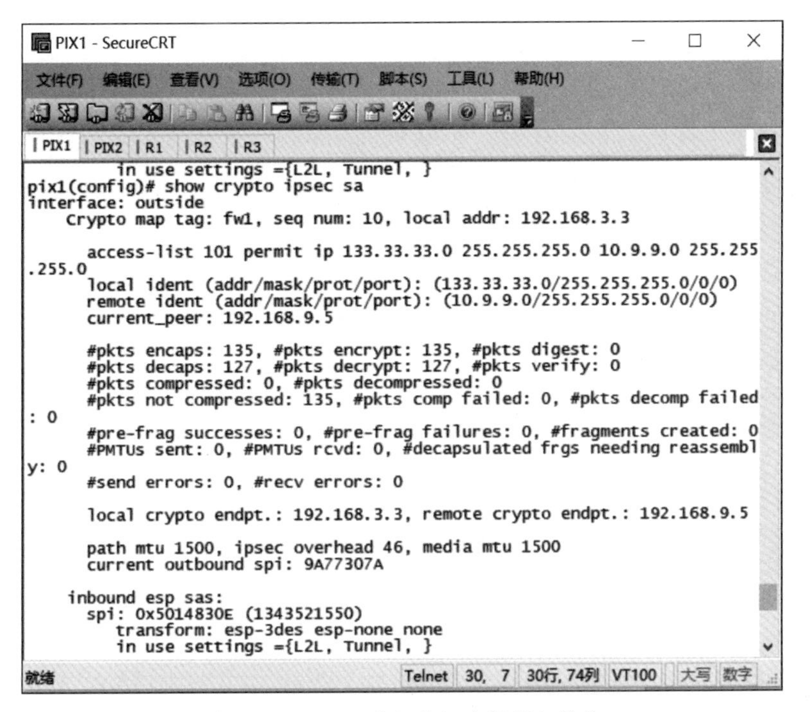

图 11.16　PIX1 的加密解密数据包信息

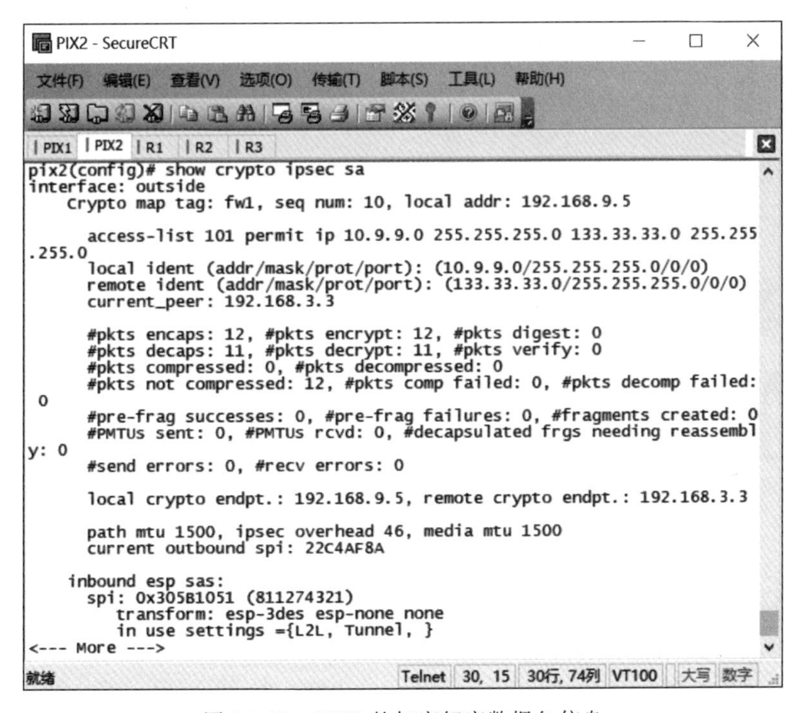

图 11.17　PIX2 的加密解密数据包信息

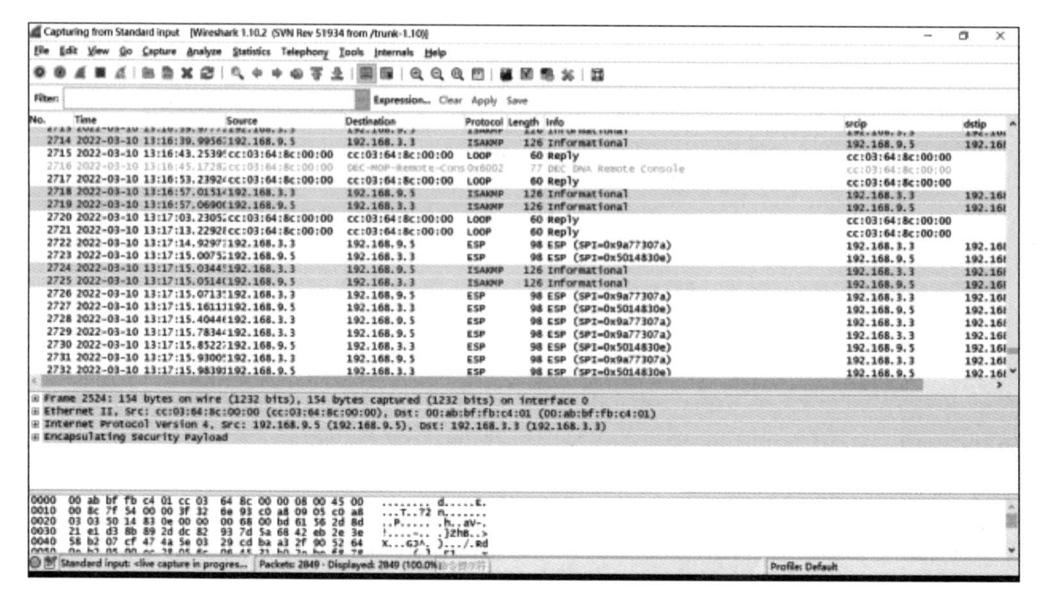

图 11.18　PIX1 的 Wireshark 流量截图

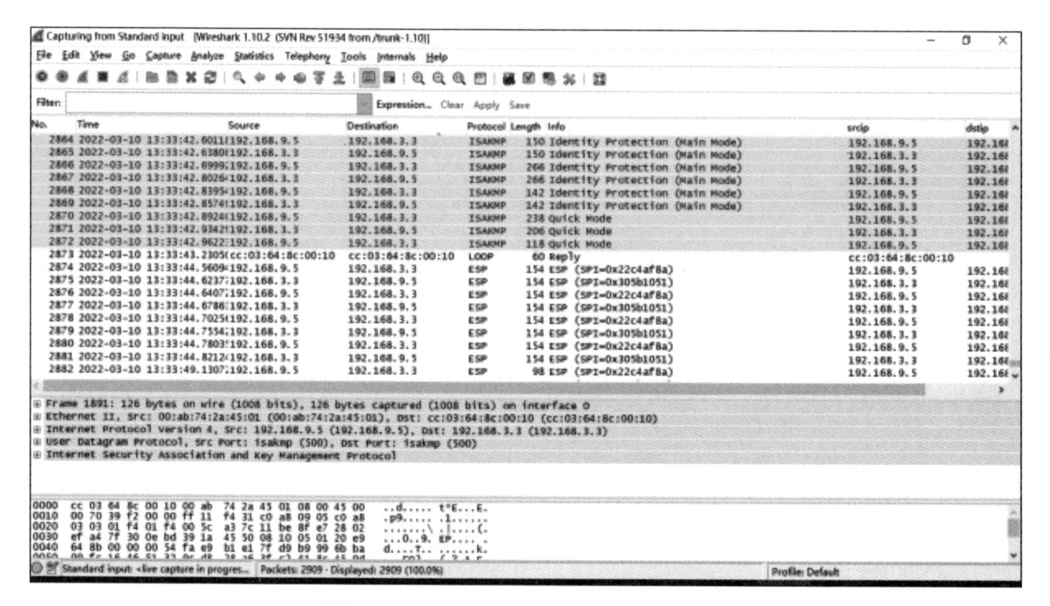

图 11.19　PIX2 的 Wireshark 流量截图

★本章小结★

本章介绍了防火墙的 VPN 技术，以及通过启用防火墙的 VPN 功能，提供安全可靠连接的服务。掌握防火墙 IPSec 对端配置命令，以及 IPSec 配置任务的两个主要步骤：协商 IKE 参数和 IPSec 参数。

复习题

1. 防火墙端到端 VPN 功能为什么选择两次策略协商？
2. 防火墙端到端 VPN 功能对防火墙的要求有哪些？
3. IKE 策略配置需要使用哪些命令？
4. IPSec 策略配置需要使用哪些命令？

附录

常用命令

命　　令	说　　明
Win10 主机配置 route add 192.168.9.0 mask 255.255.255.0 33.33.33.3 route print ipconfig	Win10 主机配置 静态路由配置 打印路由信息 查看主机接口配置
show running-config	查看防火墙的运行配置
show startup-config	查看防火墙的启动配置
show history	查看配置命令
show ip interface br show interface ip br	显示路由接口简要信息 显示防火墙接口简要信息
show ip route show route	显示路由器的静态路由简要信息 显示防火墙的静态路由简要信息
show run access-group no access-group clear access-group	查看 access-group 删除指定 access-group 清除所有 access-group
show access-list no access-list clear access-list	查看访问控制列表 删除指定 access-list 清除所有 access-list
nameif interface ip address security nat-global route	边界接口命名，指定安全级别 边界接口的类型 接口分配 IP 地址 安全级别 对外部网络隐藏内网 IP 地址 配置接口的静态路由
show interface ip br	简要显示防火墙接口信息
show run nat show run global show run static show xlate clear xlate	显示当前的动态地址转换信息 显示转换全局地址池 显示静态地址转换 显示地址转换表 清除地址转换表

续表

命　　令	说　　明
show arp clear arps	显示防火墙 ARP 清除防火墙 ARP
clear configure 命令名	删除这个命令的配置
show user who	显示 Telnet 登录用户数 显示 ssh 用户
show run aaa show aaa-server test aaa-server authentication	显示 AAA 服务信息 显示 AAA 服务器信息 测试 AAA 认证
logging host logging trap logging buffered logging console logging monitor logging standby show logging no logging console clear logging	指定系统日志服务器的 IP 地址，指定协议和端口 决定什么级别的系统日志消息将被发送到系统日志服务器 发送日志到防火墙内部缓冲区 强制 PIX 防火墙将系统日志消息显示到控制台端口 让 PIX 防火墙将系统日志消息发送给到 PIX 防火墙的 Telnet 会话 让用于故障切换的备用单元也发送系统日志消息 列出启用了哪些日志选项 关闭控制台日志记录 使用 clear logging 命令，可以清除消息缓冲区。新的消息被添加到缓冲区的末尾
show run context changeto context write memory all	查验配置上下文信息 切换上下文 虚拟防火墙保存上下文的配置文件

参 考 文 献

[1] 陈波，于泠. 防火墙技术与应用[M]. 2 版. 北京：机械工业出版社，2021.

[2] 杨东晓，张锋，熊瑛，等. 防火墙技术及应用[M]. 北京：清华大学出版社，2019.

[3] 陈波. 防火墙技术与应用[M]. 北京：机械工业出版社，2016.

[4] 〔巴西〕摩赖斯著. Cisco 防火墙[M]. YESLAB 工作室译. 北京：人民邮电出版社，2018.

[5] 谢正兰，张杰. 新一代防火墙技术及应用[M]. 西安：西安电子科技大学出版社，2018.

[6] 毕烨，吴秀梅. 防火墙技术及应用实践教程[M]. 北京：清华大学出版社，2017.

[7] 〔美〕布莱尔，(美)杜瑞著. Cisco 安全防火墙服务模块解决方案[M]. 孙余强，李雪峰，译. 北京：人民邮电出版社，2011.

图 书 资 源 支 持

感谢您一直以来对清华版图书的支持和爱护。为了配合本书的使用，本书提供配套的资源，有需求的读者请扫描下方的“书圈”微信公众号二维码，在图书专区下载，也可以拨打电话或发送电子邮件咨询。

如果您在使用本书的过程中遇到了什么问题，或者有相关图书出版计划，也请您发邮件告诉我们，以便我们更好地为您服务。

我们的联系方式：

地　　址：北京市海淀区双清路学研大厦 A 座 714

邮　　编：100084

电　　话：010-83470236　010-83470237

客服邮箱：2301891038@qq.com

QQ：2301891038（请写明您的单位和姓名）

资源下载：关注公众号“书圈”下载配套资源。

资源下载、样书申请

书圈

图书案例

清华计算机学堂

观看课程直播